MATLAB 复合材料力学

Mechanics of Composite Materials and MATLAB Solution

李　峰　张恒铭　编著

科　学　出　版　社

北　京

内 容 简 介

本书是结合数学软件 MATLAB 的复合材料力学教材,基本涵盖了复合材料宏观力学基础理论。本书每章节都包含基本理论知识、以理论知识为基础编译的 MATLAB 函数和 MATLAB 函数的具体应用案例分析。基本理论知识以复合材料力学为依据,梳理出分析具体问题流程,以此编译 MATLAB 函数。本书引用大量的经典案例,首先用理论方法解析各个案例,然后选择本书编译的 MATLAB 函数进行解析。本书MATLAB 函数以复合材料力学工具箱形式提供给读者,读者可自行安装、使用工具箱。请访问科学书店 www.ecsponline.com,检索图书名称,在图书详情页"资源下载"栏目中获取本书附带电子资源。

本书是一本创新型复合材料力学教材,适用于本科生复合材料力学教学和研究生复合材料力学专题的学习研究。

图书在版编目(CIP)数据

MATLAB 复合材料力学/李峰,张恒铭编著. —北京:科学出版社,2022.6
ISBN 978-7-03-072213-3

Ⅰ.①M… Ⅱ.①李… ②张… Ⅲ.①Matlab 软件-应用-复合材料力学
Ⅳ.①TB330.1

中国版本图书馆 CIP 数据核字(2022)第 075003 号

责任编辑:李涪汁 曾佳佳/责任校对:王萌萌
责任印制:赵 博/封面设计:许 瑞

科 学 出 版 社 出版
北京东黄城根北街 16 号
邮政编码:100717
http://www.sciencep.com
固安县铭成印刷有限公司印刷
科学出版社发行 各地新华书店经销
*
2022 年 6 月第 一 版 开本:720×1000 1/16
2025 年 1 月第五次印刷 印张:21
字数:420 000
定价:99.00 元
(如有印装质量问题,我社负责调换)

前　言

纤维增强树脂基复合材料由于其自身具备的轻质、高强、可设计性等独特优势,在轻量化结构中得到越来越广泛的应用,成为航空航天、应急装备结构、军用结构等领域的重要材料选择。本书的主要特色是以经典的复合材料力学为基础,结合 MATLAB 程序,实现了复合材料力学基本问题求解的函数化。本书是教学、科研工作的得力助手,也为经典复合材料力学的深入研究提供了强有力的工具,为复合材料结构设计奠定了坚实基础。

本书共分为 8 章,内容主要包括复合材料与 MATLAB 概述,连续体应力应变转换与 MATLAB 函数,各向异性材料应力-应变关系、弹性常数与 MATLAB 函数,单层复合材料弹性特性、强度与 MATLAB 函数,层合板弹性特性、强度、湿热效应与 MATLAB 函数。本书由李峰、张恒铭编著,李峰统稿。

本书得到了国家自然科学基金项目"树脂基复合材料泡沫夹芯管承压破坏机理研究"(编号:51408606)、"加筋复材泡沫夹芯筒抗局部屈曲增强机理和承载力研究"(编号:51778620)的资助。本书吸纳了上述资助项目部分研究成果。在本书编写、讨论与校正的过程中,陈岩、朱锐杰、李若愚等同志也做了辅助性工作。谨此一并致谢。

限于作者水平,书中难免存在一些不足和疏漏之处,欢迎读者批评指正。

作　者
2021 年 9 月

目　录

第1章 绪 论

1.1 复合材料的基本概念

1.1.1 复合材料的定义

复合材料是由两种或多种不同性质的材料用物理和化学方法在宏观尺度上组成的具有新性能的材料。图 1-1 表示金属、聚合物、复合材料和无机非金属材料在不同时期的相对重要性，图中 3 条线与上下两条时间轴将 4 种材料分为 4 块区域，区域的高度表示相对重要性。复合材料因其令人满意的性能得到普遍应用，而这些是组分材料单独使用时无法实现的 [1,2]。

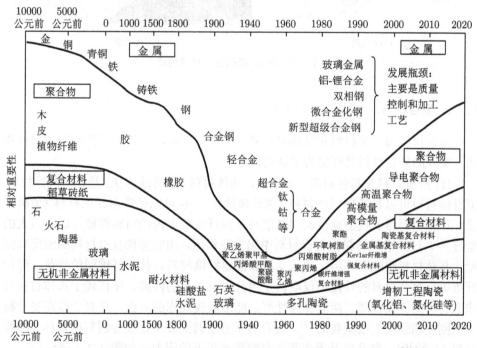

图 1-1　金属、聚合物、复合材料和陶瓷在不同历史时期的重要性 [1,2]

此图仅为示意图，并不表示重量或价值，时间轴并非线性的

纤维增强树脂基复合材料 (fiber reinforced polymer，FRP)，是复合材料中的

典型代表，也是本书的研究对象。通常将纤维和树脂基体通过一定制备工艺固化后形成的具有特定形状和性能的结构材料称为 FRP，如图 1-2 所示。树脂基体材料可分为热固性树脂和热塑性树脂两大类：热固性树脂常用的有环氧树脂、酚醛树脂和不饱和聚酯树脂等；热塑性树脂有聚乙烯、聚苯乙烯、聚酰胺 (又称尼龙)、聚碳酸酯、聚丙烯树脂等。增强材料主要包括碳纤维、玻璃纤维、芳纶纤维、玄武岩纤维等，根据增强材料纤维种类的不同，FRP 可分为 CFRP (carbon FRP)、GFRP (glass FRP)、AFRP (aramid FRP) 和 BFRP (basalt FRP) 等 [3]。

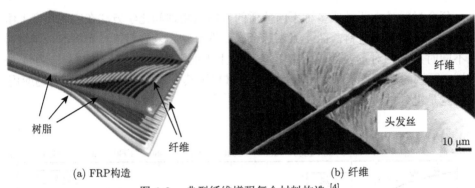

(a) FRP构造   (b) 纤维

图 1-2　典型纤维增强复合材料构造 [4]

1.1.2　复合材料的结构与力学层次

复合材料由纤维材料和基体材料复合而成，因此，与各向同性的均匀材料相比，实际的复合材料具有更为复杂的构造。

(1) 纤维材料和基体材料。一般说，基体材料 (塑料或金属) 是各向同性材料，但纤维材料可以是各向同性材料 (如玻璃纤维)，也可以是各向异性材料 (如碳纤维)，即沿着纤维长度方向的材料性能与垂直纤维截面内的材料性能可以有很大的差异 [5]。纤维增强材料在复合材料中起主要作用，由它提供复合材料的刚度和强度。基体材料起配合作用，用于支持和固定纤维材料、传递纤维间的载荷、保护纤维等。复合材料的性能不仅取决于组分材料各自的性能，还依赖于基体材料与增强材料的界面性质。两者黏合性好，能形成较理想的界面，这对于提高复合材料的刚度和强度是很重要的 [3]。进行力学分析时主要考虑复合材料的基体、增强材料 (分散相)、气孔以及界面等各自细观水平下的应力，如图 1-3(a) 所示 [6]。

(2) 单层复合材料。由相同方向排列的纤维材料与基体材料组成单向复合材料，如果单向复合材料的厚度很薄，称为单层复合材料。在实用上，有时也可以把纤维编织成某种方式的布，然后再与基体材料复合；或者把复合材料带排列成某种铺层方式的空心网格，这类复合材料也可以看作是一种特殊形式的单层复合材料[5]。将单层板抽象为质地均匀的，即不去区分实际存在的相。所谓单层板应力，实际是沿单层板厚度各相的平均应力，如图 1-3(b) 所示[6]。

(3) 叠层复合材料。一般说，单层复合材料不直接应用于复合材料产品，而只是复合材料的一个基本"部件"，或者说仅是复合材料的一种半成品。实际使用的复合材料是把一层以上的单层材料相互叠合，各层的纤维方向各不相同，由此所形成的复合材料称为叠层材料。而且，即使把每个单层复合材料看作是均匀材料，由于各层纤维方向的不同排列，它在宏观上仍是一种不均匀材料。因此，叠层材料是一种构造更复杂的各向异性材料[5]。将叠层材料 (通常为层合板) 抽象为质地均匀的单层板，即不区分层合板中的各单层。层合板应力实际是沿层合板厚度各单层的平均应力，如图 1-3(c) 所示[6]。

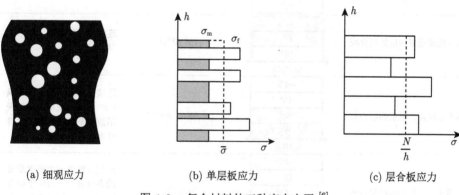

(a) 细观应力   (b) 单层板应力   (c) 层合板应力

图 1-3 复合材料的三种应力水平[6]

σ_f、σ_m 表示纤维、基体的平均应力；$\bar{\sigma}$ 表示单层板应力；$\dfrac{N}{h}$ 表示层合板应力

1.1.3 复合材料铺层的表示方法

为了满足力学性能分析的需要，现简明地表示出层合板中各铺层的方向和层合顺序，并对层合板规定了明确的表示方法，如表 1-1 所示。

一般铺层角度信息用中括号"[ ]"来表示，由贴膜面开始，沿堆栈方向逐层铺放。通常下标 s 表示铺层上下对称，± 表示正负角度交错，下标数字表示相同的单层板或子结构连着排在一起的次数。

层合板的表示方法：

$[0°/90°/90°/90°/90°/90°/90°/0°]$ —— 简写成 $[0°/90°_3°]_s$

$[60°/-60°/0°/0°/0°/0°/-60°/60°]$ —— 简写成 $[\pm60°/0°_2°]_s$

$[0°/45°/0°/45°/45°/0°/45°/0°]$ —— 简写成 $[0°/45°]_{2s}$

表 1-1　层合板铺层表示方法[7]

层合板类型	图示	表示方法	说明
一般层合板	−45° / 90° / 45° / 0°	$[-45°/90°/45°/0°]$	铺层方向用铺向角表示,按由上到下的顺序写出,铺向角间用"/"分开。全部铺层用"[ ]"括上
对称层合板　偶数层	0° / 90° / 90° / 0°	$[0°/90°]_s$	只写对称面上的一半铺层,右括号外加写下标"s",表示对称
对称层合板　奇数层	45° / 0° / 90° / 0° / 45°	$[45°/0°/\overline{90°}]_s$	在对称中面的铺层上方加顶标"—"表示
具有连续重复铺层的层合板	0° / 0° / 45° 贴膜层	$[45°/0°_2]$	连续重复的层数用下标数字表示
具有连续正负铺层的层合板	−45° / 45° / 90° / 0° 贴膜层	$[0°/90°/\pm45°]$	连续正负铺层用"±"或"∓"表示,上面的符号表示前一个铺层,下面的符号表示后一个铺层
由多个子层板构成的层合板	−45° / 45° / −45° / 45° 贴膜层	$[\pm45°]_2$	在层合板内一个多次重复的多向铺层组合叫子层合板。子层合板的重复次数用下标数字表示
织物铺层的层合板	0°,90° / ±45° 贴膜层	$[(\pm45°)/(0°,90°)]$	织物用"( )"以及经纬纤维方向表示,经向纤维在前,纬向纤维在后
混杂纤维层合板	0°G / 90°C / 45°K 贴膜层	$[45°_K/90°_C/0°_G]$	纤维的种类用英文字母下标标出:C 表示碳纤维;K 表示芳纶纤维;G 表示玻璃纤维
夹层板	45° / 0° / C₅ / 0° / 45°	$[45°/0°/\overline{C}_5]_s$	面板的铺层表示同前,C 表示夹芯,其下数字表示夹芯厚度,单位为 mm

1.1.4 FRP 复合材料的力学优势

1. FRP 复合材料的静力学性能

与传统建筑材料静力学性能相比,FRP 静力学性能主要表现为以下三方面特点 [4]:

(1) 线弹性。由于纤维可近似看作线弹性材料,所以 FRP 的应力-应变关系基本上也呈线弹性特征,不存在屈服平台,如图 1-4(a) 所示。

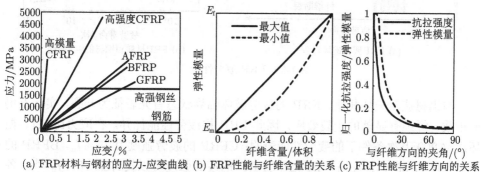

(a) FRP材料与钢材的应力-应变曲线 (b) FRP性能与纤维含量的关系 (c) FRP性能与纤维方向的关系

图 1-4 FRP 材料与钢材的应力-应变曲线及 FRP 性能与纤维的关系曲线 [4]

(2) 各向异性。FRP 力学性能呈现明显的各向异性,弹性模量和抗拉强度与纤维含量和方向有很大关系,如图 1-4(b)、(c) 所示。由于很多 FRP 是单向纤维,所以垂直于纤维方向的性能 (如抗剪强度、横向抗拉强度等) 相对较差,成为制约其应用的一个因素。

(3) 可设计性。FRP 制品性能由组分材料、配合比、制备工艺和应用需要等确定。力学性能可根据纤维的不同来选择,结构形式可根据工程需要进行设计。在基体和增强体结合形成材料的同时,也获得构件或结构,是可进行材料结构一体化设计的材料。

2. FRP 复合材料的疲劳性能

FRP 复合材料是由纤维相、基体相以及界面相所组成的各向异性材料,疲劳性能与钢材有很大区别。疲劳荷载作用下 FRP 的初始缺陷 (微裂纹、富树脂区等) 对交变应力敏感,不断产生损伤。大量试验研究结果表明 [8-11]:FRP 的疲劳损伤扩展是非线性的,在其寿命前期,基体中产生大量裂纹;当裂纹达到饱和后出现纤维随机断裂;而当到达材料寿命后期时,各种损伤的大量累积,导致裂纹迅速扩展,材料发生 "突然死亡" 现象 [12,13]。FRP 的疲劳破坏过程大致如图 1-5(a) 所示,主要分为基体开裂、界面剥离/裂纹耦合、分层、分层增长/纤维断裂和断裂。

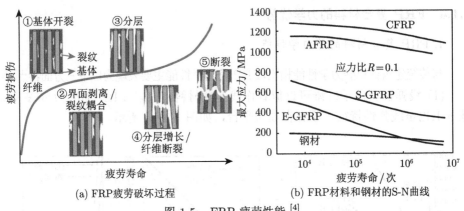

(a) FRP疲劳破坏过程   (b) FRP材料和钢材的S-N曲线

图 1-5   FRP 疲劳性能 [4]

与钢材疲劳破坏相比，FRP 的疲劳破坏临界状态首先表征为开裂，实际上仍能承载，纤维有显著的止裂效应，因此 FRP 抗疲劳性能优异。在应力比 0.1、循环次数 200 万次条件下的疲劳性能表明：CFRP 的疲劳强度为 $75\% f_u$，BFRP 的疲劳强度为 $55\% f_u$ 左右，BFRP/CFRP 的疲劳强度可以提升至 $70\% f_u$[14]。各类 FRP 的疲劳力学性能见表 1-2。FRP 和钢材的 S-N 曲线对比如图 1-5(b) 所示，图中钢疲劳强度一般是 $30\% \sim 50\%$ 的抗拉强度，而 CFRP 疲劳强度可达到 $70\% \sim 80\%$ 的抗拉强度[9,14]。

表 1-2   不同种类的 FRP 的疲劳性能 [15]

FRP 种类	密度/(g/cm³)	拉伸强度/MPa	弹性模量/GPa	疲劳性能
CFRP	1.70~2.20	1800~2400	140~160	$75\% f_u$
BFRP	2.60~2.80	1500~1800	60~70	$55\% f_u$
AFRP	1.25~1.40	1200~2550	40~125	$53\% f_u$
BFRP/CFRP	2.13~2.36	1400~2000	80~110	$70\% f_u$
BFRP/钢材	2.45~3.30	1500~1700	80~100	$45\% f_u$
BFRP/AFRP	2.00~2.12	1300~1600	60~75	$60\% f_u$
GFRP	2.50~2.70	1100~1300	45~50	$55\% f_u$

3. FRP 复合材料的耐久性能

作为一种新型工程材料，FRP 在服役条件下的耐久性是关注的重点。常见的环境作用包括温度、湿度、腐蚀性介质、紫外线辐射等，一种或者几种环境的相互作用往往会造成 FRP 性能的退化。FRP 在环境作用下性能退化主要源自三方面：纤维断裂、基体开裂以及纤维/基体界面破坏。FRP 在湿度作用下的破坏机理为水分子通过扩散和毛细作用进入基体，诱发了树脂的水解和塑化反应。树脂在水解过程中发生软化、开裂 (图 1-6(a))，同时分子链在塑化反应中断裂，二者导致基体性能的下降。另一部分水分子透过基体材料到达基体/纤维界面，界面在反复溶胀过程中的开裂、脱黏 (图 1-6(b)) 致使 FRP 力学性能退化。

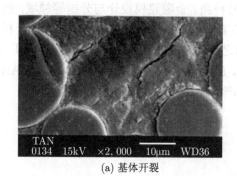 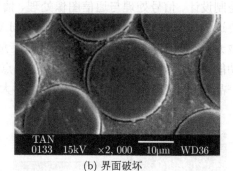

(a) 基体开裂   (b) 界面破坏

图 1-6　FRP 破坏模式 [16]

一些无机纤维，例如碳纤维、玻璃纤维、玄武岩纤维，虽然纤维本身并不吸水，但在腐蚀环境的长期作用下，环境中的化学介质引起纤维的破坏、开裂。原因在于，FRP 中的树脂将纤维紧密联系在一起，对纤维起着包围和保护的作用，但在腐蚀介质环境下，腐蚀介质先是通过物理、化学腐蚀使基体降解、开裂并形成介质通道，进而通过裂纹进入 FRP 界面及其内部 [17]。腐蚀介质侵入界面后，主要产生三种作用：① 腐蚀介质聚集，使树脂溶胀，导致界面承受横向拉应力；② 界面析出可溶性物质，在局部区域形成浓度差，从而产生渗透压；③ 腐蚀介质与界面物质发生化学反应，破坏化学结构。例如碱性腐蚀介质与玻璃纤维作用，发生劣化。OH^- 离子诱发纤维丝分子结构中的 Si—O—Si 键断裂 [18]，纤维表面产生损伤，宏观上表现为纤维表面开裂，性能下降。

与钢相比，FRP 对酸、碱、盐等各类腐蚀具有较强的抵抗能力，其中 CFRP 耐各种腐蚀性能最强。在强酸碱、海洋恶劣腐蚀环境中，钢筋混凝土结构一般 5~15 年会出现钢筋腐蚀造成的顺筋裂缝，20~30 年破坏。而合理利用 FRP 建造的结构在海水中的预测服役寿命可以达到 100 年以上。

1.2　MATLAB 概述

MATLAB 作为一种高级科学计算软件，是进行算法开发、数据可视化、数据分析以及数值计算的交互式应用开发环境。与 MATHEMATICA、MAPLE 并称为三大数学软件。它在数学类科技应用软件中的数值计算方面首屈一指。MATLAB 将数值分析、矩阵计算、科学数据可视化及非线性动态系统的建模和仿真等诸多强大功能集成在一个易于使用的视窗环境中，为科学研究、工程设计及必须进行有效数值计算的众多科学领域提供了一种全面的解决方案，并在很大程度上摆脱了传统非交互式程序设计语言 (如 C、Fortran) 的编辑模式，代表了当今国际科学计算软件的先进水平。MATLAB 软件提供了大量的工具箱，可用于工程计算、控制设计、信号处理与通信图像处理、信号检测、金融建模设计与分析等领域，解决这些应用领域内特定类型的问题。MATLAB 的基本数据单位是矩阵，符合科技人员对数学表达式的书写格式要求。总之，MATLAB 具有易学、适用范围广、功能强、开放性强、网络资源丰富等特点。MathWorks 主要产品包括：MATLAB 产品系列和 SIMULINK 产品系列，两大产品包含的内容及应用领域见图 1-7。

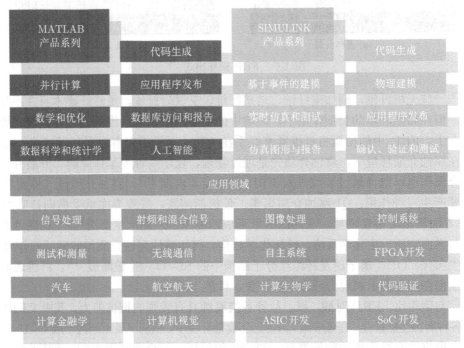

图 1-7　MathWorks 产品系列及应用领域

1.2.1　MATLAB 中的 M 文件

MATLAB 中 M 文件可分为：M 脚本文件和 M 函数文件。

1. M 脚本文件

MATLAB 程序类似于批处理语言，只是 MATLAB 函数命令的集合可以没有任何结构，一般在编辑器中输入 MATLAB 函数命令的集合，作为程序，保存成一个.m 文件，这种文件称为 M 脚本文件。在编辑器中点击执行或者在命令行窗口中以文件名的形式输入，均可执行此段程序，得到结果。对于用户需要立即得到结果的小规模运算，M 脚本文件特别适用。

M 脚本文件的构成比较简单，只能对 MATLAB 工作空间中的数据进行处理，文件中所有指令的执行结果也都驻留在 MATLAB 基本工作空间，只要用户不使用 clear 指令加以清除，且 MATLAB 命令行窗口不关闭，这些变量将一直保存在基本工作空间中。基本工作空间是随着 MATLAB 的启动而产生的，只有关闭 MATLAB，该空间才被删除。

MATLAB 的 M 脚本文件的功能非常强大。它允许自由编写充分复杂的程序，调用各种已有的函数以及其他 M 脚本文件和 M 函数文件等，是一个非常有用的工具。

2. M 函数文件

需要相应的输入输出变量参数方可执行的 M 文件称为 M 函数文件。M 函数文件不仅具备 M 脚本文件函数命令集合功能，而且具备输入输出参数的功能，因此，MATLAB 具有强大的可开发性与可扩展性。MATLAB 中的许多函数本身都是由 M 函数文件扩展而成的，用户也可以利用 M 函数文件来生成和扩充自己的函数库。从结构上看，M 函数文件的一般结构只比 M 脚本文件多一行"函数声明行"，所以只需清楚地描述 M 函数文件的结构。典型 M 函数文件的基本结构如图 1-8 所示。

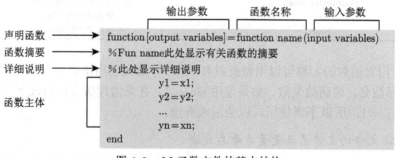

图 1-8 M 函数文件的基本结构

此声明语句必须是函数的第一个可执行代码行。即 function [output variables] = function name (input variables) 为函数文件的第一个可执行代码行。

Function 是 MATLAB 中定义函数的关键字，function name 是自定义的函数的名字，input variables 和 output variables 分别为函数的输入和输出参数。

3. 标识符名称的命名规则

在赋值过程中，如果变量已经存在，MATLAB 会用新值代替旧值，并以新的变量类型代替旧的变量类型。变量是在程序运行中其值可以改变的量，变量由变量名来表示，变量名是标识符名称的一个例子，标识符名称命名规则同样适用于下文的脚本文件的命名。标识符名称的命名规则如下：

(1) 变量名必须以字母开头，其后可以是任意字母、数字或下划线，且只能由字母、数字或者下划线 3 类符号组成，不能含有空格和标点符号等，例如 _xy、a.b 均是不合法的变量名，而 classNum_x 是一个合法的变量名。

(2) 变量名的长度是有限制的。MATLAB R2021a 变量名不能超过 63 个字符，第 63 个字符之后的字符将会被忽略。通过内置函数 namelengthmax 可以获得变量名的最大长度。

(3) MATLAB 区分大小写。例如，"a" 和 "A" 是不同的变量。

(4) 一些待定的字符，如表 1-3 所示的特殊常量，不能用做变量名。

表 1-3　　MATLAB 特殊常量表

常量符号	常量含义
i 或者 j	虚数单位
inf	正无穷大
NaN	不定数
pi	圆周率
eps	浮点相对精度
nargin/nargout	函数输入 (输出) 参数数目
varargin/varargout	可变长度输入 (输出) 参数列表
realmin/realmax	最小 (最大) 标准浮点数
ans	最近计算的答案
beep	产生操作系统蜂鸣声

(5) 内置函数的名称可以用做变量名，但最好避免使用函数名作为变量名，如果使用函数名，该函数失效。如果使用 $\sin = 1$，在未清理缓存的情况下，将会出现 $\sin(1) = 1$，所以不要使用，以免造成麻烦。

4. M 文件的文件名及变量名命名方法

变量及文件名应该总是容易记忆的，这意味着从表面就能看出变量及文件名所表达的意义。如果一个变量存储的是圆的半径，那么变量名 radius 能表达其意义，而变量名 x 不能表达出半径的意思。在给变量命名的时候尽量做到 "见名知意"，常见的三种命名方法有驼峰式命名法、帕斯卡式命名法，以及匈牙利命名法。

(1) 驼峰式命名法：这种方法的第一个单词首字母小写，后面其他单词首字母大写。例如，myAge、picFolderName 和 imgWidth。

(2) 帕斯卡式命名法：又称大驼峰式命名法，每个单词的第一个字母都大写。例如，CurrentWorkingPath、ImageMatrix 和 StringCells。

(3) 匈牙利命名法：开头字母用变量类型的缩写，其余部分用变量的英文或英文的缩写，要求单词第一个字母大写。例如，iMyAge，"i" 是 int 类型的缩写；

strMyName，"str" 是字符串类型的缩写；hAxes，"h" 是 handle 类型的缩写。匈牙利命名法中变量类型的缩写规则见表 1-4。

表 1-4　匈牙利命名法中变量类型的缩写

前缀	数据类型	前缀	数据类型
b	布尔 Boolean	fn	函数指针
cx	x 坐标差	str	字符串
cy	y 坐标差	h	句柄 handle
d	双精度浮点 double	msg	消息
i	整型		

本书中复合材料力学 MATLAB 函数文件名命名采用的是帕斯卡式命名法。变量命名会用希腊字母的英文名称表示，具体英文名称可以参考附录 C。

1.2.2　MATLAB 常用的流程控制结构

此部分只介绍 MATLAB 编程中常用的流程结构，也是本书使用比较多的流程结构。其他不常见函数命令随文介绍。

MATLAB 程序通常都是从前往后逐条执行，但是有时也需要根据实际情况，中途改变执行次序，称为流程控制。MATLAB 平台包括六大流程控制结构：顺序结构、循环结构 (for···end 循环结构和 while···end 循环结构)、选择结构 (if···else···end 条件结构)、分支结构 (switch···case···end 分支结构)、容错结构 (try···catch 容错结构)、其他结构。

1. 顺序结构

顺序结构为最基本的结构，程序从前往后执行，按函数语句顺序依次执行，直到程序的最后，一般涉及数据的输入输出、数据的计算或处理等。

例 1-1[19]　圆周率 π 表示圆的周长与直径的比值。利用蒙特卡罗方法 (也称统计模拟方法) 和 MATLAB 编写程序，通过计算机程序实验来模拟计算圆周率的值。

在一个正方形内部，随机产生 n 个点 (这些点服从均匀分布)，计算它们与中心点的距离是否大于圆的半径，以此判断是否落在圆的内部。统计圆内的点数与 n 的比值，乘以 4，就是 π 的值。理论上，n 越大，计算的 π 值越准。就如生活当中在正方形中随机撒一把豆子，每个豆子落在正方形内任何一点是等可能的，落在每个区域的豆子数与这个区域的面积近似值成正比。

分析：用 MATLAB 随机模拟的方法估算圆周率的值。如图 1-9 所示，随机撒一把豆子，每个豆子落在正方形内任何一点是等可能的，落在每个区域的豆子

数与这个区域的面积近似值成正比，即

$$\frac{0.25 S_{圆形}}{S_{正方形}} \approx \frac{落在圆中的豆子数}{落在正方形内的豆子数} \tag{1-1}$$

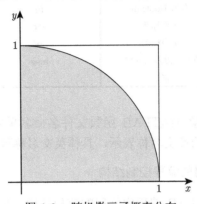

图 1-9 随机撒豆子概率分布

假设正方形的边长为 1，则

$$\frac{S_{圆形}}{S_{正方形}} = \frac{\pi}{4} \tag{1-2}$$

因此有

$$\pi \approx 4 \times \frac{落在圆中的豆子数}{落在正方形内的豆子数} \tag{1-3}$$

这样就得到了 π 的近似值。

编写 M 脚本文件 Case_1_1.m 如下：

```
clc, clear, close all
num = 1*10000;  %豆子总数
x = rand(num,1)*2-1;
y = rand(num,1)*2-1;
ndx=(x.^2+y.^2)<1;
m=sum(x.^2+y.^2<=1);
p=4*m/num
plot(x(ndx)',y(ndx)','b.')
hold on
plot(x(ndx~=1)',y(ndx~=1)','r.')
a = -1:0.001:1;
```

```
b = -1:0.001:1;
z1 = ezplot('(a).^2+(b).^2 =1');
axis([0,1,0,1]);
set(z1,'color','b');
set(z1,'linewidth',3);
```

运行脚本文件 Case_1_1.m，就可得到此时的撒豆总数下的近似圆周率，同时得到撒豆随机分布图，如图 1-10 所示。不断修改豆子总数，就可得到多个豆子总数对应的近似圆周率，现将撒豆的豆子总数和得到的近似圆周率汇总到表 1-5 中。

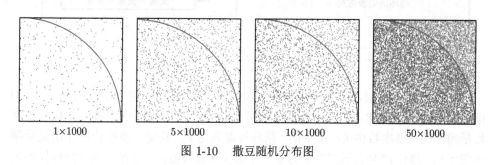

图 1-10　撒豆随机分布图

表 1-5　近似圆周率

豆子总数/×1000	近似圆周率
1	3.1880
5	3.1512
10	3.1420
50	3.1427

2. 循环结构

在 MATLAB 程序里将允许重复执行一系列语句的结构语句称之为循环结构。有两种基本的循环结构形式：for 循环 (计数循环) 和 while 循环 (条件循环)。两者之间的最大不同在于代码的重复是如何控制的。在 for 循环中，需要指定重复语句执行的次数，在循环开始之前，需要事先知道语句重复执行的次数。而在 while 循环中，事先并不知道这些语句要执行的次数，在使用 while 循环时，重复执行这些语句直到条件满足假设条件为止。

1) for 循环结构

当在脚本 (或函数) 中要重复执行某些语句并且在执行这些语句之前知道执行次数时，使用 for 循环结构。被重复执行的语句称为循环体。for 循环流程结构如图 1-11 所示。

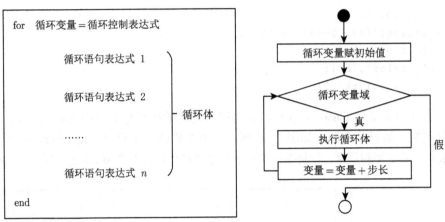

图 1-11　for 循环结构示意图

　　其中，"循环控制表达式" 可以是任意给定的一个数组，也可以是由 MATLAB 指令产生的一个数组。在 for…end 循环结构中，循环体指令组被重复执行的次数是确定的，该次数由 for 指令的 "循环控制表达式" 决定，该结构的作用是使循环变量从 "循环控制表达式" 中的第一个数值 (或数组) 一直循环到 "循环控制表达式" 中的最后一个数值 (或数组)，并不要求循环变量作等距选择，这里的循环结构是以 end 结尾的。

　　例 1-2　利用 for 循环语句编写九九乘法表。

　　编写 M 脚本文件 Case_1_2.m 如下：

```
clear,close all,clc
for row=1:9;
for column=1:row
fprintf('%d×%d=%d ',column,row,column*row)
if (column~=row)
fprintf('\t')
end
end
fprintf('\n')
end
```

　　运行 M 脚本文件 Case_1_2.m 后，得到如下结果：

```
1×1=1
1×2=2 2×2=4
1×3=3 2×3=6   3×3=9
1×4=4 2×4=8   3×4=12 4×4=16
1×5=5 2×5=10 3×5=15 4×5=20 5×5=25
```

```
1×6=6  2×6=12  3×6=18  4×6=24  5×6=30  6×6=36
1×7=7  2×7=14  3×7=21  4×7=28  5×7=35  6×7=42  7×7=49
1×8=8  2×8=16  3×8=24  4×8=32  5×8=40  6×8=48  7×8=56  8×8=64
1×9=9  2×9=18  3×9=27  4×9=36  5×9=45  6×9=54  7×9=63  8×9=72  9×9=81
```

2) while 循环结构

当在脚本 (或函数) 中要重复执行某些语句，并且在执行这些语句之前并不知道执行次数时，使用 while 循环结构。while 循环流程结构如图 1-12 所示。

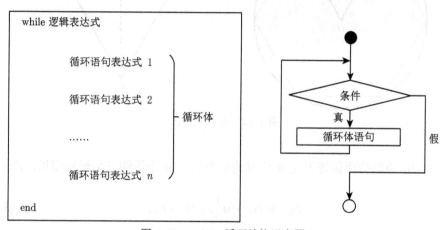

图 1-12   while 循环结构示意图

该循环结构的执行方式为：若逻辑表达式的值为"逻辑真"(非 0)，控制语句将程序转向特定部分执行相应的语句，即执行循环体，执行后再返回 while 引导的逻辑表达式处，继续判断；若逻辑表达式的值为"逻辑假"(0)，则跳出循环。

例 1-3[19]   在《九章算术》方田章"圆田术"(刘徽注) 中指出："割之弥细，所失弥少，割之又割，以至于不可割，则与圆周合体而无所失矣。"为近似计算圆周率，刘徽从圆的内接正六边形出发，并取半径为单位 1，一直计算到 192 边形，得出圆周率精确到小数后两位的近似值 3.14，这就是有名的"徽率"。刘徽一再声明："此率尚微少。"因此借助 MATLAB 可以实现这种更精密的圆周率计算。编程之前，先来分析一下圆内接正六边形、正十二边形、正二十四边形……的面积之间的关系，寻求它们的递增规律。

割圆示意如图 1-13 所示，设圆的半径为 1，弦心距 OG 为 h_n；正 n (n 不小于 6) 边形的边 AB 长为 x_n，面积为 S_n，同理正 $2n$ 边形边 AC 长为 x_{2n}，面积为 S_{2n}，根据勾股定理，得

$$h_n = \sqrt{1 - \left(\frac{x_n}{2}\right)^2} \tag{1-4}$$

$$x_{2n} = \sqrt{\left(\frac{x_n}{2}\right)^2 + (1 - h_n)^2}$$ (1-5)

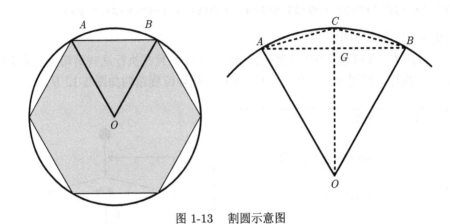

图 1-13   割圆示意图

正 $2n$ 边形的面积等于正 n 边形的面积加上 n 个等腰三角形的面积，即

$$S_{2n} = S_n + n\frac{1}{2}x_n (1 - h_n)$$ (1-6)

若 m 为分割次数，则多边形的边数为 $n = 6 \times 2^m$。

利用 while 循环语句，将《九章算术》中的"圆田术"编写成 M 脚本文件 Case_1_3.m 如下：

```
clc, clear, close all
n=input('请输入正多边形边数:n=');
x=1;
i=0;
S=6*sqrt(3)/4;
m=log(n/6)/log(2);
while i<m
    h=sqrt(1-(x/2)^2);
    S=S+6*(2^i)*x*(1-h)/2;
    x=sqrt((x/2)^2+(1-h)^2);
    i=i+1;
end
S
```

将计算结果汇总于表 1-6 中。

表 1-6 "圆田术"近似计算圆周率

分割次数	S_n	圆周率
0	S_6	2.598076211353316
1	S_{12}	3.000000000000000
2	S_{24}	3.105828541230249
...	...	...
5	S_{192}	3.141031950890509
...	...	...
12	S_{24576}	3.141592619365384

刘徽一直算到 192 边形,得到了圆周率精确到小数点后两位的近似值 3.14。若要达到我国南北朝时期数学家祖冲之求得的圆周率 3.1415926~3.1415927,用"圆田术"需要算到正 24576 边形。

3. 选择结构

MATLAB 中最基本选择结构是 if···else,同样也结合 elseif 使用,形成多个分支。根据选择结构使用的分支情况,选择结构语句可分为 3 种形式。

单支选择语句,其流程如图 1-14 所示。执行到 if 语句时,程序先检验逻辑表达式是否为真,如果为真就依次执行选择结构块中条件语句表达式 1······条件语句表达式 n。如果为假,直接跳出选择结构块,执行 end 后的后续语句。注意,这个 end 是决不可少的,没有它,在程序检验逻辑表达式为假时,就找不到继续执行程序的入口。

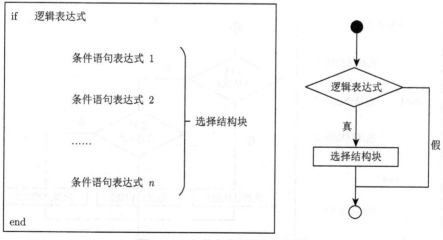

图 1-14 if 单支选择语句示意图

双支选择语句,其流程如图 1-15 所示。执行到 if 语句时,程序先检验逻辑表达式是否为真，如果为真，就执行选择结构块 1；如果为假，就执行选择结构块 2。然后执行 end 后的后续语句。

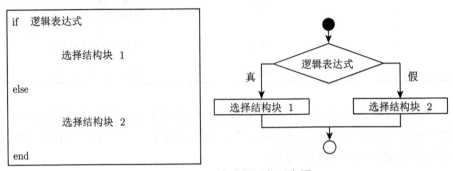

图 1-15 if 双支选择语句示意图

三支选择语句，其流程如图 1-16 所示。要实现三支循环语句就必须采用 elseif 语句。执行到 if 语句时，程序先检验逻辑表达式 1 是否为真，如果为真，就执行选择结构块 1；如果为假，程序检验逻辑表达式 2 是否为真，如果为真，就执行选择结构块 2；如果为假，就执行选择结构块 3。然后执行 end 后的后续语句。

实际应用中可以添加多个 elseif 语句，以形成多个分支，只不过这种做法会使程序十分冗长，逻辑不清晰，此时可以选择 switch 分支语句，以简单明了的程序形式实现多个分支的目的。

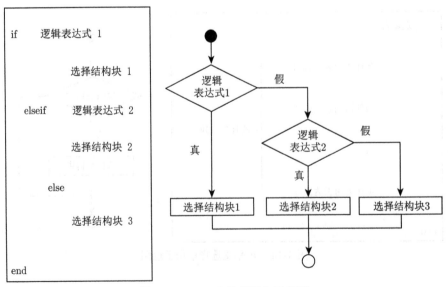

图 1-16 if 三支选择语句示意图

例 1-4 一元二次方程的基本形式如下：

$$ax^2 + bx + c = 0 \tag{1-7}$$

式中，$a \neq 0$，a、b、c 为常数。

其通解为

$$x_{1,2} = \frac{-b \pm \sqrt{b^2 - 4ac}}{2a} \tag{1-8}$$

式中，$b^2 - 4ac$ 为根的判别式，可以根据根的判别式与零的大小，判断方程的根的情况。

(1) 当 $b^2 - 4ac > 0$ 时，方程有两个不相等的实数根；

(2) 当 $b^2 - 4ac = 0$ 时，方程有两个相等的实数根；

(3) 当 $b^2 - 4ac < 0$ 时，方程无实数根，但有两个共轭复根。

上述结论反过来也成立。

编写 M 脚本文件 Case_1_4.m 如下：

```
clear,clc,close all
disp ('求解一元二次方程：ax²+bx+c=0 的根 ');
a = input ('二次项系数a： ');
b = input ('一次项系数b： ');
c = input ('常数项系数c： ');
discriminant = b^2 - 4 * a * c;
if discriminant > 0     %当b2-4ac>0时，方程有两个不相等的实数根；
    x1 = ( -b + sqrt(discriminant) ) / ( 2 * a );
    x2 = ( -b - sqrt(discriminant) ) / ( 2 * a );
    disp ('此方程有两实数根： ');
    fprintf ('x1 = %f\n', x1);
    fprintf ('x2 = %f\n', x2);
elseif discriminant == 0  %当b2-4ac=0时，方程有两个相等的实数根；
    x1 = ( -b ) / ( 2 * a );
    disp ('此方程有一实数根： ');
    fprintf ('x1 = x2 = %f\n', x1);
else    %当b2-4ac<0时，方程无实数根，但有两个共轭复根。
    real_part = ( -b ) / ( 2 * a );
    imag_part = sqrt ( abs ( discriminant ) ) / ( 2 * a );
    disp ('此方程有两虚数根： ');
    fprintf('x1 = %f +i %f\n', real_part, imag_part );
    fprintf('x1 = %f -i %f\n', real_part, imag_part );
end
```

运行 Case_1_4.m 文件，并在提示字符后，键入一元二次方程的相关系数，可得到以下结果：

```
求解一元二次方程：ax²+bx+c=0  的根
二次项系数a：  1
一次项系数b：  4
常数项系数c：  4
此方程有一实数根：
x1 = x2 = -2.000000
```

4. 分支结构

switch 结构是一种分支结构形式。可以根据一个单精度整型数、字符或逻辑表达式的值来选择执行特定的代码语句块。switch 分支流程结构如图 1-17 所示。

程序将初始表达式的值与判别表达式 1……判别表正式 n 进行匹配，初始表达式的值与判别表达式相符，程序将执行相应结构块，然后跳出分支结构。如初始表达式的值与判别表达式 2 相符，那么第二个分支结构块将会被执行，然后跳出分支结构，在这个结构中，用相同的方法来对待其他的情况。当初始表达式的值与所有判别表达式的值都不相符时，可选 otherwise 语句块，这个语句块将会被执行。如果它不存在，且初始表达式的值与所有判别表达式的值都不相符，那么这个结构中的任何一个语句块都不会被执行。这种情况下的结果可以看作没有分支结构，直接执行 MATLAB 其他部分程序语言。

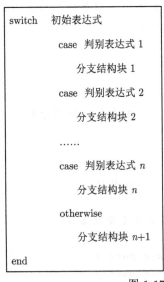
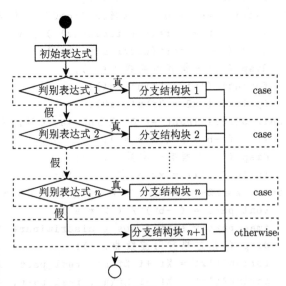

图 1-17   switch 分支流程结构示意图

例 1-5   利用 switch⋯case 分支结构编写程序，判别输入的月份属于什么季节。

编写 M 脚本文件 Case_1_5.m 如下：

```
clc, clear, close all
month=input('请输入月份: ');
switch month
    case {3,4,5}
        season='春季';
    case {6,7,8}
        season='夏季';
    case {9,10,11}
        season='秋季';
    otherwise
        season='冬季';
end
fprintf('此月份为%s', season);
```

运行 Case_1_5.m 文件，输入月份为 4，其输出结果为：

```
请输入月份: 4
此月份为春季
```

5. 容错结构

能够控制程序中的错误，当程序在运行时遇到了一个错误，而不用使程序中止执行的语句结构，称为容错结构。程序运行中一个错误发生在这个容错结构的 try 语句块中，那么程序将会执行 catch 语句块，程序将不会中断。try⋯catch⋯end 容错流程结构如图 1-18 所示。

例 1-6   矩阵 **A** 和 **B** 均为元素全为 1 的 3×4 矩阵，**A**、**B** 矩阵不能进行矩阵运算，但是两个矩阵可以进行数组的点运算。编写程序利用容错流程结构证明两个矩阵进行了点运算。

编写 M 脚本文件 Case_1_6.m 如下：

```
clear all, clc, close all
A = ones(3,4);     %生成3×4的1矩阵
B = ones(3,4);     %生成3×4的1矩阵
try
Re = A*B           %3×4的矩阵不能进行矩阵运算
disp('执行的是try语句块，矩阵A、B进行了矩阵运算。');
catch   %进行数组点运算
Re = A.*B
```

```
disp('执行的是catch语句块，矩阵A、B进行了数组点运算。');
end
```

　　运行 M 脚本文件 Case_1_6.m，可得到以下结果：

```
Re =
    1    1    1    1
    1    1    1    1
    1    1    1    1
```

执行的是catch语句块，矩阵A、B进行了数组点运算。

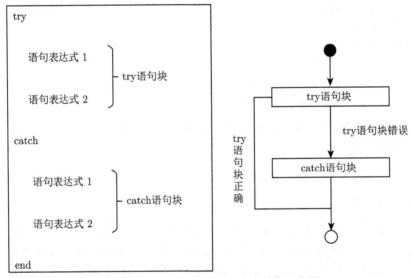

图 1-18   try…catch…end 容错结构示意图

6. 其他结构

1) return 函数

　　return 强制 MATLAB 在到达调用脚本或函数的末尾前将控制权交还给调用
程序。调用程序指的是调用包含 return 调用的脚本或函数的某脚本或函数。如果
直接调用包含 return 的脚本或函数，则不存在调用程序，MATLAB 将控制权交
还给命令提示符。

　　return 具有强制结束程序运行作用。在条件语句块 (例如 if 或 switch) 或循环
控制语句 (例如 for 或 while) 使用 return 时需要小心。当 MATLAB 到达 return
语句时，它并不仅是退出循环，还退出脚本或函数，并将控制权交还给调用程序
或命令提示符。

2) pause 函数

pause 是暂停的意思。其作用是暂停当前程序的执行，延迟特定时间或等待按键之后才会继续执行程序。

pause(n)：其中 n 为暂停的时间，单位为秒，暂停 n 秒后再继续。或者直接 pause，该方式需要有按键输入，程序才会继续执行。

pause 函数非常有用。例如，想显示 plot 函数的绘图过程，由于一般情况绘制过程几乎是瞬间完成，根本没法看清楚，加个 pause(n)，这样就可分步展示绘图过程。

例 1-7 利用 pause 函数暂停功能，分步绘制正弦函数、余弦函数和正余弦和的曲线。

编写 M 脚本文件 Case_1_7.m 如下：

```
clear, close all, clc
t=0:0.05:6*pi;
x=sin(t);
y=cos(t);
z=sin(t)+cos(t);
plot(t, x)
hold on
pause
plot(t, y)
pause(5)
plot(t, z)
hold off
```

运行 M 脚本文件 Case_1_7.m，可得到图 1-19 所示结果。

分步过程如下：

运行程序后自动生成，绘制一条正弦函数曲线；

此时程序自动暂停，用户按任意键后，绘制一条余弦曲线；绘制完曲线以后程序再次进入暂停状态，5 秒后，绘制正余弦和的曲线。

3) continue 和 break 函数

continue 语句控制跳过循环体中的某些语句。当在循环体内执行到该语句时，程序将跳过循环体中所有剩下的语句，继续下一次循环。continue 函数用于结束 for 或者 while 的本次循环，转入下一次循环执行，但是不会跳出本层循环，通常与 if 语句配合使用。

break 语句与 continue 语句相似，一般也与 if 语句配合使用。但它不是继续执行下一次循环而是终止循环的执行。当在循环体内执行到该语句时，程序将跳出循环，结束本层循环，转入外层循环执行。若无外层循环，则按顺序执行循环以外的程序语句。break 函数用于跳出 for 或者 while 循环。break 语句与 continue 语句异同点见图 1-20。

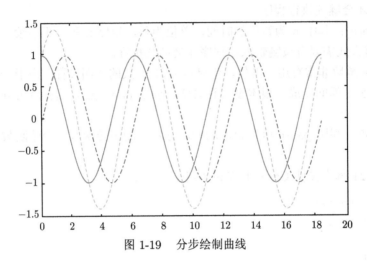

图 1-19　分步绘制曲线

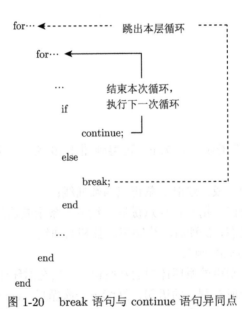

图 1-20　break 语句与 continue 语句异同点

例 1-8　利用 continue 语句,求 10 以内的所有奇数的和 (1+3+5+7+9 = 25)。
编写 M 脚本文件 Case_1_8.m 如下:

```
clear,close all,clc
sum=0;
```

```
for i=0:10
    if(rem(i,2)==1)
        sum=sum+i;
    elseif(i>5)
        continue
    end
end
fprintf('10以内的奇数之和为:%d\n',sum);
```

运行 M 脚本文件 Case_1_8_1.m，可得到以下结果：

```
10以内的奇数之和为:25
```

例 1-9　利用 break 语句，求 5 以内的所有奇数的和 $(1+3+5=9)$。

编写 M 脚本文件 Case_1_9.m 如下：

```
clear,close all,clc
sum=0;
for i=0:10
    if(rem(i,2)==1)
        sum=sum+i;
    elseif(i>5)
        break
    end
end
fprintf('5以内的奇数之和为:%d\n',sum)
```

运行 M 脚本文件 Case_1_9.m，可得到以下结果：

```
5以内的奇数之和为:9
```

1.2.3　复合材料工具箱安装

首先确认计算机已经安装 MATLAB (本书安装测试 MATLAB 版本为 R2021a)。

下载复合材料力学工具箱.mltbx，双击安装，安装完毕。

安装完成以后点击主页 → 附加功能 → 管理附加功能，查看复合材料力学工具箱是否安装成功，如图 1-21 所示。

附加功能管理器能够查看到复合材料力学工具箱版本 1.0，说明安装成功。并确认 ☑已启用 已经勾选，此时复合材料力学工具箱里的函数才能正常使用。

点击卸载就可卸载复合材料力学工具箱。

图 1-21　管理附加功能

　　点击图 1-22 中的打开文件夹选项，可查看本书所有的 MATLAB 函数文件，可以选择任意一个 MATLAB 函数文件进行编辑和修改 (图 1-23)，以满足自己的需要。

图 1-22　附加功能管理器

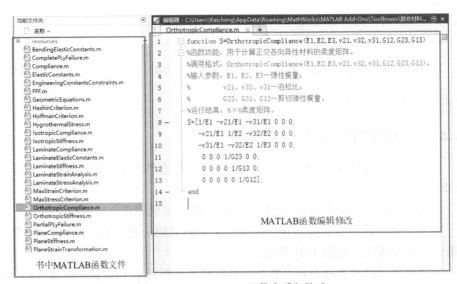

图 1-23　MATLAB 函数查看与修改

　　在命令行窗口通过使用 help 命令，能够帮助读者学习如何使用 MATLAB 函数，比如想求解正交各向异性材料的柔度矩阵，可以通过 help OrthotropicCompliance 迅速地掌握该函数的功能、调用格式、需要输入的参数、运行得到的结果等信息，见图 1-24。

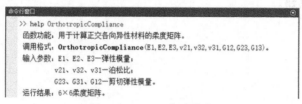

图 1-24   help 帮助信息

1.3   本书的主要内容

本书主要讲述了复合材料力学应力应变转换、各向异性材料的弹性特性、单层复合材料的弹性特性、单层复合材料的强度、层合板的弹性特性、层合板的强度、层合板的湿热效应 7 个问题，这 7 个问题相互关联，其相互关系如图 1-25 所示。

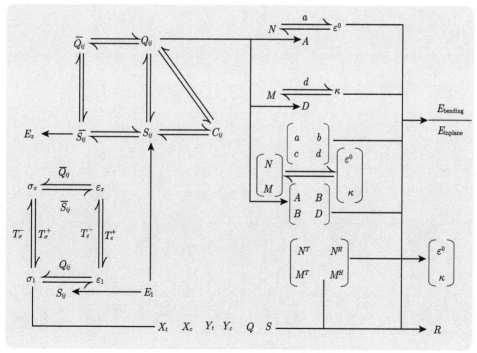

图 1-25   复合材料力学导图

　　本书将不会大量呈现复合材料力学的理论公式的推导。每一章只以主要公式为编程依据，编译 MATLAB 函数，每个 MATLAB 函数后面紧跟一到两个案例。此外，本书仅涉及线弹性力学问题，其他的力学问题如蠕变效应、黏塑性等可以参考其他专业书籍。

由式 (2-1)，对应的有限元应力应变关系

第 2 章　应力应变转换

众所周知，FRP 材料的力学性能随纤维方向的变化而变化，这种变化与应力、应变的取向变化有关。因此本章将讲述正轴与偏轴的应力、应变之间的转换关系，如图 2-1 所示，并给出复合材料单层板、层合板、方向取向等一些基本问题的基本概念，再采用 MATLAB 程序对应力和应变的输入输出进行约定。

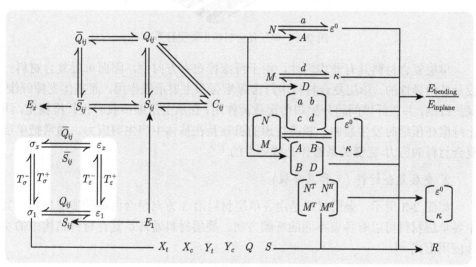

图 2-1　应力应变转换导学

2.1　复合材料的相关概念

2.1.1　复合材料的结构形式

对于纤维增强复合材料，其基本结构形式分为两种：单层复合材料和叠层复合材料。

1. 单层复合材料 (又称单层板)

如图 2-2 所示，单层复合材料中纤维按同一方向整齐排列，其中沿纤维方向称为纵向，用 "1" 表示，通常刚度较大；与纤维方向垂直的方向称为横向，用 "2" 表示，通常刚度较小；沿单层板的厚度方向用 "3" 表示。1 轴、2 轴、3 轴通常为

材料主方向，相应地，1 轴、2 轴、3 轴称为正轴，所用的坐标系 (1-2-3) 称为正轴坐标系。

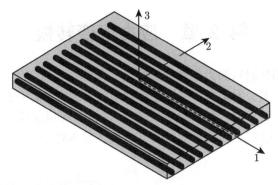

图 2-2　单层复合材料正轴坐标系

单层复合材料具有非均匀性，由于纤维排布有方向性，因而单层复合材料一般是各向异性的。单层复合材料中纤维起增强和主要承载作用，而基体支撑纤维、保护纤维，并在纤维间起分配和传递载荷作用，在承受压缩荷载时使纤维稳定，防止纤维在压缩时发生屈曲，载荷传递的机理是在基体中产生剪应力。通常把单层复合材料的应力-应变关系看作是线弹性的[20]。

2. 叠层复合材料 (又称层合板)

如图 2-3 所示，叠层材料是由各单层材料沿 3 方向叠合而成的多层材料，其中各单层材料可以有各自不同的纤维方向。叠层材料通常是复合材料结构中的实际应用形式[5]。

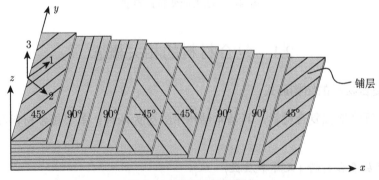

图 2-3　层合板结构形式

通常层合板的各个铺层是用与单层复合材料相同的基体材料黏合起来的，层合的主要目的是设计与方向有关的材料强度和刚度，以满足结构元件的承载要求。

层合板是唯一能适用于这种目的的构造，它可以按照需要来确定每一层的材料主方向。例如，十层层合板中的六层铺设在 1 方向上，其余四层铺设在 2 方向上，于是所得的层合板 1 方向具有的抗拉强度与刚度比 2 方向约高 50%，两个方向的抗拉强度比近似为 6:4，但弯曲刚度比不确定，因为没有规定铺层次序。假如单层复合材料铺层与层合板的中面不对称，还存在弯曲与拉伸的耦合刚度问题[20]。

图 2-3 中层合板的整体坐标系 $(x\text{-}y\text{-}z)$ 通常称为参考坐标系，此时铺层纤维方向与层合板参考坐标系 x 方向不一定完全重合，通常将材料主轴方向的应力、应变称为正轴应力、应变，将参考坐标系下的应力、应变称为偏轴应力、应变。因此本章所讨论的重点就是如何将两个坐标系下的应力、应变相互转换。

2.1.2 应力相关的基本概念

1. 应力定义

应力是物体内力的度量，它是物体内力分布的集度。

假如一个弹性体 (图 2-4(a)) 在各种外荷载 P_i 作用下处于平衡状态。这些外荷载将在弹性体内部各点引起内力，假设用任意平面 m 切割弹性体，分为 A、B 两部分，单独考察其中任何一部分，则该部分还应该保持力的平衡状态。如图 2-4(b) 所示，在任一截面上取任一微面 ΔS，此微面上作用的内力为 ΔP，此内力为一矢量，可以分解为垂直于微面、沿外法线方向的内力 ΔP_n (下标 n 表示外法线方向) 和平行于微面的内力 ΔP_s (下标 s 表示平行于微面方向)。根据应力的定义可知：

$$\sigma_n = \lim_{\Delta S \to 0} \frac{\Delta P_n}{\Delta S} \tag{2-1}$$

$$\tau_s = \lim_{\Delta S \to 0} \frac{\Delta P_s}{\Delta S} \tag{2-2}$$

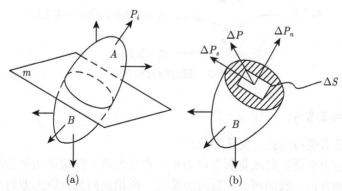

图 2-4 在外荷载作用下处于平衡状态的弹性体及其内力示意图

式中，σ_n 为垂直于微面的应力分量，称为正应力；τ_s 为平行于微面的应力，称为剪应力。应力 σ_n 不仅与力的大小有关，还将随所取的微面方向改变而改变。

2. 应力记号

在一般的三向应力状态下，微单元体的三对面上都作用有一个正应力和两个方向的剪应力，如图 2-5(a) 所示。图中只画出了三个互相垂直的面上的应力。

为了表示应力的作用面和作用方向，用两个下标表示各个面上不同方向的应力分量：第一个下标表示作用面的法线方向；第二个下标表示应力方向。例如，σ_x（也可以写成 σ_{xx}）表示作用在垂直于 x 轴的面上、沿着 x 轴方向的正应力；τ_{xy} 则表示作用在垂直于 x 轴的面上、沿着 y 轴方向的剪应力，如图 2-6 所示。

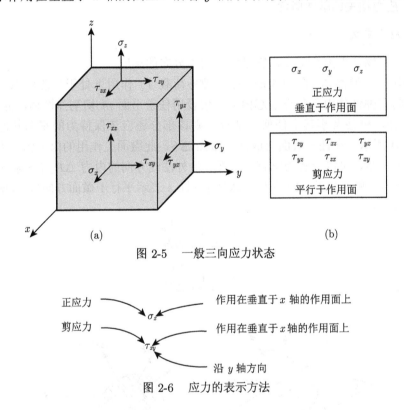

图 2-5   一般三向应力状态

图 2-6   应力的表示方法

3. 应力的正负号

规定正应力受拉为正，受压为负。

规定剪应力正面正向或负面负向为正，否则为负。所谓正面是指截面外法线方向与坐标轴方向一致的面，相反时为负面；所谓正向是指应力方向与坐标轴正方向一致的方向，相反时为负向。简言之，剪应力的正方向遵循“正正为正”、“负负为正"、"正负为负"及"负正为负"的原则。只有选定坐标系后才可确定剪应力的正负号,参见图 2-7(a) 和 (b)[21,22]。

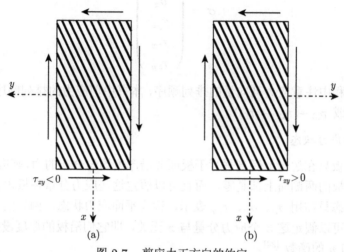

图 2-7　剪应力正方向的约定

按照上述规则,对于一般的弹性体,如图 2-5 所示的全部应力分量均为正;对于 FRP 材料的单层板,图 2-8 给出的正应力与剪应力都是正的。不难发现,上述规则与材料力学中的相比,正应力的正负号规则是相同的,剪应力的正负号规则略有差异 [23]。

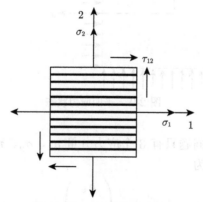

图 2-8　单层板的正轴坐标和相应的应力分量

根据剪应力互等定理就可知道,作用于相邻的两个相互垂直的平面上的剪应力是两两相等的,即 $\tau_{xy} = \tau_{yx}$、$\tau_{xz} = \tau_{zx}$、$\tau_{yz} = \tau_{zy}$。因而描述弹性体内一点应力状态的应力分量只需 6 个,通常可将这 6 个分量写成一个列向量:

$$\boldsymbol{\sigma} = \begin{pmatrix} \sigma_x \\ \sigma_y \\ \sigma_z \\ \tau_{yz} \\ \tau_{zx} \\ \tau_{xy} \end{pmatrix} \qquad (2\text{-}3)$$

学习过程中注意应力列向量的排列顺序，本书中剪应力的排列顺序为：$\tau_{yz} \to \tau_{zx} \to \tau_{xy}$（或 $\tau_{23} \to \tau_{31} \to \tau_{12}$）。

4. 平面应力状态

如果薄板只在边缘上受到平行于板面并沿厚度均匀分布的力，则应力分量 σ_z、τ_{xz}、τ_{yz} 在板的两侧面上都是零，而且可以假定这些应力分量在板内也是零。这时，应力状态只需用 σ_x、σ_y、τ_{xy} 表示，称为平面应力状态，例如图 2-9 所示的薄板，同时可以假定这 3 个应力分量与 z 无关，即它们沿板的厚度没有变化，因而只是 x 和 y 的函数 [24]。

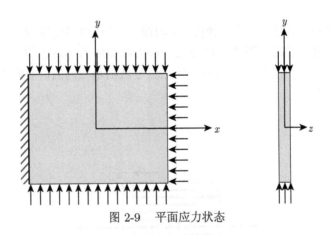

图 2-9　平面应力状态

由此可知平面应力问题只有 3 个应力分量 σ_x、σ_y、τ_{xy}，其他应力分量均为零，故其列向量可表示为

$$\boldsymbol{\sigma} = \begin{pmatrix} \sigma_x \\ \sigma_y \\ 0 \\ 0 \\ 0 \\ \tau_{xy} \end{pmatrix} \qquad (2\text{-}4)$$

需要注意的是，在利用本书的三维函数求解平面问题时，式 (2-4) 应力列向量中 0 元素不可以随意省略，应力始终为第 1、2、6 项。而在使用二维函数求解平面应力问题时，式 (2-4) 可以简化为

$$\boldsymbol{\sigma} = \begin{pmatrix} \sigma_x \\ \sigma_y \\ \tau_{xy} \end{pmatrix} \tag{2-5}$$

5. MATLAB 中应力变量名称约定

在 MATLAB 中，本书用 sigma 来定义应力分量，通常用列向量来表示，注意列向量排列顺序。用 Sigma 定义正轴应力，用 Sigma_X 定义偏轴应力。

在 MATLAB 完成式 (2-3) 输入，格式如下所示：

```
Sigma_X=[sigma_x; sigma_y; sigma_z; tau_yz; tau_zx; tau_xy]
```

对于平面应力状态，在 MATLAB 中输入格式可以为：

```
Sigma_X=[sigma_x; sigma_y; 0; 0; 0; tau_xy]
```

也可以为：

```
Sigma_X=[sigma_x; sigma_y; tau_xy]
```

将式 (2-3) 偏轴应力角标改为正轴应力角标，则输入格式如下所示：

```
Sigma=[sigma_1; sigma_2; sigma_3; tau_23; tau_31; tau_12]
```

2.1.3 应变相关的基本概念

1. 一般应变状态

所谓应变，就是弹性体变形的度量，可以用长度的改变和角度的改变来表示，通常用字母 ε 作为应变符号。线段的每单位长度的伸缩，即单位伸缩或相对伸缩，称为线应变，亦称正应变，其分量通常用 ε_x、ε_y、ε_z 表示，线应变伸长时为正，缩短时为负，与正应力的正负号规定相适应。各线段之间角度的改变，用弧度表示，称为切应变。切应变分量通常用 γ_{xy}、γ_{xz}、γ_{yx}、γ_{yz}、γ_{zx}、γ_{zy} 表示。切应变角度变小时为正，变大时为负，与切应力的正负号规定相适应。线应变和切应变都是量纲为 1 的量。应变分量可以写成一个列向量，与应力列向量相适应。

$$\boldsymbol{\varepsilon} = \begin{pmatrix} \varepsilon_x \\ \varepsilon_y \\ \varepsilon_z \\ \gamma_{yz} \\ \gamma_{zx} \\ \gamma_{xy} \end{pmatrix} \tag{2-6}$$

学习过程中注意应变列向量的排列顺序，本书中切应变的排列顺序为：$\gamma_{yz} \rightarrow$
$\gamma_{zx} \rightarrow \gamma_{xy}$（或 $\gamma_{23} \rightarrow \gamma_{31} \rightarrow \gamma_{12}$）。

2. 平面应变

平面应变，指所有的应变都在一个平面内，只在平面内有应变，该面垂直方向上的应变可忽略，即只有正应变 ε_x、ε_y 和切应变 γ_{xy}，而没有 ε_z、γ_{yz}、γ_{zx}。例如，水坝侧向水压问题、滚柱问题、厚壁圆筒问题等都属于典型的平面应变问题，如图 2-10 所示，坐标系以任意截面为 xy 平面，任一纵线为 z 轴且设为无限长，则应力、应变、位移仅为 x、y 的函数 [24]。

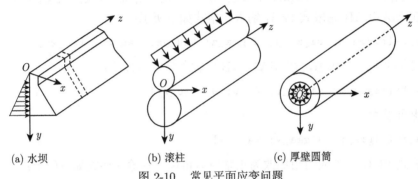

(a) 水坝　　　　　　　(b) 滚柱　　　　　　　(c) 厚壁圆筒

图 2-10　常见平面应变问题

此类平面应变问题中，几何特征上，一个方向的尺寸比另两个方向的尺寸大得多 (近似无限长)，且沿长度方向几何形状和尺寸不变化；外力特征上，外力 (体力或面力) 平行于横截面作用，且沿长度 z 方向不变化，同时约束沿长度 z 方向也不变化。

在 MATLAB 中，本书用 epsilon 来定义应变分量，通常用列向量来表示，注意列向量排列顺序。用 Epsilon 定义正轴应变，用 Epsilon_X 定义偏轴应变。

在 MATLAB 完成式 (2-6) 输入，格式如下所示：

```
Epsilon_X=[epsilon_x; epsilon_y; epsilon_z;
    gamma_yz; gamma_zx; gamma_xy]
```

对于平面应变状态，在 MATLAB 中输入格式可以为：

```
Epsilon_X=[epsilon_x; epsilon_y; 0; 0; 0; gamma_xy]
```

也可以为：

```
Epsilon_X=[epsilon_x; epsilon_y; gamma_xy]
```

将式 (2-6) 偏轴应变角标改为正轴应变角标，则输入格式如下所示：

```
Epsilon =[epsilon_1; epsilon_2; epsilon_3;
    gamma_23; gamma_31; gamma_12]
```

3. 应变与位移的关系

由应变的定义可知，应变是由于弹性体在外力作用下，其内部点之间的相对位置发生改变而产生的 (弹性力学中不研究刚体位移和大变形)。通常定义对应于坐标轴 x、y、z 的位移场变量为 u、v、w。在弹性力学中，通常用几何方程来描述位移场与应变变量之间的关系，见式 (2-7)。

$$
\begin{aligned}
\varepsilon_x &= \frac{\partial u}{\partial x}, & \gamma_{yz} &= \frac{\partial w}{\partial y} + \frac{\partial v}{\partial z} \\
\varepsilon_y &= \frac{\partial v}{\partial y}, & \gamma_{zx} &= \frac{\partial u}{\partial z} + \frac{\partial w}{\partial x} \\
\varepsilon_z &= \frac{\partial w}{\partial z}, & \gamma_{xy} &= \frac{\partial v}{\partial x} + \frac{\partial u}{\partial y}
\end{aligned} \tag{2-7}
$$

依据上述应变求解的基本理论与计算流程 (图 2-11)，编写 MATLAB 函数 GeometricEquations(u, v, w, x, y, z)。

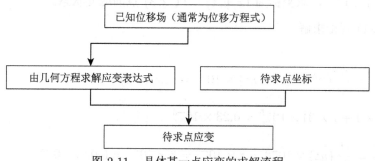

图 2-11 具体某一点应变的求解流程

函数的具体编写如下：

```
function Epsilon_X=GeometricEquations(u,v,w,x,y,z)
%函数功能：已知位移场函数，求解某一点的应变。
%调用格式：GeometricEquations(u,v,w,x,y,z)
%输入参数：u、v、w—位移场（需要以字符串形式输入，变量定义为 x、y、z）
%          u、v、w位移场必须为x、y、z的函数。
%          x、y、z—待求点坐标。
%运行结果：输出待求点应变。
%          应变列向量=[εx; εy; εz; γyz; γzx; γxy]
```

```
a=x;b=y;c=z;
syms x y z
u=str2sym(u);
v=str2sym(v);
w=str2sym(w);
epsilon_x=diff(u,x); epsilon_xx=subs(epsilon_x,[x,y,z],[a,b,c]);
epsilon_y=diff(v,y); epsilon_yy=subs(epsilon_y,[x,y,z],[a,b,c]);
epsilon_z=diff(w,z); epsilon_zz=subs(epsilon_z,[x,y,z],[a,b,c]);
gamma_yz=diff(w,y)+diff(v,z);
epsilon_yz=subs(gamma_yz,[x,y,z],[a,b,c]);
gamma_zx=diff(w,x)+diff(u,z);
epsilon_zx=subs(gamma_zx,[x,y,z], [a,b,c]);
gamma_xy=diff(v,x)+diff(u,y);
epsilon_xy=subs(gamma_xy,[x,y,z],[a,b,c]);
Epsilon_X=double([epsilon_xx;epsilon_yy;
epsilon_zz; epsilon_yz;epsilon_zx;epsilon_xy]);
end
```

例 2-1[25]　位移场为：$u = (x^2 + 6y + 7xz) \times 10^{-5}$、$v = (yz) \times 10^{-5}$、$w = (xy + yz^2) \times 10^{-5}$，求坐标为 $(x, y, z) = (1, 2, 3)$ 点的应变状态。

解　(1) 理论求解

$$\varepsilon_x = \frac{\partial u}{\partial x} = \frac{\partial}{\partial x} \left(x^2 + 6y + 7xz \right) \times 10^{-5} = (2x + 7z) \times 10^{-5}$$

$$= (2 \times 1 + 7 \times 3) \times 10^{-5} = 0.23 \times 10^{-3}$$

$$\varepsilon_y = \frac{\partial v}{\partial y} = \frac{\partial}{\partial y} \left(yz \right) \times 10^{-5} = z \times 10^{-5} = 3 \times 10^{-5} = 0.03 \times 10^{-3}$$

$$\varepsilon_z = \frac{\partial w}{\partial z} = \frac{\partial}{\partial z} \left(xy + yz^2 \right) \times 10^{-5} = 2yz \times 10^{-5} = 2 \times 2 \times 3 \times 10^{-5} = 0.12 \times 10^{-3}$$

$$\gamma_{yz} = \frac{\partial w}{\partial y} + \frac{\partial v}{\partial z} = \frac{\partial}{\partial y} \left(xy + yz^2 \right) \times 10^{-5} + \frac{\partial}{\partial z} \left(yz \right) \times 10^{-5}$$

$$= \left(x + z^2 \right) \times 10^{-5} + y \times 10^{-5} = \left(1 + 3^2 \right) \times 10^{-5} + 2 \times 10^{-5} = 0.12 \times 10^{-3}$$

$$\gamma_{zx} = \frac{\partial u}{\partial z} + \frac{\partial w}{\partial x} = \frac{\partial}{\partial z} \left(x^2 + 6y + 7xz \right) \times 10^{-5} + \frac{\partial}{\partial x} \left(xy + yz^2 \right) \times 10^{-5}$$

$$= 7x \times 10^{-5} + y \times 10^{-5} = 7 \times 1 \times 10^{-5} + 2 \times 10^{-5} = 0.09 \times 10^{-3}$$

$$\gamma_{xy} = \frac{\partial v}{\partial x} + \frac{\partial u}{\partial y} = \frac{\partial}{\partial y} \left(x^2 + 6y + 7xz \right) \times 10^{-5} + \frac{\partial}{\partial x} \left(yz \right) \times 10^{-5}$$

$$= 6 \times 10^{-5} = 0.06 \times 10^{-3}$$

(2) MATLAB 函数求解

遵循上述解题思路,编写 M 文件 Case_2_1.m 如下:

```
clear,close all,clc
format compact
u='(x^2+6*y+7*x*z)*10^-5';
v='y*z*10^-5';
w='(x*y+y*z^2)*10^-5';
Epsilon_X=GeometricEquations(u,v,w,1,2,3)
```

运行 M 文件 Case_2_1.m,可得到以下结果:

```
Epsilon_X=
   1.0e-03 *
   0.2300
   0.0300
   0.1200
   0.1200
   0.0900
   0.0600
```

2.2 平面应力、应变转换

2.2.1 应力应变转换基本术语

单层复合材料的主轴 (局部) 坐标系须这样建立: 使得 1 轴总是沿复合材料的纤维方向 (轴向), 其应力与应变分量的排序以及刚度和柔度矩阵各分量的位置, 都是在主轴坐标系下定义的。但在实际应用中, 往往需要选用另外的参考坐标系来表征这些量。例如, 单层复合材料很少在工程中被直接应用, 更普遍地是将多层单层复合材料按不同铺排角组合成层合板结构, 必须在层合板上建立一个整体坐标系, 因而必须考虑局部 (主轴) 坐标系与整体坐标系之间的坐标变换, 以便得到复合材料的力学性能在整体坐标系下的表达式。

1. 基本术语

设复合材料单层板中的单元体受面内偏轴正应力 σ_x、σ_y 和偏轴剪应力 τ_{xy} 作用, 如图 2-12(a) 所示。x 和 y 分别表示任意的坐标轴方向 (称为偏轴向), x 轴

和 y 轴称为偏轴，所用坐标系 x-y 称为偏轴坐标系。单元体外法线方向 x 与材料主方向 1 之间的夹角为 θ，θ 角称为单层方向角。规定自偏轴 x 转至正轴 1 的夹角 θ 逆时针转向为正，顺时针转向为负。单层方向角是复合材料所特有的 [21]。

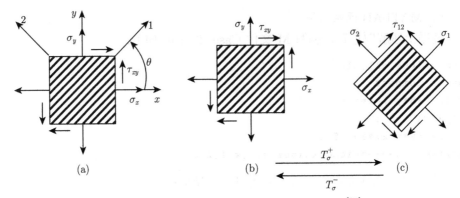

图 2-12　单层板的偏轴应力状态及应力的转换 [21]

在以往学习材料力学的应力转换或应变转换时都引入坐标转换角 α，它表明坐标转换前后的夹角。一般规定，坐标转换角 α 由转换前的轴 (旧轴) 转至转换后的轴 (新轴)，逆时针转向为正，顺时针转向为负，如图 2-13 所示。

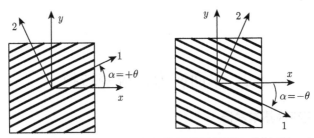

图 2-13　单层方向角 θ 与坐标转换角 α 的关系

对偏轴至正轴的转换，由于单层方向角和坐标转换角 α 的符号规定一致，所以坐标转换角就等于单层方向角，即 $\alpha = +\theta$。可见两者角度大小相等，符号一致，这种转换称为正转换。应力转换和应变转换的正转换分别用 T_σ^+ 和 T_ε^+ 表示，如图 2-12(b)→(c)[21]。

对正轴至偏轴的转换，由于单层方向角与坐标转换角的符号规定正好相反，而角度大小相等，故 $\alpha = -\theta$。这种转换称为负转换。应力转换和应变转换的负转换分别用 T_σ^- 和 T_ε^- 表示，如图 2-12(c)→(b)[21]。

设有 1-2-3 坐标系 (材料坐标系) 和 x-y-z 坐标系 (参考坐标系)，如图 2-14 所示，材料坐标轴 $O1$、$O2$、$O3$ 与参考坐标轴 Ox、Oy、Oz 之间夹角的

方向余弦为 $(l_i,\ m_i,\ n_i)$，详见表 2-1，即

$$l_i = \cos(x, i),\ m_i = \cos(y, i),\ n_i = \cos(z, i) \quad (i = 1, 2, 3) \tag{2-8}$$

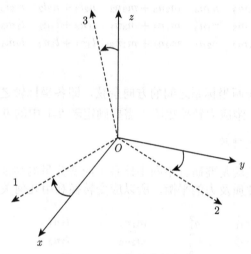

图 2-14　坐标轴偏转角度

表 2-1　两坐标系之间各坐标轴的方向余弦

位置	x	y	z
1	l_1	m_1	n_1
2	l_2	m_2	n_2
3	l_3	m_3	n_3

两坐标系之间的转换公式为

$$\begin{pmatrix} 1 \\ 2 \\ 3 \end{pmatrix} = \begin{pmatrix} l_1 & m_1 & n_1 \\ l_2 & m_2 & n_2 \\ l_3 & m_3 & n_3 \end{pmatrix} \begin{pmatrix} x \\ y \\ z \end{pmatrix} \tag{2-9}$$

2. 一般三维应力转换

应力转换用于确定两个坐标系下弹性体内应力分量之间的关系，即导出用原坐标系下的应力分量表示新坐标系下应力分量的关系式。

根据一点的应力状态和截面上应力的平衡关系，再利用上述坐标转换公式可

以推导得到应力转换公式如下:

$$
\begin{pmatrix} \sigma_1 \\ \sigma_2 \\ \sigma_3 \\ \tau_{23} \\ \tau_{31} \\ \tau_{12} \end{pmatrix} = \begin{pmatrix} l_1^2 & m_1^2 & n_1^2 & 2m_1n_1 & 2l_1n_1 & 2l_1m_1 \\ l_2^2 & m_2^2 & n_2^2 & 2m_2n_2 & 2l_2n_2 & 2l_2m_2 \\ l_3^2 & m_3^2 & n_3^2 & 2m_3n_3 & 2l_3n_3 & 2l_3m_3 \\ l_2l_3 & m_2m_3 & n_2n_3 & m_2n_3+m_3n_2 & n_2l_3+n_3l_2 & m_2l_3+m_3l_2 \\ l_1l_3 & m_1m_3 & n_1n_3 & m_1n_3+m_3n_1 & l_1n_3+l_3n_1 & l_1m_3+l_3m_1 \\ l_1l_2 & m_1m_2 & n_2n_1 & m_2n_1+m_1n_2 & l_2n_1+l_1n_2 & l_2m_1+l_1m_2 \end{pmatrix} \begin{pmatrix} \sigma_x \\ \sigma_y \\ \sigma_z \\ \tau_{yz} \\ \tau_{zx} \\ \tau_{xy} \end{pmatrix}
$$

$$(2\text{-}10)$$

式中, l、m、n 代表两坐标系之间的方向余弦, 即各坐标轴之间夹角的余弦, 如表 2-1 所示。求解三维应力转换矩阵, 需要确定表 2-1 中的 9 个未知量。

3. 一般三维应变转换

研究应变的转换就是要研究不同坐标系下应变分量的转换。应变是一种几何量, 不涉及材料的性质及力的平衡, 所以应变转换利用几何关系就可得到:

$$
\begin{pmatrix} \varepsilon_1 \\ \varepsilon_2 \\ \varepsilon_3 \\ \gamma_{23} \\ \gamma_{31} \\ \gamma_{12} \end{pmatrix} = \begin{pmatrix} l_1^2 & m_1^2 & n_1^2 & m_1n_1 & l_1n_1 & l_1m_1 \\ l_2^2 & m_2^2 & n_2^2 & m_2n_2 & l_2n_2 & l_2m_2 \\ l_3^2 & m_3^2 & n_3^2 & m_3n_3 & l_3n_3 & l_3m_3 \\ 2l_2l_3 & 2m_2m_3 & 2n_2n_3 & m_2n_3+m_3n_2 & n_2l_3+n_3l_2 & m_2l_3+m_3l_2 \\ 2l_1l_3 & 2m_1m_3 & 2n_1n_3 & m_1n_3+m_3n_1 & l_1n_3+l_3n_1 & l_1m_3+l_3m_1 \\ 2l_1l_2 & 2m_1m_2 & 2n_2n_1 & m_2n_1+m_1n_2 & l_2n_1+l_1n_2 & l_2m_1+l_1m_2 \end{pmatrix} \begin{pmatrix} \varepsilon_x \\ \varepsilon_y \\ \varepsilon_z \\ \gamma_{yz} \\ \gamma_{zx} \\ \gamma_{xy} \end{pmatrix}
$$

$$(2\text{-}11)$$

求解三维应变转换矩阵, 需要确定表 2-1 中的 9 个未知量。

通用性的三维应力应变转换公式确定未知量十分烦琐, 在叠层纤维增强复合材料中也极少直接使用, 因此不再编译函数文件。叠层纤维增强复合材料三维应力应变转换公式可参考 2.3 节叠层结构三维应力应变转换的内容。

2.2.2　平面应力转换与 MATLAB 函数

图 2-15 为单层复合材料的两个坐标系: 1-2 为正轴坐标系, x-y 为偏轴坐标系。坐标系 1-2 相当于 x-y 坐标系旋转一个角度 θ。正轴应力分量和偏轴应力分量分别用 σ_1、σ_2、τ_{12} 和 σ_x、σ_y、τ_{xy} 表示。要将偏轴应力 σ_x、σ_y、τ_{xy} 转换到正轴应力 σ_1、σ_2、τ_{12} 上, 需用

$$
\begin{pmatrix} \sigma_1 \\ \sigma_2 \\ \tau_{12} \end{pmatrix} = \begin{pmatrix} m^2 & n^2 & 2mn \\ n^2 & m^2 & -2mn \\ -mn & mn & m^2-n^2 \end{pmatrix} \begin{pmatrix} \sigma_x \\ \sigma_y \\ \tau_{xy} \end{pmatrix} \qquad (2\text{-}12)
$$

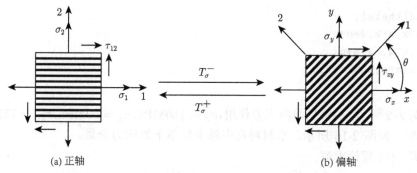

图 2-15 单层复合材料的坐标系和相应的应力分量

式中，$m = \cos\theta$；$n = \sin\theta$。这是由偏轴应力求正轴应力的公式，称为平面状态下应力转换公式。

$$T_\sigma^+ = \begin{pmatrix} m^2 & n^2 & 2mn \\ n^2 & m^2 & -2mn \\ -mn & mn & m^2 - n^2 \end{pmatrix} \tag{2-13}$$

式中，T_σ^+ 为平面状态下正应力转换矩阵。复合材料中的转换通常主要是在正轴与偏轴之间的转换。如果由正轴应力求偏轴应力，则需用如下公式：

$$\begin{pmatrix} \sigma_x \\ \sigma_y \\ \tau_{xy} \end{pmatrix} = \begin{pmatrix} m^2 & n^2 & 2mn \\ n^2 & m^2 & -2mn \\ -mn & mn & m^2 - n^2 \end{pmatrix}^{-1} \begin{pmatrix} \sigma_1 \\ \sigma_2 \\ \tau_{12} \end{pmatrix} \tag{2-14}$$

对矩阵进行求逆计算，就可得到平面状态下负应力转换矩阵 T_σ^-：

$$T_\sigma^- = \begin{pmatrix} m^2 & n^2 & -2mn \\ n^2 & m^2 & 2mn \\ mn & -mn & m^2 - n^2 \end{pmatrix} \tag{2-15}$$

依据上述平面应力转换矩阵，将平面状态下正应力转换公式编写为 MATLAB 函数 PlaneStressTransformation(theta)。函数的具体编写如下：

```
function Ts=PlaneStressTransformation(theta)
%函数功能：求解平面应力转换矩阵。
%调用格式：PlaneStressTransformation(theta)。
%输入参数：偏轴角度θ，单位为度，注意角度正负取值问题。
%运行结果：3×3平面应力转换矩阵。
m=cosd(theta);
```

```
n=sind(theta);
Ts=[m^2,n^2,2*m*n;
  n^2,m^2,-2*m*n;
  -m*n,m*n,m^2-n^2];
end
```

例 2-2[3]   单层板受面内应力作用，$\sigma_x = 150\mathrm{MPa}$，$\sigma_y = 50\mathrm{MPa}$，$\tau_{xy} = 75\mathrm{MPa}$，$\theta = 45°$，如图 2-16 所示，求材料在主轴坐标系下的应力分量。

解   (1) 理论求解

因 $m = \cos 45° = \dfrac{\sqrt{2}}{2}$，$n = \sin 45° = \dfrac{\sqrt{2}}{2}$，所以有

$$\boldsymbol{T}_\sigma^+ = \begin{pmatrix} m^2 & n^2 & 2mn \\ n^2 & m^2 & -2mn \\ -mn & mn & m^2-n^2 \end{pmatrix} = \begin{pmatrix} 0.5 & 0.5 & 1 \\ 0.5 & 0.5 & -1 \\ -0.5 & 0.5 & 0 \end{pmatrix}$$

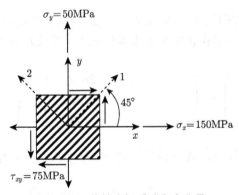

图 2-16   偏轴坐标系下应力分量

将 $\sigma_x = 150\mathrm{MPa}$、$\sigma_y = 50\mathrm{MPa}$、$\tau_{xy} = 75\mathrm{MPa}$ 代入式 (2-12) 可得

$$\begin{pmatrix} \sigma_1 \\ \sigma_2 \\ \tau_{12} \end{pmatrix} = \begin{pmatrix} 0.5 & 0.5 & 1 \\ 0.5 & 0.5 & -1 \\ -0.5 & 0.5 & 0 \end{pmatrix} \begin{pmatrix} 150 \\ 50 \\ 75 \end{pmatrix} = \begin{pmatrix} 175 \\ 25 \\ -50 \end{pmatrix} \mathrm{MPa}$$

(2) MATLAB 函数求解

遵循上述解题思路，编写 M 文件 Case_2_2.m 如下：

```
clear,close all,clc
```

```
format compact
Sigma_X=[150;50;75];
Ts=PlaneStressTransformation(45)
Sigma=Ts*Sigma_X
```

运行 M 文件 Case_2_2.m，可得到以下结果：

```
Ts =
    0.5000    0.5000    1.0000
    0.5000    0.5000   -1.0000
   -0.5000    0.5000         0
Sigma =
  175.0000
   25.0000
  -50.0000
```

2.2.3 平面应变转换与 MATLAB 函数

与平面应力转换类似，推导应变转换公式，就是由一定坐标系 $(x\text{-}y)$ 下某一点的应变分量 ε_x、ε_y、γ_{xy} 推导在新坐标系 $(1\text{-}2)$ 下的应变分量 ε_1、ε_2、γ_{12} 的公式，也就是由偏轴应变分量求正轴应变分量的公式：

$$
\begin{pmatrix} \varepsilon_1 \\ \varepsilon_2 \\ \gamma_{12} \end{pmatrix} = \begin{pmatrix} m^2 & n^2 & mn \\ n^2 & m^2 & -mn \\ -2mn & 2mn & m^2-n^2 \end{pmatrix} \begin{pmatrix} \varepsilon_x \\ \varepsilon_y \\ \gamma_{xy} \end{pmatrix}
\tag{2-16}
$$

式中，$m=\cos\theta$；$n=\sin\theta$。这是由偏轴应变求正轴应变的公式，称为平面状态下应变转换公式。

$$
\boldsymbol{T}_\varepsilon^+ = \begin{pmatrix} m^2 & n^2 & mn \\ n^2 & m^2 & -mn \\ -2mn & 2mn & m^2-n^2 \end{pmatrix}
\tag{2-17}
$$

式中，$\boldsymbol{T}_\varepsilon^+$ 为平面状态下正应变转换矩阵。复合材料中的转换通常主要是在正轴与偏轴之间的转换。如果由正轴应变求偏轴应变则需用如下公式：

$$
\begin{pmatrix} \varepsilon_x \\ \varepsilon_y \\ \gamma_{xy} \end{pmatrix} = \begin{pmatrix} m^2 & n^2 & mn \\ n^2 & m^2 & -mn \\ -2mn & 2mn & m^2-n^2 \end{pmatrix}^{-1} \begin{pmatrix} \varepsilon_1 \\ \varepsilon_2 \\ \gamma_{12} \end{pmatrix}
\tag{2-18}
$$

对矩阵进行求逆计算，就可得到平面状态下负应变转换矩阵 $\boldsymbol{T}_\varepsilon^-$：

$$\boldsymbol{T}_\varepsilon^- = \begin{pmatrix} m^2 & n^2 & -mn \\ n^2 & m^2 & mn \\ 2mn & -2mn & m^2-n^2 \end{pmatrix} \tag{2-19}$$

依据上述平面应变转换矩阵，将平面状态下正应变转换公式编写为 MATLAB 函数 PlaneStrainTransformation(theta)。函数的具体编写如下：

```
function Te=PlaneStrainTransformation(theta)
%函数功能：求解平面应变转换矩阵。
%调用格式：PlaneStrainTransformation(theta)。
%输入参数：偏轴角度θ，单位为度，注意角度正负取值问题。
%运行结果：3×3平面应变转换矩阵。
m=cosd(theta);
n=sind(theta);
Te=[m^2,n^2, m*n;
    n^2,m^2,-m*n;
    -2*m*n,2*m*n,m^2-n^2];
end
```

例 2-3[26]　已知坐标轴偏转角度如图 2-17 所示，在参考坐标系 x-y 下，一点的应变为 $\varepsilon_x = 0.003$、$\varepsilon_y = 0.001$、$\gamma_{xy} = 0.0001$，$\theta = 45°$，求材料在材料主轴坐标系下的应变分量。

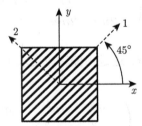

图 2-17　坐标轴偏转角度 (45°)

解　(1) 理论求解

因 $m = \cos 45° = \dfrac{\sqrt{2}}{2}$，$n = \sin 45° = \dfrac{\sqrt{2}}{2}$，所以有

$$\boldsymbol{T}_\varepsilon^+ = \begin{pmatrix} m^2 & n^2 & mn \\ n^2 & m^2 & -mn \\ -2mn & 2mn & m^2-n^2 \end{pmatrix} = \begin{pmatrix} 0.5 & 0.5 & 0.5 \\ 0.5 & 0.5 & -0.5 \\ -1 & 1 & 0 \end{pmatrix}$$

将 $\varepsilon_x = 0.003$、$\varepsilon_y = 0.001$、$\gamma_{xy} = 0.0001$ 代入式 (2-16) 可得

$$
\begin{pmatrix} \varepsilon_1 \\ \varepsilon_2 \\ \gamma_{12} \end{pmatrix} = \begin{pmatrix} 0.5 & 0.5 & 0.5 \\ 0.5 & 0.5 & -0.5 \\ -1 & 1 & 0 \end{pmatrix} \begin{pmatrix} 0.003 \\ 0.001 \\ 0.0001 \end{pmatrix} = \begin{pmatrix} 0.0021 \\ 0.002 \\ -0.002 \end{pmatrix}
$$

(2) MATLAB 函数求解

遵循上述解题思路，编写 M 文件 Case_2_3.m 如下：

```
clear,close all,clc
format compact
Epsilon_X=[0.003;0.001;0.0001];
Te=PlaneStrainTransformation(45)
Epsilon=Te*Epsilon_X
```

运行 M 文件 Case_2_3.m，可得到以下结果：

```
Te =
    0.5000    0.5000    0.5000
    0.5000    0.5000   -0.5000
   -1.0000    1.0000         0
Epsilon =
    0.0021
    0.0020
   -0.0020
```

例 2-4[3]　坐标轴偏转角度如图 2-18 所示，$\varepsilon_1 = 216 \times 10^{-6}$、$\varepsilon_2 = 6.7 \times 10^{-6}$、$\gamma_{12} = 1250 \times 10^{-6}$，$\theta = 60°$，求该点在 x-y 坐标系下的应变分量。

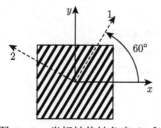

图 2-18　坐标轴偏转角度 (60°)

解　(1) 理论求解

因 $m = \cos 60° = \dfrac{1}{2}$，$n = \sin 60° = \dfrac{\sqrt{3}}{2}$，所以有

$$
\boldsymbol{T}_\varepsilon^- = \begin{pmatrix} m^2 & n^2 & -mn \\ n^2 & m^2 & mn \\ 2mn & -2mn & m^2-n^2 \end{pmatrix} = \begin{pmatrix} \dfrac{1}{4} & \dfrac{3}{4} & -\dfrac{\sqrt{3}}{4} \\ \dfrac{3}{4} & \dfrac{1}{4} & \dfrac{\sqrt{3}}{4} \\ \dfrac{\sqrt{3}}{2} & -\dfrac{\sqrt{3}}{2} & -\dfrac{1}{2} \end{pmatrix}
$$

将 $\varepsilon_1 = 216\times10^{-6}$、$\varepsilon_2 = 6.7\times10^{-6}$、$\gamma_{12} = 1250\times10^{-6}$ 代入式 (2-18) 可得

$$
\begin{pmatrix} \varepsilon_x \\ \varepsilon_y \\ \gamma_{xy} \end{pmatrix} = \begin{pmatrix} \dfrac{1}{4} & \dfrac{3}{4} & -\dfrac{\sqrt{3}}{4} \\ \dfrac{3}{4} & \dfrac{1}{4} & \dfrac{\sqrt{3}}{4} \\ -\dfrac{\sqrt{3}}{2} & \dfrac{\sqrt{3}}{2} & -\dfrac{1}{2} \end{pmatrix} \begin{pmatrix} 216 \\ 6.7 \\ 1250 \end{pmatrix} \times10^{-6} = \begin{pmatrix} -0.4822 \\ 0.7049 \\ -0.4437 \end{pmatrix} \times10^{-3}
$$

(2) MATLAB 函数求解

遵循上述解题思路，编写 M 文件 Case_2_4.m 如下：

```
clear,close all,clc
format compact
Epsilon=[216;6.7;1250]*10^-6;
Te=inv(PlaneStrainTransformation(60))
Epsilon_X=Te*Epsilon
```

运行 M 文件 Case_2_4.m，可得到以下结果：

```
Te =
    0.2500    0.7500   -0.4330
    0.7500    0.2500    0.4330
    0.8660   -0.8660   -0.5000
Epsilon_X =
  1.0e-03 *
  -0.4822
   0.7049
  -0.4437
```

2.3 叠层结构三维应力、应变转换

本书所研究的纤维增强复合材料通常为叠层结构。无论是梁、板还是壳体等结构均有一个共同特点，就是 x-y-z 参考坐标系的 z 轴始终与材料主轴坐标系 1-2-3 轴的 3 轴方向一致，如图 2-19 所示。

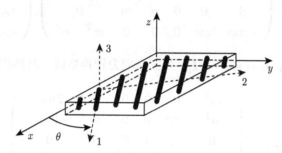

图 2-19 叠层结构 z 轴与 3 轴方向一致

2.3.1 三维应力转换与 MATLAB 函数

当 3 轴与 z 轴重合后，三维坐标转换问题就变成了坐标系绕 z 轴旋转问题。如图 2-20 所示，三维坐标轴的方向余弦计算变简单，当绕 z 轴逆时针旋转 θ 以后，各坐标轴之间夹角的余弦值 l、m、n 计算如下：

$$l_1 = \cos\theta, \quad l_2 = \cos(90° + \theta) = -\sin\theta, \quad l_3 = \cos 90° = 0 \qquad (2\text{-}20)$$

$$m_1 = \cos(-(90° - \theta)) = \sin\theta, \quad m_2 = \cos\theta, \quad m_3 = \cos 90° = 0 \qquad (2\text{-}21)$$

$$n_1 = \cos 90° = 0, \quad n_2 = \cos 90° = 0, \quad n_3 = \cos 0° = 1 \qquad (2\text{-}22)$$

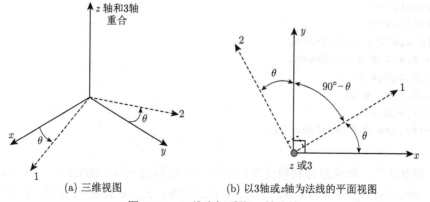

(a) 三维视图 (b) 以3轴或z轴为法线的平面视图

图 2-20 三维坐标系绕 z 轴旋转

因此可得到叠层结构中单层复合材料的应力转换关系如下：

$$
\begin{pmatrix} \sigma_1 \\ \sigma_2 \\ \sigma_3 \\ \tau_{23} \\ \tau_{31} \\ \tau_{12} \end{pmatrix} = \begin{pmatrix} m^2 & n^2 & 0 & 0 & 0 & 2nm \\ n^2 & m^2 & 0 & 0 & 0 & -2nm \\ 0 & 0 & 1 & 0 & 0 & 0 \\ 0 & 0 & 0 & m & -n & 0 \\ 0 & 0 & 0 & n & m & 0 \\ -nm & nm & 0 & 0 & 0 & m^2-n^2 \end{pmatrix} \begin{pmatrix} \sigma_x \\ \sigma_y \\ \sigma_z \\ \tau_{yz} \\ \tau_{zx} \\ \tau_{xy} \end{pmatrix} \tag{2-23}
$$

式中，$m = \cos\theta$；$n = \sin\theta$。$\boldsymbol{T}_\sigma^+$ 为三维应力转换矩阵，具体如下：

$$
\boldsymbol{T}_\sigma^+ = \begin{pmatrix} m^2 & n^2 & 0 & 0 & 0 & 2nm \\ n^2 & m^2 & 0 & 0 & 0 & -2nm \\ 0 & 0 & 1 & 0 & 0 & 0 \\ 0 & 0 & 0 & m & -n & 0 \\ 0 & 0 & 0 & n & m & 0 \\ -nm & nm & 0 & 0 & 0 & m^2-n^2 \end{pmatrix} \tag{2-24}
$$

依据上述三维应力转换矩阵，将正三维应力转换公式编写为 MATLAB 函数 ThreeDimensionalStressTransformation(theta)。

函数的具体编写如下：

```
function Ts=ThreeDimensionalStressTransformation(theta)
%函数功能：求解叠层结构三维应力转换矩阵。
%调用格式：ThreeDimensionalStressTransformation(theta)。
%输入参数：偏轴角度θ，单位为度，注意角度正负取值问题。
%运行结果：6×6应力转换矩阵。
m=cosd(theta);
n=sind(theta);
Ts=[m^2,n^2,0,0,0,2*m*n;
    n^2,m^2,0,0,0,-2*m*n;
    0,0,1,0,0,0;
    0,0,0,m,-n,0;
    0,0,0,n,m,0;
    -m*n,m*n,0,0,0,m^2-n^2];
end
```

例 2-5[27]   单向复合材料受整体坐标系下的外力 $\sigma_x = 196\text{MPa}$，$\sigma_y = 84\text{MPa}$，$\sigma_z = 60\text{MPa}$，$\tau_{yz} = -27.6\text{MPa}$，$\tau_{zx} = 62.1\text{MPa}$，$\tau_{xy} = 37\text{MPa}$ 作用，铺层纤维偏轴角度为 $\theta = 30°$，如图 2-21 所示，求解纤维方向的正轴应力。

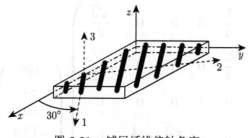

图 2-21 铺层纤维偏轴角度

解 (1) 理论求解

因 $m = \cos 30° = \dfrac{\sqrt{3}}{2}$，$n = \sin 30° = \dfrac{1}{2}$，所以有

$$
\boldsymbol{T}_\sigma^+ = \begin{pmatrix}
m^2 & n^2 & 0 & 0 & 0 & 2nm \\
n^2 & m^2 & 0 & 0 & 0 & -2nm \\
0 & 0 & 1 & 0 & 0 & 0 \\
0 & 0 & 0 & m & -n & 0 \\
0 & 0 & 0 & n & m & 0 \\
-nm & nm & 0 & 0 & 0 & m^2 - n^2
\end{pmatrix}
$$

$$
= \begin{pmatrix}
\dfrac{3}{4} & \dfrac{1}{4} & 0 & 0 & 0 & \dfrac{\sqrt{3}}{2} \\
\dfrac{1}{4} & \dfrac{3}{4} & 0 & 0 & 0 & -\dfrac{\sqrt{3}}{2} \\
0 & 0 & 1 & 0 & 0 & 0 \\
0 & 0 & 0 & \dfrac{\sqrt{3}}{2} & -\dfrac{1}{2} & 0 \\
0 & 0 & 0 & \dfrac{1}{2} & \dfrac{\sqrt{3}}{2} & 0 \\
-\dfrac{\sqrt{3}}{4} & \dfrac{\sqrt{3}}{4} & 0 & 0 & 0 & \dfrac{1}{2}
\end{pmatrix}
$$

将 $\sigma_x = 196\text{MPa}$、$\sigma_y = 84\text{MPa}$、$\sigma_z = 60\text{MPa}$、$\tau_{yz} = -27.6\text{MPa}$、$\tau_{zx} = 62.1\text{MPa}$、$\tau_{xy} = 37\text{MPa}$ 代入式 (2-23) 可得

$$
\begin{pmatrix} \sigma_1 \\ \sigma_2 \\ \sigma_3 \\ \tau_{23} \\ \tau_{31} \\ \tau_{12} \end{pmatrix} = \begin{pmatrix} \dfrac{3}{4} & \dfrac{1}{4} & 0 & 0 & 0 & \dfrac{\sqrt{3}}{2} \\[2mm] \dfrac{1}{4} & \dfrac{3}{4} & 0 & 0 & 0 & -\dfrac{\sqrt{3}}{2} \\[2mm] 0 & 0 & 1 & 0 & 0 & 0 \\[2mm] 0 & 0 & 0 & \dfrac{\sqrt{3}}{2} & -\dfrac{1}{2} & 0 \\[2mm] 0 & 0 & 0 & \dfrac{1}{2} & \dfrac{\sqrt{3}}{2} & 0 \\[2mm] -\dfrac{\sqrt{3}}{4} & \dfrac{\sqrt{3}}{4} & 0 & 0 & 0 & \dfrac{1}{2} \end{pmatrix} \begin{pmatrix} 196 \\ 84 \\ 60 \\ -27.6 \\ 62.1 \\ 37 \end{pmatrix} = \begin{pmatrix} 200 \\ 80 \\ 60 \\ -55 \\ 40 \\ -30 \end{pmatrix} \text{MPa}
$$

(2) MATLAB 函数求解

遵循上述解题思路，编写 M 文件 Case_2_5.m 如下：

```
clc,clear,close all
format compact
Sigma_X=[196;84;60;-27.6;62.1;37];
Ts=ThreeDimensionalStressTransformation(30)
Sigma=Ts*Sigma_X
```

运行 M 文件 Case_2_5.m，可得到以下结果：

```
Ts =
    0.7500    0.2500         0         0         0    0.8660
    0.2500    0.7500         0         0         0   -0.8660
         0         0    1.0000         0         0         0
         0         0         0    0.8660   -0.5000         0
         0         0         0    0.5000    0.8660         0
   -0.4330    0.4330         0         0         0    0.5000
Sigma =
  200.0429
   79.9571
   60.0000
  -54.9523
   39.9802
  -29.9974
```

为了方便读者使用 MATLAB 函数，现将平面应力转换函数和三维应力转换函数编译成一个统一的应力转换函数 StressTransformation(theta,X)。

函数的具体编写如下：

```
function Ts=StressTransformation(theta,X)
%函数功能：求解应力转换矩阵。
%调用格式：StressTransformation(theta,X)。
%输入参数：theta—偏轴角度θ，单位为度，注意角度正负取值问题。
%         X=2或3，当X=2时，计算平面应力转换矩阵。
%         当X=3时，计算三维应力转换矩阵。
%         X也可以不输入任何值，默认计算平面应力转换矩阵。
%运行结果：当X=2时，输出3×3应力转换矩阵；
%         当X=3时，输出6×6应力转换矩阵。
if nargin==1    %nargin函数具体含义与用法见本函数末尾nargin函数注解。
    X=2;
end
if X==2
    Ts=PlaneStressTransformation(theta);
end
if X==3
    Ts=ThreeDimensionalStressTransformation(theta);
end
end
```

> nargin 函数注解：
>
> 函数功能：在 MATLAB 中定义一个函数时，在函数体内部，nargin 是用来判断输入变量个数的函数。
>
> 调用格式：nargin
>
> 函数说明：nargin 通过调用当前正在执行的函数返回输入参数的数量，只在函数体内使用 nargin 语法功能。nargin 还有其他功能用法，在 MATLAB 命令窗口中输入 help nargin 或者 doc nargin 即可获得该函数的帮助信息。

例 2-6 利用 StressTransformation(theta,X) 函数计算例 2-2 和例 2-5 中的应力转换矩阵。

解 编写 M 文件 Case_2_6.m 如下：

```
clc,clear,close all
format compact
```

```
%例2-2中的平面应力转换矩阵求解
%方法一:令X=2
Ts1=StressTransformation(45,2)
%方法二:X不输入任何值
Ts2=StressTransformation(45)
%例2-5中的三维应力转换矩阵求解
Ts3=StressTransformation(30,3)
```

　　运行 M 文件 Case_2_6.m,可得到以下结果:

```
Ts1 =
    0.5000      0.5000      1.0000
    0.5000      0.5000     -1.0000
   -0.5000      0.5000           0
Ts2 =
    0.5000      0.5000      1.0000
    0.5000      0.5000     -1.0000
   -0.5000      0.5000           0
Ts3 =
    0.7500      0.2500           0           0           0      0.8660
    0.2500      0.7500           0           0           0     -0.8660
         0           0      1.0000           0           0           0
         0           0           0      0.8660     -0.5000           0
         0           0           0      0.5000      0.8660           0
   -0.4330      0.4330           0           0           0      0.5000
```

2.3.2　三维应变转换与 MATLAB 函数

　　叠层结构中单层复合材料的应变转换关系如下:

$$
\begin{pmatrix} \varepsilon_1 \\ \varepsilon_2 \\ \varepsilon_3 \\ \gamma_{23} \\ \gamma_{31} \\ \gamma_{12} \end{pmatrix} = \begin{pmatrix} m^2 & n^2 & 0 & 0 & 0 & mn \\ n^2 & m^2 & 0 & 0 & 0 & -mn \\ 0 & 0 & 1 & 0 & 0 & 0 \\ 0 & 0 & 0 & m & -n & 0 \\ 0 & 0 & 0 & n & m & 0 \\ -2mn & 2mn & 0 & 0 & 0 & m^2-n^2 \end{pmatrix} \begin{pmatrix} \varepsilon_x \\ \varepsilon_y \\ \varepsilon_z \\ \gamma_{yz} \\ \gamma_{zx} \\ \gamma_{xy} \end{pmatrix} \tag{2-25}
$$

　　式中, $m = \cos\theta$; $n = \sin\theta$ 。 $\boldsymbol{T}_\varepsilon^+$ 为三维应变转换矩阵,具体如下:

$$\boldsymbol{T}_\varepsilon^+ = \begin{pmatrix} m^2 & n^2 & 0 & 0 & 0 & mn \\ n^2 & m^2 & 0 & 0 & 0 & -mn \\ 0 & 0 & 1 & 0 & 0 & 0 \\ 0 & 0 & 0 & m & -n & 0 \\ 0 & 0 & 0 & n & m & 0 \\ -2mn & 2mn & 0 & 0 & 0 & m^2 - n^2 \end{pmatrix} \tag{2-26}$$

依据上述三维应变转换矩阵，将正三维应变转换公式编写为 MATLAB 函数 ThreeDimensionalStrainTransformation(theta)。函数的具体编写如下：

```
function Te=ThreeDimensionalStrainTransformation(theta)
%函数功能：求解叠层结构三维应变转换矩阵。
%调用格式：ThreeDimensionalStrainTransformation(theta)。
%输入参数：偏轴角度θ，单位为度，注意角度正负取值问题。
%运行结果：6×6应变转换矩阵。
m=cosd(theta);
n=sind(theta);
Te=[m^2,n^2,0,0,0,m*n;
    n^2,m^2,0,0,0,-m*n;
    0,0,1,0,0,0;
    0,0,0,m,-n,0;
    0,0,0,n,m,0;
    -2*m*n,2*m*n,0,0,0,m^2-n^2];
end
```

例 2-7 利用三维应变转换矩阵，求解例 2-3 的应变分量。

解 (1) 理论求解

因 $m = \cos 45° = \dfrac{\sqrt{2}}{2}$，$n = \sin 45° = \dfrac{\sqrt{2}}{2}$，由式 (2-26)，有

$$\boldsymbol{T}_\varepsilon^+ = \begin{pmatrix} 0.5 & 0.5 & 0 & 0 & 0 & 0.5 \\ 0.5 & 0.5 & 0 & 0 & 0 & -0.5 \\ 0 & 0 & 1 & 0 & 0 & 0 \\ 0 & 0 & 0 & \dfrac{\sqrt{2}}{2} & -\dfrac{\sqrt{2}}{2} & 0 \\ 0 & 0 & 0 & \dfrac{\sqrt{2}}{2} & \dfrac{\sqrt{2}}{2} & 0 \\ -1 & 1 & 0 & 0 & 0 & 0 \end{pmatrix}$$

将 $\varepsilon_x = 0.003$、$\varepsilon_y = 0.001$、$\gamma_{xy} = 0.0001$ 代入式 (2-25) 可得

$$
\begin{pmatrix} \varepsilon_1 \\ \varepsilon_2 \\ \varepsilon_3 \\ \gamma_{23} \\ \gamma_{31} \\ \gamma_{12} \end{pmatrix} = \begin{pmatrix} 0.5 & 0.5 & 0 & 0 & 0 & 0.5 \\ 0.5 & 0.5 & 0 & 0 & 0 & -0.5 \\ 0 & 0 & 1 & 0 & 0 & 0 \\ 0 & 0 & 0 & 0.7 & -0.7 & 0 \\ 0 & 0 & 0 & 0.7 & 0.7 & 0 \\ -1 & 1 & 0 & 0 & 0 & 0 \end{pmatrix} \begin{pmatrix} 0.003 \\ 0.001 \\ 0 \\ 0 \\ 0 \\ 0.0001 \end{pmatrix} = \begin{pmatrix} 0.0021 \\ 0.002 \\ 0 \\ 0 \\ 0 \\ -0.002 \end{pmatrix}
$$

(2) MATLAB 函数求解

遵循上述解题思路，编写 M 文件 Case_2_7.m 如下：

```
clear,close all,clc
format compact
Epsilon_X=[0.003;0.001;0;0;0;0.0001];
Te=ThreeDimensionalStrainTransformation(45)
Epsilon=Te*Epsilon_X
```

运行 M 文件 Case_2_7.m，可得到以下结果：

```
Te =
    0.5000    0.5000         0         0         0    0.5000
    0.5000    0.5000         0         0         0   -0.5000
         0         0    1.0000         0         0         0
         0         0         0    0.7071   -0.7071         0
         0         0         0    0.7071    0.7071         0
   -1.0000    1.0000         0         0         0         0
Epsilon =
    0.0021
    0.0020
         0
         0
         0
   -0.0020
```

此例题是利用三维应变转换公式求解平面问题，需要注意的是 6 个应变分量排列顺序。

为了方便读者使用 MATLAB 函数，现将平面应变转换函数和三维应变转换函数编译成一个统一的应变转换函数 StrainTransformation(theta,X)。

函数的具体编写如下：

```
function y=StrainTransformation(theta,X)
%函数功能：求解应变转换矩阵。
%调用格式：StrainTransformation(theta,X)。
%输入参数：theta一偏轴角θ，单位为度，注意角度正负取值问题。
%          X=2或3，当X=2时，计算平面应变转换矩阵。
%          当X=3时，计算三维应变转换矩阵。
%          X也可以不输入任何值，默认计算平面应变转换矩阵。
%运行结果：当X=2时，输出3×3应变转换矩阵；
%          当X=3时，输出6×6应变转换矩阵。
if nargin==1    %nargin函数具体含义见第53页nargin函数注解。
    X=2;
end
if X==2
    y=PlaneStrainTransformation(theta);
end
if X==3
    y=ThreeDimensionalStrainTransformation(theta);
end
end
```

例 2-8 利用 StrainTransformation(theta,X) 函数计算例 2-3 和例 2-7 的应变转换矩阵。

解 编写 M 文件 Case_2_8.m 如下：

```
clc,clear,close all
format compact
%例2-3中的平面应变转换矩阵求解
%方法一:令X=2
Te1=StrainTransformation(45,2)
%方法二:X不输入任何值
Te2=StrainTransformation(45)
%例2-7中的三维应变转换矩阵求解
Te3=StrainTransformation(45,3)
```

运行 M 文件 Case_2_8.m，可得到以下结果：

```
Te1 =
    0.5000    0.5000    0.5000
    0.5000    0.5000   -0.5000
   -1.0000    1.0000         0
Te2 =
    0.5000    0.5000    0.5000
```

```
    0.5000      0.5000     -0.5000
   -1.0000      1.0000          0
Te3 =
    0.5000      0.5000          0          0          0     0.5000
    0.5000      0.5000          0          0          0    -0.5000
         0           0     1.0000          0          0          0
         0           0          0     0.7071    -0.7071          0
         0           0          0     0.7071     0.7071          0
   -1.0000      1.0000          0          0          0          0
```

第 3 章　各向异性材料的弹性特性

在工程习惯上，有时也把材料的弹性特性称为材料的"刚度"(rigidity) 特性，以便与材料的"强度"(strength) 特性相对应。但因为在力学中可以用柔度 (compliance) 或刚度 (stiffness) 来表示弹性特性，为了避免这两个不同含义的"刚度"相互混淆，本书用"弹性特性"替代了"刚度特性"[2]。

弹性特性是指材料在弹性范围内应力与应变之间的关系，其中采用的相关系数称为弹性系数。一般来说，它有三种形式：工程弹性常数、刚度系数和柔度系数。这三种形式之间是可以互换的，而这三种形式的弹性特性又是各有用处的[4]。本章主要说明各向异性材料三种形式的弹性特性相互关系，如图 3-1 所示。

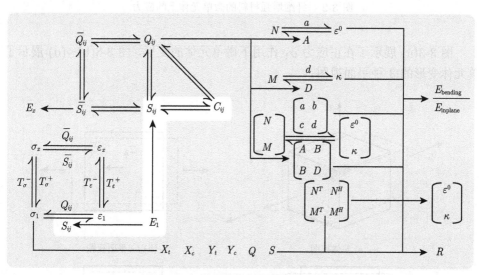

图 3-1　各向异性材料的弹性特性导学

3.1　正交各向异性材料弹性特性

3.1.1　正交各向异性材料力学响应

图 3-2 显示了一个取于纤维增强材料上的六面单元体应力状态。分别通过考虑单元体对 6 个应力分量的响应，建立纤维增强材料的应力-应变关系。由于只

考虑线弹性响应，将响应叠加起来就能够确定单元体在复杂或复合应力状态下的响应。

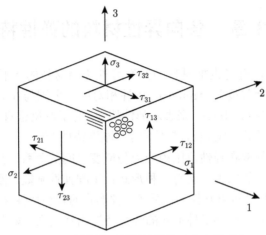

图 3-2   纤维增强材料的微单元体上的应力

图 3-3(a) 展示了在正应力 σ_1 作用下微单元体的变形，图 3-3(b)~(d) 展示了单元体变形的 3 种平面视图。

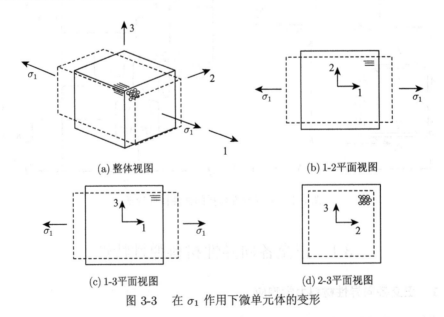

(a) 整体视图   (b) 1-2平面视图

(c) 1-3平面视图   (d) 2-3平面视图

图 3-3   在 σ_1 作用下微单元体的变形

拉伸正应力 σ_1 引起单元体在 1 方向上的延伸，以及由于泊松效应在 2 和 3

方向上的收缩。正交各向异性材料在 2 和 3 方向上的收缩是不相同的。对于单层板，2 和 3 方向上的通常为收缩，而对于层合板可以是膨胀也可以是收缩。1 方向的拉伸应变与材料在 1 方向的拉伸模量 E_1 和在 1 方向的拉伸正应力有关，这些量之间的关系是

$$\varepsilon_1 = \frac{\sigma_1}{E_1} \tag{3-1}$$

在复合材料力学中，ν_{ij} 为单轴在 j 方向作用正应力 σ_j 而无其他应力分量作用时，i 方向应变与 j 方向应变之比的负值，称为泊松比。

$$\nu_{ij} = -\frac{\varepsilon_i}{\varepsilon_j} \quad (i = 1, 2, 3) \tag{3-2}$$

因此有

$$\nu_{21} = -\frac{\varepsilon_2}{\varepsilon_1} \tag{3-3}$$

$$\varepsilon_2 = -\nu_{21}\varepsilon_1 = -\nu_{21}\frac{\sigma_1}{E_1} \tag{3-4}$$

同理可得

$$\nu_{31} = -\frac{\varepsilon_3}{\varepsilon_1} \tag{3-5}$$

$$\varepsilon_3 = -\nu_{31}\varepsilon_1 = -\nu_{31}\frac{\sigma_1}{E_1} \tag{3-6}$$

图 3-4(a) 展示了在正应力 σ_2 作用下微单元体的变形，图 3-4(b)~(d) 展示了单元体变形的 3 种平面视图。

拉伸正应力 σ_2 引起单元体在 2 方向上的延伸，以及由于泊松效应在 1 和 3 方向上的收缩。正交各向异性材料在 1 和 3 方向上的收缩是不相同的。1 方向为纤维方向收缩较小，3 方向收缩较大。2 方向的拉伸应变与材料在 2 方向的拉伸模量 E_2 和在 2 方向的拉伸正应力有关，这些量之间的关系是

$$\varepsilon_2 = \frac{\sigma_2}{E_2} \tag{3-7}$$

同样有

$$\nu_{12} = -\frac{\varepsilon_1}{\varepsilon_2}, \quad \nu_{32} = -\frac{\varepsilon_3}{\varepsilon_2} \tag{3-8}$$

$$\varepsilon_1 = -\nu_{12}\varepsilon_2 = -\nu_{12}\frac{\sigma_2}{E_2} \tag{3-9}$$

$$\varepsilon_3 = -\nu_{32}\varepsilon_2 = -\nu_{32}\frac{\sigma_2}{E_2} \tag{3-10}$$

同理，当微单元体在只有 σ_3 作用下，如图 3-5 所示，3 个方向的应变为

$$\varepsilon_3 = \frac{\sigma_3}{E_3} \tag{3-11}$$

$$\varepsilon_1 = -\nu_{13}\varepsilon_3 = -\nu_{13}\frac{\sigma_3}{E_3} \tag{3-12}$$

$$\varepsilon_2 = -\nu_{23}\varepsilon_3 = -\nu_{23}\frac{\sigma_3}{E_3} \tag{3-13}$$

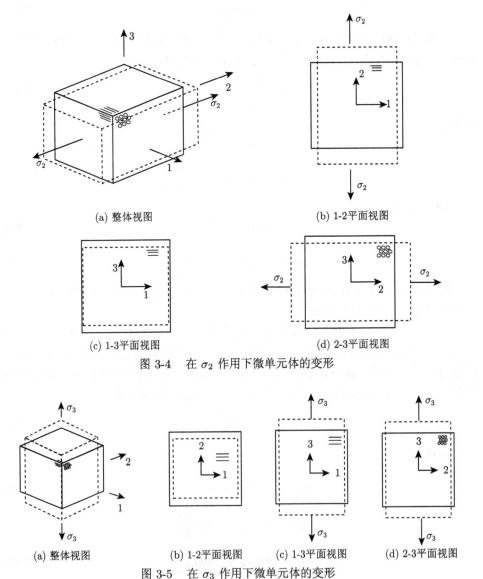

(a) 整体视图　　　　　　　　　　(b) 1-2平面视图

(c) 1-3平面视图　　　　　　　(d) 2-3平面视图

图 3-4　在 σ_2 作用下微单元体的变形

(a) 整体视图　　(b) 1-2平面视图　(c) 1-3平面视图　(d) 2-3平面视图

图 3-5　在 σ_3 作用下微单元体的变形

　　如果同时施加 3 个正应力，即 σ_1、σ_2、σ_3 共同作用下，则任意一个方向上的应变是综合效应的结果，即

$$
\begin{cases}
\varepsilon_1 = \dfrac{\sigma_1}{E_1} - \nu_{12}\dfrac{\sigma_2}{E_2} - \nu_{13}\dfrac{\sigma_3}{E_3} \\[2mm]
\varepsilon_2 = -\nu_{21}\dfrac{\sigma_1}{E_1} + \dfrac{\sigma_2}{E_2} - \nu_{23}\dfrac{\sigma_3}{E_3} \\[2mm]
\varepsilon_3 = -\nu_{31}\dfrac{\sigma_1}{E_1} - \nu_{32}\dfrac{\sigma_2}{E_2} + \dfrac{\sigma_3}{E_3}
\end{cases}
\tag{3-14}
$$

改写成矩阵形式：

$$
\begin{pmatrix} \varepsilon_1 \\ \varepsilon_2 \\ \varepsilon_3 \end{pmatrix}
=
\begin{pmatrix}
\dfrac{1}{E_1} & -\dfrac{\nu_{12}}{E_2} & -\dfrac{\nu_{13}}{E_3} \\[2mm]
-\dfrac{\nu_{21}}{E_1} & \dfrac{1}{E_2} & -\dfrac{\nu_{23}}{E_3} \\[2mm]
-\dfrac{\nu_{31}}{E_1} & -\dfrac{\nu_{32}}{E_2} & \dfrac{1}{E_3}
\end{pmatrix}
\begin{pmatrix} \sigma_1 \\ \sigma_2 \\ \sigma_3 \end{pmatrix}
\tag{3-15}
$$

ν_{12} 和 ν_{21} 的区别可用图 3-6 来说明，图 3-6(a) 中，在 1 方向的正应力 σ 作用下有

$$
\varepsilon_1 = \frac{\sigma}{E_1} = \frac{\Delta_{11}}{L}, \quad \varepsilon_2 = \left(-\frac{\nu_{21}}{E_1}\right)\sigma = -\frac{\Delta_{21}}{L}
\tag{3-16}
$$

在图 3-6(b) 中，在 2 方向的正应力 σ 作用下有

$$
\varepsilon_2' = \frac{\sigma}{E_2} = \frac{\Delta_{22}}{L}, \quad \varepsilon_1' = \left(-\frac{\nu_{12}}{E_2}\right)\sigma = -\frac{\Delta_{12}}{L}
\tag{3-17}
$$

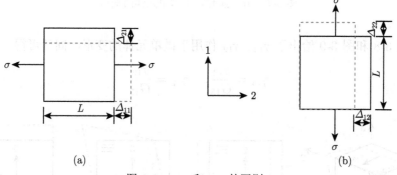

图 3-6 ν_{12} 和 ν_{21} 的区别

由互等关系 $\Delta_{21} = \Delta_{12}$，即当应力作用在 1 方向时引起的 2 方向的变形应与 2 方向应力引起 1 方向的变形相等，由此得到

$$
\frac{\nu_{21}}{E_1} = \frac{\nu_{12}}{E_2}
\tag{3-18}
$$

又因为一般 $E_1 \neq E_2$，所以 $\nu_{12} \neq \nu_{21}$。

根据麦克斯韦定理，可知：

$$\left.\begin{aligned}\frac{\nu_{21}}{E_1} &= \frac{\nu_{12}}{E_2} \\[4pt] \frac{\nu_{31}}{E_1} &= \frac{\nu_{13}}{E_3} \\[4pt] \frac{\nu_{32}}{E_2} &= \frac{\nu_{23}}{E_3}\end{aligned}\right\} \quad 即 \ \frac{\nu_{ij}}{E_j} = \frac{\nu_{ji}}{E_i} \ (i,j = 1,2,3, \quad 且 \ i \neq j) \tag{3-19}$$

剪应力的影响并不复杂。对于正交各向异性材料，三种剪切变形之间不存在耦合。图 3-7 给出了微单元体在剪应力 τ_{23} 作用下的变形，剪应力使 2-3 平面上的直角发生变化。微单元体其他平面直角保持正交。因此在 2-3 平面上剪应力与剪应变的关系为

$$\gamma_{23} = \frac{\tau_{23}}{G_{23}} \tag{3-20}$$

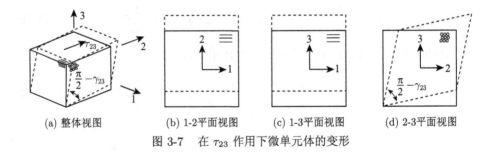

(a) 整体视图　　　　(b) 1-2平面视图　　　　(c) 1-3平面视图　　　　(d) 2-3平面视图

图 3-7　在 τ_{23} 作用下微单元体的变形

图 3-8 和图 3-9 给出了 τ_{13}、τ_{12} 作用下微单元体的变形，同理可得

$$\gamma_{13} = \frac{\tau_{13}}{G_{13}}, \quad \gamma_{12} = \frac{\tau_{12}}{G_{12}} \tag{3-21}$$

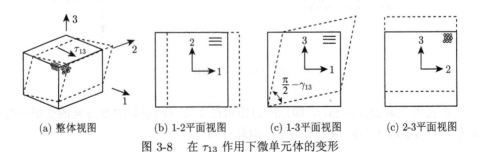

(a) 整体视图　　　　(b) 1-2平面视图　　　　(c) 1-3平面视图　　　　(c) 2-3平面视图

图 3-8　在 τ_{13} 作用下微单元体的变形

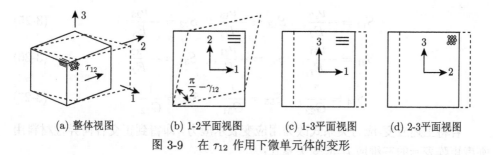

(a) 整体视图　　　　(b) 1-2平面视图　　　　(c) 1-3平面视图　　　　(d) 2-3平面视图

图 3-9　在 τ_{12} 作用下微单元体的变形

3.1.2　正交各向异性材料的应力-应变关系

综上就得到用工程弹性常数表示的正交各向异性材料的应变-应力关系，即

$$
\begin{pmatrix} \varepsilon_1 \\ \varepsilon_2 \\ \varepsilon_3 \\ \gamma_{23} \\ \gamma_{31} \\ \gamma_{12} \end{pmatrix} = \begin{pmatrix}
\dfrac{1}{E_1} & -\dfrac{\nu_{12}}{E_2} & -\dfrac{\nu_{13}}{E_3} & 0 & 0 & 0 \\[2mm]
-\dfrac{\nu_{21}}{E_1} & \dfrac{1}{E_2} & -\dfrac{\nu_{23}}{E_3} & 0 & 0 & 0 \\[2mm]
-\dfrac{\nu_{31}}{E_1} & -\dfrac{\nu_{32}}{E_2} & \dfrac{1}{E_3} & 0 & 0 & 0 \\[2mm]
0 & 0 & 0 & \dfrac{1}{G_{23}} & 0 & 0 \\[2mm]
0 & 0 & 0 & 0 & \dfrac{1}{G_{31}} & 0 \\[2mm]
0 & 0 & 0 & 0 & 0 & \dfrac{1}{G_{12}}
\end{pmatrix} \begin{pmatrix} \sigma_1 \\ \sigma_2 \\ \sigma_3 \\ \tau_{23} \\ \tau_{31} \\ \tau_{12} \end{pmatrix}
\tag{3-22}
$$

式 (3-22) 中 6×6 方阵称为柔度矩阵，一般用 S 表示。S_{ij} 是一种表示弹性体弹性特征的系数，称为柔度系数，即单位力作用下产生的变形量，其组成的矩阵 S 为柔度矩阵。

$$
S = \begin{pmatrix}
S_{11} & S_{12} & S_{13} & 0 & 0 & 0 \\
S_{21} & S_{22} & S_{23} & 0 & 0 & 0 \\
S_{31} & S_{32} & S_{33} & 0 & 0 & 0 \\
0 & 0 & 0 & S_{44} & 0 & 0 \\
0 & 0 & 0 & 0 & S_{55} & 0 \\
0 & 0 & 0 & 0 & 0 & S_{66}
\end{pmatrix}
\tag{3-23}
$$

显然柔度系数与工程弹性常数有以下关系：

$$
S_{11} = \frac{1}{E_1}, \quad S_{22} = \frac{1}{E_2}, \quad S_{33} = \frac{1}{E_3}
\tag{3-24}
$$

$$S_{12} = -\frac{\nu_{12}}{E_2}, \quad S_{13} = -\frac{\nu_{13}}{E_3}, \quad S_{23} = -\frac{\nu_{23}}{E_3} \tag{3-25}$$

$$S_{21} = -\frac{\nu_{21}}{E_1}, \quad S_{31} = -\frac{\nu_{31}}{E_1}, \quad S_{32} = -\frac{\nu_{32}}{E_2} \tag{3-26}$$

$$S_{44} = \frac{1}{G_{23}}, \quad S_{55} = \frac{1}{G_{31}}, \quad S_{66} = \frac{1}{G_{12}} \tag{3-27}$$

若将上述应变-应力关系式改为用应变表示应力，即得到正交各向异性材料用刚度矩阵表示的三维应力-应变关系式：

$$\begin{pmatrix} \sigma_1 \\ \sigma_2 \\ \sigma_3 \\ \tau_{23} \\ \tau_{31} \\ \tau_{12} \end{pmatrix} = \begin{pmatrix} C_{11} & C_{12} & C_{13} & 0 & 0 & 0 \\ C_{21} & C_{22} & C_{23} & 0 & 0 & 0 \\ C_{31} & C_{32} & C_{33} & 0 & 0 & 0 \\ 0 & 0 & 0 & C_{44} & 0 & 0 \\ 0 & 0 & 0 & 0 & C_{55} & 0 \\ 0 & 0 & 0 & 0 & 0 & C_{66} \end{pmatrix} \begin{pmatrix} \varepsilon_1 \\ \varepsilon_2 \\ \varepsilon_3 \\ \gamma_{23} \\ \gamma_{31} \\ \gamma_{12} \end{pmatrix} \tag{3-28}$$

式中，C_{ij} 为另一种表示弹性体弹性特征的系数，称为刚度系数，即产生单位变形所需要的力，其组成的矩阵 $\boldsymbol{C}$ 为刚度矩阵。

$$C_{11} = \frac{1 - \nu_{23}\nu_{32}}{\Delta E_3 E_2}, \quad C_{22} = \frac{1 - \nu_{13}\nu_{31}}{\Delta E_3 E_1}, \quad C_{33} = \frac{1 - \nu_{12}\nu_{21}}{\Delta E_1 E_2}$$

$$C_{12} = C_{21} = \frac{\nu_{12} + \nu_{13}\nu_{32}}{\Delta E_2 E_3} = \frac{\nu_{21} + \nu_{31}\nu_{23}}{\Delta E_1 E_3}$$

$$C_{13} = C_{31} = \frac{\nu_{13} + \nu_{12}\nu_{23}}{\Delta E_2 E_3} = \frac{\nu_{31} + \nu_{21}\nu_{32}}{\Delta E_1 E_2} \tag{3-29}$$

$$C_{23} = C_{32} = \frac{\nu_{23} + \nu_{21}\nu_{13}}{\Delta E_1 E_3} = \frac{\nu_{32} + \nu_{12}\nu_{31}}{\Delta E_1 E_2}$$

$$C_{44} = G_{23}, \quad C_{55} = G_{31}, \quad C_{66} = G_{12}$$

式中，$\Delta = (1 - \nu_{21}\nu_{12} - \nu_{23}\nu_{32} - \nu_{31}\nu_{13} - 2\nu_{12}\nu_{23}\nu_{31}) \div (E_1 E_2 E_3)$

显然，柔度矩阵和刚度矩阵是互逆的，且均为对称矩阵。

$$\boldsymbol{S} = \boldsymbol{C}^{-1}, \quad \boldsymbol{C} = \boldsymbol{S}^{-1} \tag{3-30}$$

$$S_{ij} = S_{ji}, \quad C_{ij} = C_{ji} \quad (i, j = 1, 2, \cdots, 6) \tag{3-31}$$

对于正交各向异性材料其独立弹性常数有 9 个，分别为 E_1、E_2、E_3、ν_{21}、ν_{32}、ν_{31}、G_{12}、G_{23}、G_{31}。已知这 9 个弹性常数就可以求得其柔度矩阵。

3.1.3 MATLAB 函数及案例应用

依据上述正交各向异性材料柔度矩阵求解方法，编写 MATLAB 函数 OrthotropicCompliance(E1,E2,E3,v21,v32,v31,G12,G23,G31)。

函数的具体编写如下：

```
function S=OrthotropicCompliance(E1,E2,E3,v21,v32,v31,G12,G23,G31)
%函数功能：计算正交各向异性材料的柔度矩阵。
%调用格式：OrthotropicCompliance(E1,E2,E3,v21,v32,v31,G12,G23,G31)。
%输入参数：E1、E2、E3—弹性模量；
%          v21、v32、v31—泊松比；
%          G12、G23、G31—剪切弹性模量。
%运行结果：6×6柔度矩阵。
S=[1/E1 -v21/E1 -v31/E1 0 0 0;
   -v21/E1 1/E2 -v32/E2 0 0 0;
   -v31/E1 -v32/E2 1/E3 0 0 0;
   0 0 0 1/G23 0 0;
   0 0 0 0 1/G31 0;
   0 0 0 0 0 1/G12];
end
```

根据刚度矩阵与柔度矩阵互为逆矩阵的关系，编写 MATLAB 函数 OrthotropicStiffness(E1,E2,E3,v21,v32,v31,G12,G23,G31)。

函数的具体编写如下：

```
function C=OrthotropicStiffness(E1,E2,E3,v21,v32,v31,G12,G23,G31)
%函数功能：计算正交各向异性材料的刚度矩阵。
%调用格式：OrthotropicStiffness(E1,E2,E3,v21,v32,v31,G12,G23,G31)。
%输入参数：E1、E2、E3—弹性模量；
%          v21、v32、v31—泊松比；
%          G12、G23、G31—剪切弹性模量。
%运行结果：6×6刚度矩阵。
S=OrthotropicCompliance(E1,E2,E3,v21,v32,v31,G12,G23,G31);
C=inv(S);
end
```

例 3-1[25] 已知 $E_1 = 181.00\text{GPa}$、$E_2 = 10.30\text{GPa}$、$E_3 = 10.30\text{GPa}$；$\nu_{21} = 0.28$、$\nu_{32} = 0.60$、$\nu_{31} = 0.27$；$G_{12} = 7.17\text{GPa}$、$G_{23} = 3.00\text{GPa}$、$G_{31} = 7.00\text{GPa}$，求解柔度矩阵和刚度矩阵。

解 (1) 理论求解

$$S_{11} = \frac{1}{E_1} = \frac{1}{181} = 0.0055\text{GPa}^{-1}$$

$$S_{22} = \frac{1}{E_2} = \frac{1}{10.3} = 0.0971 \text{GPa}^{-1}$$

$$S_{33} = \frac{1}{E_3} = \frac{1}{10.3} = 0.0971 \text{GPa}^{-1}$$

$$S_{12} = S_{21} = -\frac{\nu_{21}}{E_1} = -\frac{0.28}{181} = -0.0015 \text{GPa}^{-1}$$

$$S_{13} = S_{31} = -\frac{\nu_{31}}{E_1} = -\frac{0.27}{181} = -0.0015 \text{GPa}^{-1}$$

$$S_{23} = S_{32} = -\frac{\nu_{32}}{E_2} = -\frac{0.6}{10.3} = -0.0583 \text{GPa}^{-1}$$

$$S_{44} = \frac{1}{G_{23}} = \frac{1}{3} = 0.3333 \text{GPa}^{-1}$$

$$S_{55} = \frac{1}{G_{31}} = \frac{1}{7} = 0.1429 \text{GPa}^{-1}$$

$$S_{66} = \frac{1}{G_{12}} = \frac{1}{7.17} = 0.1395 \text{GPa}^{-1}$$

代入式 (3-23) 可得柔度矩阵：

$$\boldsymbol{S} = \begin{pmatrix} 0.0055 & -0.0015 & -0.0015 & 0 & 0 & 0 \\ -0.0015 & 0.0971 & -0.0583 & 0 & 0 & 0 \\ -0.0015 & -0.0583 & 0.0971 & 0 & 0 & 0 \\ 0 & 0 & 0 & 0.3333 & 0 & 0 \\ 0 & 0 & 0 & 0 & 0.1429 & 0 \\ 0 & 0 & 0 & 0 & 0 & 0.1395 \end{pmatrix} \text{GPa}^{-1}$$

刚度矩阵可以通过对柔度矩阵求逆得到，也可以通过式 (3-29) 直接计算求得

$$\boldsymbol{C} = \begin{pmatrix} 184.98 & 7.27 & 7.20 & 0 & 0 & 0 \\ 7.27 & 16.38 & 9.94 & 0 & 0 & 0 \\ 7.20 & 9.94 & 16.37 & 0 & 0 & 0 \\ 0 & 0 & 0 & 3 & 0 & 0 \\ 0 & 0 & 0 & 0 & 7 & 0 \\ 0 & 0 & 0 & 0 & 0 & 7.17 \end{pmatrix} \text{GPa}$$

(2) MATLAB 函数求解

利用正交各向异性材料柔度矩阵 OrthotropicCompliance 函数求解柔度矩阵；利用正交各向异性材料刚度矩阵 OrthotropicStiffness 函数求解刚度矩阵。

遵循上述解题思路，编写 M 文件 Case_3_1.m 如下：

```
clear,close all,clc
format compact
E1=181;      E2=10.3;      E3=10.3;
v21=0.28;    v32=0.60;     v31=0.27;
G12=7.17;    G23=3;        G31=7;
C=OrthotropicStiffness(E1,E2,E3,v21,v32,v31,G12,G23,G31)
S=OrthotropicCompliance(E1,E2,E3,v21,v32,v31,G12,G23,G31)
```

运行 M 文件 Case_3_1.m，可得到以下结果：

```
C =
  184.9807    7.2699    7.2041         0         0         0
    7.2699   16.3795    9.9394         0         0         0
    7.2041    9.9394   16.3743         0         0         0
         0         0         0    3.0000         0         0
         0         0         0         0    7.0000         0
         0         0         0         0         0    7.1700
S =
    0.0055   -0.0015   -0.0015         0         0         0
   -0.0015    0.0971   -0.0583         0         0         0
   -0.0015   -0.0583    0.0971         0         0         0
         0         0         0    0.3333         0         0
         0         0         0         0    0.1429         0
         0         0         0         0         0    0.1395
```

3.2 横观各向同性材料的弹性特性

3.2.1 横观各向同性材料的应力-应变关系

横观各向同性材料 (transversely isotropic material) 是正交各向异性材料的特例，其三个相互垂直的弹性对称面中有一个是各向同性的。如单向纤维增强复合材料，垂直于纤维方向 (1 方向) 的 2-3 平面为各向同性面。对于这样的横观各向同性材料其工程弹性常数可进一步减少。

横观各向同性材料为特殊的正交各向异性材料，由定义可知：

$$E_2 = E_3, \quad \nu_{12} = \nu_{13}, \quad \nu_{32} = \nu_{23}, \quad G_{12} = G_{13} \tag{3-32}$$

横观各向同性材料还满足以下关系：

$$G_{23} = \frac{E_2}{2\left(1 + \nu_{23}\right)} = \frac{E_2}{2\left(1 + \nu_{32}\right)} \tag{3-33}$$

将式 (3-32) 和式 (3-33) 代入用工程弹性常数表示的正交各向异性材料的柔度系数，就得到用工程弹性常数表示的正交各向异性材料的应变-应力关系，即

$$\begin{pmatrix} \varepsilon_1 \\ \varepsilon_2 \\ \varepsilon_3 \\ \gamma_{23} \\ \gamma_{31} \\ \gamma_{12} \end{pmatrix} = \begin{pmatrix} \dfrac{1}{E_1} & -\dfrac{\nu_{21}}{E_1} & -\dfrac{\nu_{21}}{E_1} & 0 & 0 & 0 \\ -\dfrac{\nu_{21}}{E_1} & \dfrac{1}{E_2} & -\dfrac{\nu_{32}}{E_2} & 0 & 0 & 0 \\ -\dfrac{\nu_{21}}{E_1} & -\dfrac{\nu_{32}}{E_2} & \dfrac{1}{E_2} & 0 & 0 & 0 \\ 0 & 0 & 0 & \dfrac{2\left(1+\nu_{32}\right)}{E_2} & 0 & 0 \\ 0 & 0 & 0 & 0 & \dfrac{1}{G_{12}} & 0 \\ 0 & 0 & 0 & 0 & 0 & \dfrac{1}{G_{12}} \end{pmatrix} \begin{pmatrix} \sigma_1 \\ \sigma_2 \\ \sigma_3 \\ \tau_{23} \\ \tau_{31} \\ \tau_{12} \end{pmatrix}$$

$$\tag{3-34}$$

式 (3-34) 中 6×6 方阵称为柔度矩阵，用 $\boldsymbol{S}$ 表示，表达式如式 (3-23) 所示。

显然与工程弹性常数有以下关系：

$$S_{11} = \frac{1}{E_1}, \quad S_{22} = S_{33} = \frac{1}{E_2}, \quad S_{21} = S_{12} = S_{13} = S_{31} = -\frac{\nu_{21}}{E_1}$$

$$S_{23} = S_{32} = -\frac{\nu_{32}}{E_2}, \quad S_{44} = \frac{2\left(1+\nu_{32}\right)}{E_2}, \quad S_{55} = S_{66} = \frac{1}{G_{12}} \tag{3-35}$$

若上述应变-应力关系式改为用应变表示应力，即得到横观各向同性材料用刚度矩阵表示的三维应力-应变关系式同式 (3-28)。其中 $C_{55} = C_{66}, C_{44} = (C_{22} - C_{23})/2$。

柔度矩阵和刚度矩阵也是互逆的，且均为对称矩阵，同式 (3-30) 和式 (3-31)。

对于横观各向同性材料其独立弹性常数有 5 个，分别为 E_1、E_2、ν_{21}、ν_{32}、G_{12}。已知这 5 个弹性常数就可以求得其柔度矩阵。

3.2.2 MATLAB 函数及案例应用

依据上述横观各向同性材料柔度矩阵求解方法，编写 MATLAB 函数 TransverselyIsotropicCompliance(E1,E2,v21,v32,G12)。

函数的具体编写如下：

```
function S=TransverselyIsotropicCompliance(E1,E2,v21,v32,G12)
%函数功能：计算横观各向同性材料的柔度矩阵。
%调用格式：TransverselyIsotropicCompliance(E1,E2,v21,v32,G12)。
%输入参数：E1、E2—弹性模量；
%          v21、v32—泊松比；
%          G12—剪切弹性模量。
%运行结果：6×6柔度矩阵。
S=[1/E1 -v21/E1 -v21/E1 0 0 0;
   -v21/E1 1/E2 -v32/E2 0 0 0;
   -v21/E1 -v32/E2 1/E2 0 0 0;
   0 0 0 2*(1+v32)/E2 0 0;
   0 0 0 0 1/G12 0;
   0 0 0 0 0 1/G12];
end
```

根据刚度矩阵与柔度矩阵互为逆矩阵的关系，编写 MATLAB 函数 TransverselyIsotropicStiffness(E1,E2,v21,v32,G12)。

函数的具体编写如下：

```
unction C=TransverselyIsotropicStiffness(E1,E2,v21,v32,G12)
%函数功能：计算横观各向同性材料的刚度矩阵。
%调用格式：TransverselyIsotropicStiffness(E1,E2,v21,v32,G12)。
%输入参数：E1、E2—弹性模量；
%          v21、v32—泊松比；
%          G12—剪切弹性模量。
%运行结果：6×6刚度矩阵。
S=TransverselyIsotropicCompliance(E1,E2,v21,v32,G12);
C=inv(S);
end
```

例 3-2[28] 已知横观各向同性材料的材料参数 $E_1 = 148\text{GPa}$、$E_2 = 9.65\text{GPa}$；$\nu_{21}=0.3$、$\nu_{32} = 0.6$；$G_{12} = 4.55\text{GPa}$，求解柔度矩阵及刚度矩阵。

解 (1) 理论求解

$$S_{11} = \frac{1}{E_1} = \frac{1}{148} = 0.0068\text{GPa}^{-1}$$

$$S_{22} = S_{33} = \frac{1}{E_2} = \frac{1}{9.65} = 0.1036\text{GPa}^{-1}$$

$$S_{21} = S_{12} = S_{13} = S_{31} = -\frac{\nu_{21}}{E_1} = -\frac{0.3}{148} = -0.002\text{GPa}^{-1}$$

$$S_{23} = S_{32} = -\frac{\nu_{32}}{E_2} = -\frac{0.6}{9.65} = -0.0622\text{GPa}^{-1}$$

$$S_{44} = \frac{2\left(1+\nu_{32}\right)}{E_2} = \frac{2\left(1+0.6\right)}{9.65} = 0.3316\text{GPa}^{-1}$$

$$S_{55} = S_{66} = \frac{1}{G_{12}} = 0.2198\text{GPa}^{-1}$$

代入式 (3-23) 可得柔度矩阵:

$$\boldsymbol{S} = \begin{pmatrix} 0.0068 & -0.002 & -0.002 & 0 & 0 & 0 \\ -0.002 & 0.1036 & -0.0622 & 0 & 0 & 0 \\ -0.002 & -0.0622 & 0.1036 & 0 & 0 & 0 \\ 0 & 0 & 0 & 0.3316 & 0 & 0 \\ 0 & 0 & 0 & 0 & 0.2198 & 0 \\ 0 & 0 & 0 & 0 & 0 & 0.2198 \end{pmatrix} \text{GPa}^{-1}$$

刚度矩阵可以通过对柔度矩阵求逆得到, 也可以通过式 (3-29) 直接计算求得

$$\boldsymbol{C} = \begin{pmatrix} 152.47 & 7.46 & 7.46 & 0 & 0 & 0 \\ 7.46 & 15.44 & 9.41 & 0 & 0 & 0 \\ 7.46 & 9.41 & 15.44 & 0 & 0 & 0 \\ 0 & 0 & 0 & 3.01 & 0 & 0 \\ 0 & 0 & 0 & 0 & 4.55 & 0 \\ 0 & 0 & 0 & 0 & 0 & 4.55 \end{pmatrix} \text{GPa}$$

(2) MATLAB 函数求解

利用横观各向同性材料的柔度矩阵 TransverselyIsotropicCompliance (E1,E2, v21,v32,G12) 函数求解柔度矩阵, 再利用 TransverselyIsotropicStiffness (E1,E2, v21,v32,G12) 函数求解刚度矩阵。

遵循上述解题思路, 编写 M 文件 Case_3_2.m 如下:

```
clear,close all,clc
format compact
E1=148;  E2=9.65;  v21=0.3;  v32=0.6;  G12=4.55;
S=TransverselyIsotropicCompliance(E1,E2,v21,v32,G12)
C=TransverselyIsotropicStiffness(E1,E2,v21,v32,G12)
```

运行 M 文件 Case_3_2.m, 可得到以下结果:

```
S =
   0.0068   -0.0020   -0.0020        0        0        0
  -0.0020    0.1036   -0.0622        0        0        0
```

$$
\begin{array}{cccccc}
-0.0020 & -0.0622 & 0.1036 & 0 & 0 & 0 \\
0 & 0 & 0 & 0.3316 & 0 & 0 \\
0 & 0 & 0 & 0 & 0.2198 & 0 \\
0 & 0 & 0 & 0 & 0 & 0.2198 \\
C = & & & & & \\
152.4738 & 7.4563 & 7.4563 & 0 & 0 & 0 \\
7.4563 & 15.4428 & 9.4115 & 0 & 0 & 0 \\
7.4563 & 9.4115 & 15.4428 & 0 & 0 & 0 \\
0 & 0 & 0 & 3.0156 & 0 & 0 \\
0 & 0 & 0 & 0 & 4.5500 & 0 \\
0 & 0 & 0 & 0 & 0 & 4.5500
\end{array}
$$

例 3-3[1,2]　沿材料主轴 1、2 施加平面内应力 (材料为横观各向同性材料)，如图 3-10 所示，材料的工程弹性常数为：$E_1 = 20 \times 10^6 \mathrm{psi}$、$E_2 = 1.5 \times 10^6 \mathrm{psi}$；$\nu_{21} = 0.3$，$\nu_{32} = 0.2$；$G_{12} = 1 \times 10^6 \mathrm{psi}$ 求解正轴三维应变。

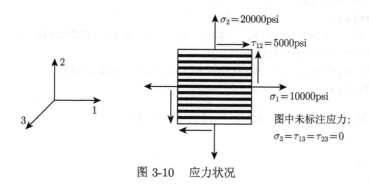

图 3-10　应力状况

解　(1) 理论求解

求解柔度矩阵的方法同例 3-2，在此不再赘述详细计算步骤，直接给出柔度矩阵：

$$
\boldsymbol{S} = \begin{pmatrix}
0.0500 & -0.0150 & -0.0150 & 0 & 0 & 0 \\
-0.0150 & 0.6667 & -0.1333 & 0 & 0 & 0 \\
-0.0150 & -0.1333 & 0.6667 & 0 & 0 & 0 \\
0 & 0 & 0 & 1.6 & 0 & 0 \\
0 & 0 & 0 & 0 & 1 & 0 \\
0 & 0 & 0 & 0 & 0 & 1
\end{pmatrix} \times 10^{-6} \mathrm{psi}^{-1}
$$

$$
\begin{pmatrix}
\varepsilon_1 \\
\varepsilon_2 \\
\varepsilon_3 \\
\gamma_{23} \\
\gamma_{31} \\
\gamma_{12}
\end{pmatrix}
=
\begin{pmatrix}
0.0500 & -0.0150 & -0.0150 & 0 & 0 & 0 \\
-0.0150 & 0.6667 & -0.1333 & 0 & 0 & 0 \\
-0.0150 & -0.1333 & 0.6667 & 0 & 0 & 0 \\
0 & 0 & 0 & 1.6 & 0 & 0 \\
0 & 0 & 0 & 0 & 1 & 0 \\
0 & 0 & 0 & 0 & 0 & 1
\end{pmatrix}
\begin{pmatrix}
0.01 \\
0.02 \\
0 \\
0 \\
0 \\
0.005
\end{pmatrix}
=
\begin{pmatrix}
0.0002 \\
0.0132 \\
-0.0028 \\
0 \\
0 \\
0.005
\end{pmatrix}
$$

(2) MATLAB 函数求解

利用横观各向同性材料柔度矩阵 TransverselyIsotropicCompliance(E1,E2, v21,v32,G12) 函数求解柔度矩阵；已知 6 个应力，可以组成应力列向量，注意排列顺序。

遵循上述解题思路，编写 M 文件 Case_3_3.m 如下：

```
clear,close all,clc
format compact
E1=20*10^6;   E2=1.5*10^6;   v21=0.3;   v32=0.2;   G12=1*10^6;
Sigma=[10000;20000;0;0;0;5000];
S=TransverselyIsotropicCompliance(E1,E2,v21,v32,G12);
Epsilon=S*Sigma
```

运行 M 文件 Case_3_3.m，可得到以下结果：

```
Epsilon =
    0.0002
    0.0132
   -0.0028
        0
        0
    0.0050
```

因此，即使应力条件是二维的，由于泊松效应，得到的应变是三维的。

3.3　各向同性材料的弹性特性

3.3.1　各向同性材料的应力-应变关系

如果平面 2-3、3-1、1-2 均为各向同性平面，则该材料为各向同性材料 (isotropic material)。对于各向同性材料，没有材料主轴的概念，沿任何方向应力-应变关系都是一样的。此时工程弹性常数不需要下标，$G_{12}=G_{31}=G_{23}=G$,

$E_1 = E_2 = E_3 = E$，$\nu_{21} = \nu_{32} = \nu_{31} = \nu$，各向同性材料的工程弹性常数之间存在以下关系式：

$$G = \frac{E}{2\,(1+\nu)} \tag{3-36}$$

为了后续编程方便，在此做以下统一：

$$E \to E_1, \quad \nu \to \nu_{21} \tag{3-37}$$

因此各向同性材料的正轴三维应变-应力关系为

$$\begin{pmatrix} \varepsilon_1 \\ \varepsilon_2 \\ \varepsilon_3 \\ \gamma_{23} \\ \gamma_{31} \\ \gamma_{12} \end{pmatrix} = \begin{pmatrix} \dfrac{1}{E_1} & -\dfrac{\nu_{21}}{E_1} & -\dfrac{\nu_{21}}{E_1} & 0 & 0 & 0 \\ -\dfrac{\nu_{21}}{E_1} & \dfrac{1}{E_1} & -\dfrac{\nu_{21}}{E_1} & 0 & 0 & 0 \\ -\dfrac{\nu_{21}}{E_1} & -\dfrac{\nu_{21}}{E_1} & \dfrac{1}{E_1} & 0 & 0 & 0 \\ 0 & 0 & 0 & \dfrac{1}{G} & 0 & 0 \\ 0 & 0 & 0 & 0 & \dfrac{1}{G} & 0 \\ 0 & 0 & 0 & 0 & 0 & \dfrac{1}{G} \end{pmatrix} \begin{pmatrix} \sigma_1 \\ \sigma_2 \\ \sigma_3 \\ \tau_{23} \\ \tau_{31} \\ \tau_{12} \end{pmatrix} \tag{3-38}$$

式 (3-38) 中 6×6 方阵称为柔度矩阵 $\boldsymbol{S}$，表达式如式 (3-23) 所示。

并有

$$S_{11} = S_{22} = S_{33} = \frac{1}{E_1},$$

$$S_{12} = S_{13} = S_{21} = S_{31} = S_{23} = S_{32} = -\frac{\nu_{21}}{E_1}, \tag{3-39}$$

$$S_{44} = S_{55} = S_{66} = \frac{2\,(1+\nu_{21})}{E_1}$$

若上述应变-应力关系式改为用应变表示应力，即得到各向同性材料用刚度矩阵表示的三维应力-应变关系式同式 (3-28)。

并有

$$C_{11} = C_{22} = C_{33} = \frac{E_1\,(\nu_{21}-1)}{2\nu_{21}^2 + \nu_{21} - 1},$$

$$C_{12} = C_{21} = C_{13} = C_{31} = C_{23} = C_{32} = \frac{-E_1\nu_{21}}{2\nu_{21}^2 + \nu_{21} - 1}, \tag{3-40}$$

$$C_{44} = C_{55} = C_{66} = \frac{E_1}{2\,(1+\nu_{21})}$$

各向同性材料中的每一点在任意方向上的弹性特性都相同，因而独立的刚度系数和柔度系数只有两个，这与各向同性材料在广义胡克定律中只有两个独立弹性常数的结论完全一致。

3.3.2　MATLAB 函数及案例应用

依据上述各向同性材料柔度矩阵求解方法，编写 MATLAB 函数 IsotropicCompliance(E1,v21)。

函数的具体编写如下：

```
function S=IsotropicCompliance(E1,v21)
%函数功能：计算各向同性材料的柔度矩阵。
%调用格式：IsotropicCompliance(E1,v21)。
%输入参数：E1—弹性模量；
%          v21—泊松比。
%运行结果：6×6柔度矩阵。
S=[1/E1 -v21/E1 -v21/E1 0 0 0;
    -v21/E1 1/E1 -v21/E1 0 0 0;
    -v21/E1 -v21/E1 1/E1 0 0 0;
    0 0 0 2*(1+v21)/E1 0 0;
    0 0 0 0 2*(1+v21)/E1 0;
    0 0 0 0 0 2*(1+v21)/E1];
end
```

根据刚度矩阵与柔度矩阵互为逆矩阵的关系，编写 MATLAB 函数 IsotropicStiffness(E1,v21)。

函数的具体编写如下：

```
function C=IsotropicStiffness(E1,v21)
%函数功能：计算各向同性材料的刚度矩阵。
%调用格式：IsotropicStiffness(E1,v21)。
%输入参数：E1—弹性模量；
%          v21—泊松比。
%运行结果：6×6刚度矩阵。
S=IsotropicCompliance(E1,v21);
C=inv(S);
end
```

例 3-4[29]　已知各向同性材料的材料参数 $E_1 = 72.4\text{GPa}$，$\nu_{21} = 0.3$，求解柔度矩阵和刚度矩阵。

解 (1) 理论求解

$$S_{11} = \frac{1}{E_1} = \frac{1}{72.4} = 0.0138 \text{GPa}^{-1}$$

$$S_{12} = -\frac{\nu_{21}}{E_1} = -\frac{0.3}{72.4} = -0.0041 \text{GPa}^{-1}$$

$$S_{66} = \frac{2(1+\nu_{21})}{E_1} = \frac{2(1+0.3)}{72.4} = 0.0359 \text{GPa}^{-1}$$

代入式 (3-43) 可得柔度矩阵：

$$S = \begin{pmatrix} 0.0138 & -0.0041 & -0.0041 & 0 & 0 & 0 \\ -0.0041 & 0.0138 & -0.0041 & 0 & 0 & 0 \\ -0.0041 & -0.0041 & 0.0138 & 0 & 0 & 0 \\ 0 & 0 & 0 & 0.0359 & 0 & 0 \\ 0 & 0 & 0 & 0 & 0.0359 & 0 \\ 0 & 0 & 0 & 0 & 0 & 0.0359 \end{pmatrix} \text{GPa}^{-1}$$

刚度矩阵可以通过对柔度矩阵求逆得到，也可以通过式 (3-40) 直接计算得到：

$$C_{11} = \frac{E_1(\nu_{21}-1)}{2\nu_{21}^2 + \nu_{21} - 1} = \frac{72.4 \times (0.3-1)}{2 \times 0.3^2 + 0.3 - 1} = 97.4615 \text{GPa}$$

$$C_{12} = \frac{-E_1\nu_{21}}{2\nu_{21}^2 + \nu_{21} - 1} = \frac{-72.4 \times 0.3}{2 \times 0.3^2 + 0.3 - 1} = 41.7692 \text{GPa}$$

$$C_{66} = \frac{E_1}{2(1+\nu_{21})} = \frac{72.4}{2 \times (0.3+1)} = 27.8462 \text{GPa}$$

$$C = \begin{pmatrix} 97.4615 & 41.7692 & 41.7692 & 0 & 0 & 0 \\ 41.7692 & 97.4615 & 41.7692 & 0 & 0 & 0 \\ 41.7692 & 41.7692 & 97.4615 & 0 & 0 & 0 \\ 0 & 0 & 0 & 27.8462 & 0 & 0 \\ 0 & 0 & 0 & 0 & 27.8462 & 0 \\ 0 & 0 & 0 & 0 & 0 & 27.8462 \end{pmatrix} \text{GPa}$$

(2) MATLAB 函数求解

利用各向同性材料的柔度矩阵 IsotropicCompliance(E1,v21) 函数求解柔度矩阵。利用各向同性材料的刚度矩阵 IsotropicStiffness(E1,v21) 函数求解刚度矩阵。

遵循上述解题思路，编写 M 文件 Case_3_4.m 如下：

```
clear,close all,clc
format compact
S=IsotropicCompliance(72.4,0.3)
C=IsotropicStiffness(72.4,0.3)
```

运行 M 文件 Case_3_4.m，可得到以下结果：

```
S =
    0.0138   -0.0041   -0.0041        0        0        0
   -0.0041    0.0138   -0.0041        0        0        0
   -0.0041   -0.0041    0.0138        0        0        0
        0        0        0    0.0359        0        0
        0        0        0        0    0.0359        0
        0        0        0        0        0    0.0359
C =
   97.4615   41.7692   41.7692        0        0        0
   41.7692   97.4615   41.7692        0        0        0
   41.7692   41.7692   97.4615        0        0        0
        0        0        0   27.8462        0        0
        0        0        0        0   27.8462        0
        0        0        0        0        0   27.8462
```

3.4　工程弹性常数的限制

3.4.1　基本理论

由于应变状态的弹性应变能是非负的，所以只要应力、应变不为零，它们的二次型总是取正值。因此称 $\boldsymbol{C}$、$\boldsymbol{S}$ 为正定矩阵，其行列式的主子式必为正。

当每次施加单向应力时，矩阵 $\boldsymbol{S}$ 的所有顺序主子式必为正：

$$S_{11} > 0, \quad \begin{vmatrix} S_{11} & S_{12} \\ S_{21} & S_{22} \end{vmatrix} > 0, \quad \cdots, \quad \det S_{ij} > 0 \tag{3-41}$$

当每次发生单向应变时，矩阵 $\boldsymbol{C}$ 的所有顺序主子式必为正：

$$C_{11} > 0, \quad \begin{vmatrix} C_{11} & C_{12} \\ C_{21} & C_{22} \end{vmatrix} > 0, \quad \cdots, \quad \det C_{ij} > 0 \tag{3-42}$$

例如对于正交各向异性材料，其柔度矩阵为式 (3-23)。

因而所有主要主子式必须大于零：

$$D_1 = S_{11} > 0, \quad D_2 = S_{22} > 0, \quad D_3 = S_{33} > 0$$

$$D_4 = S_{44} > 0, \quad D_5 = S_{55} > 0, \quad D_6 = S_{66} > 0$$

$$D_{23} = \begin{vmatrix} S_{22} & S_{23} \\ S_{23} & S_{33} \end{vmatrix} > 0, \quad D_{13} = \begin{vmatrix} S_{11} & S_{13} \\ S_{13} & S_{33} \end{vmatrix} > 0, \quad D_{12} = \begin{vmatrix} S_{11} & S_{12} \\ S_{12} & S_{22} \end{vmatrix} > 0 \tag{3-43}$$

$$D_{123} = \begin{vmatrix} S_{11} & S_{12} & S_{13} \\ S_{12} & S_{22} & S_{23} \\ S_{13} & S_{23} & S_{33} \end{vmatrix} > 0 \tag{3-44}$$

因此可得到下述规定正交各向异性体工程常数取值范围的不等式。

对于正交各向异性材料：

$$E_1 > 0, \quad E_2 > 0, \quad E_3 > 0$$

$$G_{12} > 0, \quad G_{23} > 0, \quad G_{31} > 0$$

$$\nu_{32}^2 < \frac{E_2}{E_3}, \quad \nu_{31}^2 < \frac{E_1}{E_3}, \quad \nu_{21}^2 < \frac{E_1}{E_2} \tag{3-45}$$

$$1 - \nu_{21}^2 \left(\frac{E_2}{E_1} \right) - \nu_{32}^2 \left(\frac{E_3}{E_2} \right) - \nu_{31}^2 \left(\frac{E_3}{E_1} \right) - 2\nu_{21}\nu_{32}\nu_{31} \left(\frac{E_3}{E_1} \right) > 0$$

对于横观各向同性材料：

$$E_1 > 0, \quad E_2 > 0, \quad G_{12} > 0$$

$$-1 < \nu_{32} < 1 - 2\frac{E_2}{E_1}\nu_{21}^2 \tag{3-46}$$

$$\nu_{21}^2 < \frac{E_1}{E_2}$$

对于各向同性材料：

$$-1 < \nu_{21} < 0.5$$
$$E_1 > 0 \tag{3-47}$$

3.4.2 MATLAB 函数及案例应用

依据上述工程弹性常数的限制基本理论，编写 MATLAB 函数 Engineering ConstantsConstraints($\cdots$)。

函数的具体编写如下：

```
function EngineeringConstantsConstraints(a1,a2,a3,a4,a5,a6,a7,a8,a9)
%函数功能：判断工程弹性常数的合理性。
%调用格式：①对于正交各向异性材料调用格式：
%          EngineeringConstantsConstraints(E1,E2,E3,v21,v32,v31,G12,
%    G23,G31);
%          ②对于横观各向同性材料调用格式：
%          EngineeringConstantsConstraints(E1,E2,v21,v32,G12);
%          ③对于各向同性材料调用格式：
%          EngineeringConstantsConstraints(E1,v21)。
%输入参数：材料工程弹性常数。
%运行结果：显示判断结果。
    switch nargin   %nargin函数具体含义见第53页nargin函数注解。
        case 9
            S=OrthotropicCompliance(a1,a2,a3,a4,a5,a6,a7,a8,a9);
            x='此材料为：正交各向异性材料。';
        case 5
            S=TransverselyIsotropicCompliance(a1,a2,a3,a4,a5);
            x='此材料为：横观各向同性材料。';
        otherwise
            S=IsotropicCompliance(a1,a2);
            x='此材料为：各向同性材料。';
    end
    disp(x);
    disp('其柔度矩阵S为：')
    disp(S)
    disp('其柔度矩阵的特征值为：')
    disp((eig(S))');
    if min(eig(S))>0
        disp('因此材料的柔度矩阵特征值均大于零，参数合理有效。');
    else
        disp('因此材料的柔度矩阵特征值不全大于零，参数不合理。');
    end
end
```

例 3-5[28]　已知横观各向同性材料的材料参数 $E_1 = 148\text{GPa}$、$E_2 = 9.65\text{GPa}$；$\nu_{21} = 0.3$、$\nu_{32} = 0.6$；$G_{12} = 4.55\text{GPa}$，判断检查材料参数的合理有效性。假设 $\nu_{12} = 0.3$，再次判断检查材料参数的合理有效性。

解　(1) 理论求解

① 判断当 $\nu_{21} = 0.3$ 时材料参数的合理有效性。

方法一：该横观各向同性材料的柔度矩阵为

$$S = \begin{pmatrix} 0.0068 & -0.002 & -0.002 & 0 & 0 & 0 \\ -0.002 & 0.1036 & -0.0622 & 0 & 0 & 0 \\ -0.002 & -0.0622 & 0.1036 & 0 & 0 & 0 \\ 0 & 0 & 0 & 0.3316 & 0 & 0 \\ 0 & 0 & 0 & 0 & 0.2198 & 0 \\ 0 & 0 & 0 & 0 & 0 & 0.2198 \end{pmatrix}$$

该柔度矩阵的特征值为

$$0.0065 \quad 0.0417 \quad 0.1658 \quad 0.2198 \quad 0.2198 \quad 0.3316$$

因此材料的柔度矩阵特征值均大于零，参数合理有效。

方法二：对于横观各向同性材料的工程弹性常数必须满足式 (3-46)：

$$E_1 = 148 > 0, \quad E_2 = 9.65 > 0, \quad G_{12} = 4.55 > 0$$

$$-1 < \nu_{32} < 1 - 2\frac{E_2}{E_1}\nu_{21}^2 \Rightarrow -1 < 0.6 < 1 - 2 \times \frac{9.65}{148} \times 0.3^2 \Rightarrow -1 < 0.6 < 0.9883$$

$$\nu_{21}^2 < \frac{E_1}{E_2} \Rightarrow 0.3^2 < \frac{148}{9.65} \Rightarrow 0.09 < 15.33368$$

上述不等式均成立，因此参数合理有效。

② 判断当 $\nu_{12} = 0.3$ 时材料参数的合理有效性。

$$\nu_{12} = 0.3 \Rightarrow \nu_{21} = \nu_{12}\frac{E_1}{E_2} = 0.3 \times \frac{148}{9.65} = 4.6010$$

方法一：该横观各向同性材料的柔度矩阵为

$$S = \begin{pmatrix} 0.0068 & -0.0311 & -0.0311 & 0 & 0 & 0 \\ -0.0311 & 0.1036 & -0.0622 & 0 & 0 & 0 \\ -0.0311 & -0.0622 & 0.1036 & 0 & 0 & 0 \\ 0 & 0 & 0 & 0.3316 & 0 & 0 \\ 0 & 0 & 0 & 0 & 0.2198 & 0 \\ 0 & 0 & 0 & 0 & 0 & 0.2198 \end{pmatrix}$$

该柔度矩阵的特征值为

$$-0.0232 \quad 0.0714 \quad 0.1658 \quad 0.2198 \quad 0.2198 \quad 0.3316$$

材料的柔度矩阵特征值不全大于零，因此参数不合理。

方法二：对于横观各向同性材料的工程弹性常数必须满足式 (3-46)：

$$E_1 = 148 > 0, \quad E_2 = 9.65 > 0, \quad G_{12} = 4.55 > 0$$

$$-1 < \nu_{32} < 1 - 2\frac{E_2}{E_1}\nu_{21}^2 \Rightarrow -1 < 0.6 < 1 - 2 \times \frac{9.65}{148} \times 4.6010^2 \Rightarrow -1 < 0.6 \not< -1.76$$

$$\nu_{21}^2 < \frac{E_1}{E_2} \Rightarrow 4.6010^2 < \frac{148}{9.65} \Rightarrow 21.1692 \not< 15.33368$$

上述不等式不全成立，因此参数不合理。

(2) MATLAB 函数求解

遵循上述解题思路，编写 M 文件 Case_3_5.m 如下：

```
clear,close all,clc
format compact
E1=148;  E2=9.65;  v21=0.3;  v32=0.6;  G12=4.55;
disp('当v21=0.3时材料参数的合理有效性判断结果为：')
EngineeringConstantsConstraints(E1,E2,v21,v32,G12);
clear v21
v12=0.3;
v21=v12*E1/E2;
disp('-------------------------------------------------------')
disp('当v12=0.3时材料参数的合理有效性判断结果为：');
EngineeringConstantsConstraints(E1,E2,v21,v32,G12)
```

运行 M 文件 Case_3_5.m，可得到以下结果：

```
当v21=0.3时材料参数的合理有效性判断结果为：
此材料为：横观各向同性材料。
其柔度矩阵S为：
    0.0068   -0.0020   -0.0020        0        0        0
   -0.0020    0.1036   -0.0622        0        0        0
   -0.0020   -0.0622    0.1036        0        0        0
        0         0         0    0.3316        0        0
        0         0         0         0   0.2198        0
        0         0         0         0        0   0.2198
其柔度矩阵的特征值为：
    0.0065    0.0417    0.1658    0.2198    0.2198    0.3316
因此材料的柔度矩阵特征值均大于零，参数合理有效。
-------------------------------------------------------
当v12=0.3时材料参数的合理有效性判断结果为：
```

此材料为：横观各向同性材料。

其柔度矩阵S为：

0.0068	-0.0311	-0.0311	0	0	0
-0.0311	0.1036	-0.0622	0	0	0
-0.0311	-0.0622	0.1036	0	0	0
0	0	0	0.3316	0	0
0	0	0	0	0.2198	0
0	0	0	0	0	0.2198

其柔度矩阵的特征值为：

-0.0232	0.0714	0.1658	0.2198	0.2198	0.3316

因此材料的柔度矩阵特征值不全大于零，参数不合理。

3.5 统一刚度柔度矩阵函数

为了方便读者使用 MATLAB 函数，计算各向异性材料的柔度矩阵和刚度矩阵，现将正交各向异性材料、横观各向同性材料、各向同性材料的柔度矩阵和刚度矩阵函数进行统一，以减轻学习过程中对函数命令的记忆要求。

现将三种材料的柔度矩阵求解函数统一成一个新的柔度矩阵求解函数 Compliance(···)。

函数的具体编写如下：

```
function S=Compliance(E1,v21,E2,v32,G12,E3,v31,G23,G31)
%函数功能：计算正交各向异性材料、横观各向同性材料、各向同性材料的柔
          度矩阵。
%调用格式：①对于正交各向异性材料调用格式：
%          Compliance(E1,v21,E2,v32,G12,E3,v31,G23,G31);
%          ②对于横观各向同性材料调用格式：
%          Compliance(E1,v21,E2,v32,G12);
%          ③对于各向同性材料调用格式：
%          Compliance(E1,v21)。
%输入参数：E1、E2、E3—弹性模量；
%          v21、v32、v31—泊松比；
%          G23、G31、G12—剪切弹性模量。
%运行结果：6×6柔度矩阵。
switch nargin %nargin函数具体含义见第53页nargin函数注解。
    case 9
        S1=OrthotropicCompliance(E1,E2,E3,v21,v32,v31,G12,G23,G31);
        if min(eig(S1))>0
            S=S1;
        else
```

```
            S='输入参数不合理, 请核对。';
        end
    case 5
        S1=TransverselyIsotropicCompliance(E1,E2,v21,v32,G12);
        if min(eig(S1))>0
            S=S1;
        else
            S='输入参数不合理, 请核对。';
        end
    case 2
        S1=IsotropicCompliance(E1,v21);
        if min(eig(S1))>0
            S=S1;
        else
            S='输入参数不合理, 请核对。';
        end
    otherwise
        S='输入参数的数目不足或过多。';
end
end
```

现将 3 种材料的刚度矩阵求解函数统一成一个新的刚度矩阵求解函数, 根据刚度矩阵与柔度矩阵互为逆矩阵的关系, 编写 MATLAB 函数 Stiffness(···)。

函数的具体编写如下:

```
function C=Stiffness(E1,v21,E2,v32,G12,E3,v31,G23,G31)
%函数功能: 计算正交各向异性材料、横观各向同性材料、各向同性材料的刚
         度矩阵。
%调用格式: ①对于正交各向异性材料调用格式:
%              Stiffness(E1,v21,E2,v32,G12,E3,v31,G23,G31);
%          ②对于横观各向同性材料调用格式:
%              Stiffness(E1,v21,E2,v32,G12);
%          ③对于各向同性材料调用格式:
%              Stiffness(E1,v21)。
%输入参数: E1、E2、E3—弹性模量;
%          v21、v32、v31—泊松比;
%          G23、G31、G12—剪切弹性模量。
%运行结果: 6×6 刚度矩阵。
switch nargin %nargin函数具体含义见第53页nargin函数注解。
    case 9
        S=OrthotropicCompliance(E1,E2,E3,v21,v32,v31,G12,G23,G13);
```

```
            if min(eig(S))>0
                C=inv(S);
            else
                C='输入参数不合理，请核对。';
            end
        case 5
            S=TransverselyIsotropicCompliance(E1,E2,v21,v32,G12);
            if min(eig(S))>0
                C=inv(S);
            else
                C='输入参数不合理，请核对。';
            end
        case 2
            S=IsotropicCompliance(E1,v21);
            if min(eig(S))>0
                C=inv(S);
            else
                C='输入参数不合理，请核对。';
            end
        otherwise
            C='输入参数的数目不足或过多。';
    end
end
```

例 3-6 利用 Compliance($\cdots$) 和 Stiffness($\cdots$) 函数求解例 3-1 中的正交各向异性材料的刚度矩阵和柔度矩阵。

解 利用 Compliance($\cdots$) 函数求解柔度矩阵；利用 Stiffness($\cdots$) 函数求解刚度矩阵。

遵循上述解题思路，编写 M 文件 Case_3_6.m 如下：

```
clear,close all,clc
format compact
E1=181;     E2=10.3;      E3=10.3;
v21=0.28;   v32=0.60;     v31=0.27;
G12=7.17;   G23=3;        G31=7;
C=Stiffness(E1,v21,E2,v32,G12,E3,v31,G23,G31)
S=Compliance(E1,v21,E2,v32,G12,E3,v31,G23,G31)
```

运行 M 文件 Case_3_6.m，可得到以下结果：

```
C =
  184.9807    7.2699    7.2041         0         0         0
```

$$
\begin{bmatrix}
7.2699 & 16.3795 & 9.9394 & 0 & 0 & 0 \\
7.2041 & 9.9394 & 16.3743 & 0 & 0 & 0 \\
0 & 0 & 0 & 3.0000 & 0 & 0 \\
0 & 0 & 0 & 0 & 7.0000 & 0 \\
0 & 0 & 0 & 0 & 0 & 7.1700
\end{bmatrix}
$$

$$
S =
\begin{bmatrix}
0.0055 & -0.0015 & -0.0015 & 0 & 0 & 0 \\
-0.0015 & 0.0971 & -0.0583 & 0 & 0 & 0 \\
-0.0015 & -0.0583 & 0.0971 & 0 & 0 & 0 \\
0 & 0 & 0 & 0.3333 & 0 & 0 \\
0 & 0 & 0 & 0 & 0.1429 & 0 \\
0 & 0 & 0 & 0 & 0 & 0.1395
\end{bmatrix}
$$

例 3-7　利用 Compliance($\cdots$) 和 Stiffness($\cdots$) 函数求解例 3-2 中的横观各向同性材料的刚度矩阵和柔度矩阵。

解　利用 Compliance($\cdots$) 函数求解柔度矩阵；利用 Stiffness($\cdots$) 函数求解刚度矩阵。

遵循上述解题思路，编写 M 文件 Case_3_7.m 如下：

```
clear,close all,clc
format compact
E1=148;  E2=9.65;  v21=0.3;  v32=0.6;  G12=4.55;
C =Stiffness(E1,v21,E2,v32,G12)
S =Compliance(E1,v21,E2,v32,G12)
```

运行 M 文件 Case_3_7.m，可得到以下结果：

```
C =
```

$$
\begin{bmatrix}
152.4738 & 7.4563 & 7.4563 & 0 & 0 & 0 \\
7.4563 & 15.4428 & 9.4115 & 0 & 0 & 0 \\
7.4563 & 9.4115 & 15.4428 & 0 & 0 & 0 \\
0 & 0 & 0 & 3.0156 & 0 & 0 \\
0 & 0 & 0 & 0 & 4.5500 & 0 \\
0 & 0 & 0 & 0 & 0 & 4.5500
\end{bmatrix}
$$

```
S =
```

$$
\begin{bmatrix}
0.0068 & -0.0020 & -0.0020 & 0 & 0 & 0 \\
-0.0020 & 0.1036 & -0.0622 & 0 & 0 & 0 \\
-0.0020 & -0.0622 & 0.1036 & 0 & 0 & 0 \\
0 & 0 & 0 & 0.3316 & 0 & 0 \\
0 & 0 & 0 & 0 & 0.2198 & 0 \\
0 & 0 & 0 & 0 & 0 & 0.2198
\end{bmatrix}
$$

例 3-8 利用 Compliance(···) 和 Stiffness(···) 函数求解例 3-4 各向同性材料的刚度矩阵和柔度矩阵。

解 利用 Compliance(···) 函数求解柔度矩阵；利用 Stiffness(···) 函数求解刚度矩阵。

遵循上述解题思路，编写 M 文件 Case_3_8.m 如下：

```
clear,close all,clc
format compact
E1=72.4;  v21=0.3;
C=Stiffness(E1,v21)
S=Compliance(E1,v21)
```

运行 M 文件 Case_3_8.m，可得到以下结果：

```
C =
   97.4615    41.7692    41.7692         0         0         0
   41.7692    97.4615    41.7692         0         0         0
   41.7692    41.7692    97.4615         0         0         0
         0          0          0   27.8462         0         0
         0          0          0         0   27.8462         0
         0          0          0         0         0   27.8462
S =
    0.0138    -0.0041    -0.0041         0         0         0
   -0.0041     0.0138    -0.0041         0         0         0
   -0.0041    -0.0041     0.0138         0         0         0
         0          0          0    0.0359         0         0
         0          0          0         0    0.0359         0
         0          0          0         0         0    0.0359
```

第 4 章 单层复合材料的弹性特性

单层复合材料是指增强纤维按同一方向平行排列的复合材料，是工程结构使用复合材料的基本单元，是一种正交各向异性材料。在材料主轴坐标系下，其应力-应变关系呈现出特殊而简洁的形式，拉伸与剪切效应相互独立，柔度系数或刚度系数都可以由材料的工程弹性常数来表达。通过坐标变换，可以求出一般坐标系下的应力-应变关系。纤维方向与加载方向既不平行也不垂直时，材料出现拉伸与剪切的耦合效应。本章对以上内容和偏轴单层复合材料弹性常数的计算方法进行介绍。本章主要内容及其相互关系如图 4-1 所示。

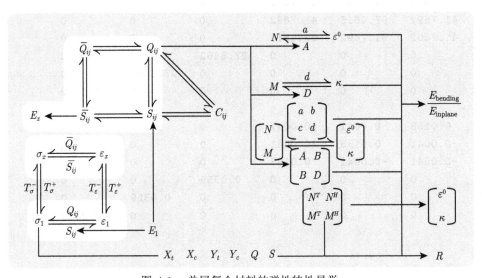

图 4-1　单层复合材料的弹性特性导学

4.1 单层复合材料的正轴应力-应变关系

4.1.1 缩减柔度矩阵与 MATLAB 函数

对单层复合材料提出如下基本假设：
(1) 单层复合材料是正交各向异性材料；
(2) 单层复合材料是线弹性的；
(3) 单层复合材料是均匀的。

通常单层复合材料的厚度方向与结构的其他尺寸相比较小，因此，在复合材料分析与设计中通常是将单层复合材料假设为平面应力状态，此时有

$$\sigma_3 = \tau_{23} = \tau_{31} = 0 \tag{4-1}$$

平面应力状态下，对于正交各向异性材料，其应力-应变关系为

$$\begin{pmatrix} \varepsilon_1 \\ \varepsilon_2 \\ \gamma_{12} \end{pmatrix} = \begin{pmatrix} S_{11} & S_{12} & 0 \\ S_{21} & S_{22} & 0 \\ 0 & 0 & S_{66} \end{pmatrix} \begin{pmatrix} \sigma_1 \\ \sigma_2 \\ \tau_{12} \end{pmatrix} \tag{4-2}$$

式中

$$S_{11} = \frac{1}{E_1}, \quad S_{12} = S_{21} = -\frac{\nu_{21}}{E_1} = -\frac{\nu_{12}}{E_2}, \quad S_{22} = \frac{1}{E_2}, \quad S_{66} = \frac{1}{G_{12}} \tag{4-3}$$

若用工程弹性常数来表示正轴柔度矩阵，则可写成：

$$\boldsymbol{S} = \begin{pmatrix} \dfrac{1}{E_1} & -\dfrac{\nu_{12}}{E_2} & 0 \\ -\dfrac{\nu_{21}}{E_1} & \dfrac{1}{E_2} & 0 \\ 0 & 0 & \dfrac{1}{G_{12}} \end{pmatrix} \tag{4-4}$$

式 (4-4) 中 3×3 矩阵称为缩减柔度矩阵 (reduced compliance matrix)[30]。这里的缩减柔度矩阵是由三维正交各向异性材料的 6×6 柔度矩阵缩减为二维平面 3×3 柔度矩阵，其柔度矩阵元素保持不变，因而柔度矩阵仍用 $\boldsymbol{S}$ 表示。从式 (4-2) 可以看出在二维平面 3×3 柔度矩阵第三行、第三列元素下角标本应为 33，而为了与三维正交各向异性材料的 6×6 柔度矩阵保持一致，因此其下角标依旧为 66。

依据上述缩减柔度矩阵求解方法，编写 MATLAB 函数 ReducedCompliance (E1,E2,v21,G12)。

函数的具体编写如下：

```
function S=ReducedCompliance(E1,E2,v21,G12)
%函数功能：计算单层板的正轴缩减柔度矩阵。
%调用格式：ReducedCompliance(E1,E2,v21,G12)。
%输入参数：E1,E2—弹性模量；
%         v21—泊松比；
%         G12—剪切模量。
%运行结果：3×3柔度矩阵。
```

```
S=[1/E1 -v21/E1 0;
   -v21/E1 1/E2 0;
    0 0 1/G12];
end
```

例 4-1[21]　已知 E-GFRP 复合材料的 $E_1 = 38.6\mathrm{GPa}, E_2 = 8.27\mathrm{GPa}, \nu_{21} = 0.26,$ $G_{12} = 4.14\mathrm{GPa}$。试求应力分量为 $\sigma_1 = 400\mathrm{MPa}$, $\sigma_2 = 30\mathrm{MPa}$, $\tau_{12} = 15\mathrm{MPa}$ 时的应变分量 (平面应力状态如图 4-2 所示)。

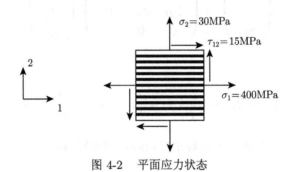

图 4-2　平面应力状态

解　(1) 理论求解

单层板柔度矩阵系数:

$$S_{11} = \frac{1}{E_1} = \frac{1}{38.6} = 0.02591\mathrm{GPa}^{-1} = 25.91 \times 10^{-6}\mathrm{MPa}^{-1}$$

$$S_{22} = \frac{1}{E_2} = \frac{1}{8.27} = 0.1209\mathrm{GPa}^{-1} = 120.9 \times 10^{-6}\mathrm{MPa}^{-1}$$

$$S_{12} = S_{21} = -\frac{\nu_{21}}{E_1} = -\frac{0.26}{38.6} = -0.006736\mathrm{GPa}^{-1} = -6.736 \times 10^{-6}\mathrm{MPa}^{-1}$$

$$S_{66} = \frac{1}{G_{12}} = \frac{1}{4.14} = 0.2415\mathrm{GPa}^{-1} = 241.5 \times 10^{-6}\mathrm{MPa}^{-1}$$

因此其柔度矩阵为

$$\boldsymbol{S} = \begin{pmatrix} 25.91 & -6.736 & 0 \\ -6.736 & 120.9 & 0 \\ 0 & 0 & 241.5 \end{pmatrix} \times 10^{-6}\mathrm{MPa}^{-1}$$

由式 (4-2) 可知:

$$\begin{pmatrix} \varepsilon_1 \\ \varepsilon_2 \\ \gamma_{12} \end{pmatrix} = \begin{pmatrix} 25.91 & -6.736 & 0 \\ -6.736 & 120.9 & 0 \\ 0 & 0 & 241.5 \end{pmatrix} \begin{pmatrix} 400 \\ 30 \\ 15 \end{pmatrix} \times 10^{-6} = \begin{pmatrix} 0.0102 \\ 0.0009 \\ 0.0036 \end{pmatrix}$$

(2) MATLAB 函数求解

已知 $\sigma_1 = 400\text{MPa}$，$\sigma_2 = 30\text{MPa}$，$\tau_{12} = 15\text{MPa}$，可以得到应力列向量，结合单层缩减柔度矩阵，即可求得单层的应变分量。

遵循上述解题思路，编写 M 文件 Case_4_1.m 如下：

```
clear,close all,clc
format compact
E1=38600;      E2=8270;      v21=0.26;      G12=4140;
Sigma=[400;30;15];
S= ReducedCompliance(E1,E2,v21,G12)
Epsilon=S*Sigma
```

运行 M 文件 Case_4_1.m，可得到以下结果：

```
S =
  1.0e-03 *
   0.0259   -0.0067        0
  -0.0067    0.1209        0
       0         0    0.2415
Epsilon =
   0.0102
   0.0009
   0.0036
```

例 4-2[1,2]   平均直径 $d = 1\text{m}$，壁厚 $t = 20\text{mm}$ 的玻璃纤维/环氧树脂材料缠绕圆筒形压力容器 (图 4-3) 承受内压 p。相对压力容器纵轴纤维缠绕角 $\theta = 53.1°$，材料具有以下性能：$E_1 = 40\text{GPa}$，$E_2 = 10\text{GPa}$，$G_{12} = 3.5\text{GPa}$，$\nu_{21} = 0.25$。通过应变计得到沿纤维方向的正应变 $\varepsilon_1 = 0.001$。求容器的内压。

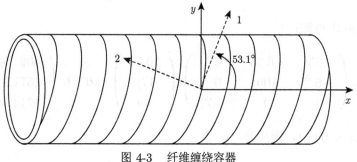

图 4-3　纤维缠绕容器

解 (1) 理论求解

根据材料力学,薄壁圆筒压力容器的应力由下式给出:

$$\sigma_x = \frac{pr}{2t} = \frac{0.5p}{2 \times 0.02} = 12.5p$$

$$\sigma_y = \frac{pr}{t} = \frac{0.5p}{0.02} = 25p$$

$$\tau_{xy} = 0$$

式中,$r = d/2 = 0.5$m。由于上式仅基于静态平衡和几何条件得到,因此适用于任何材料制成的容器。由于给定的应变沿纤维方向,所以必须将上述应力转换到 1 轴和 2 轴。因 $m = \cos 53.1° = 0.6$,$n = \sin 53.1° = 0.8$,所以有

$$\boldsymbol{T}_\sigma^+ = \begin{pmatrix} m^2 & n^2 & 2mn \\ n^2 & m^2 & -2mn \\ -mn & mn & m^2-n^2 \end{pmatrix} = \begin{pmatrix} 0.36 & 0.64 & 0.96 \\ 0.64 & 0.36 & -0.96 \\ -0.48 & 0.48 & -0.28 \end{pmatrix}$$

根据式 (2-12) 可得沿 1 轴和 2 轴的应力为

$$\begin{pmatrix} \sigma_1 \\ \sigma_2 \\ \tau_{12} \end{pmatrix} = \begin{pmatrix} 0.36 & 0.64 & 0.96 \\ 0.64 & 0.36 & -0.96 \\ -0.48 & 0.48 & -0.28 \end{pmatrix} \begin{pmatrix} 12.5p \\ 25p \\ 0 \end{pmatrix} \text{MPa} = \begin{pmatrix} 20.5p \\ 17p \\ 6p \end{pmatrix} \text{MPa}$$

此单层板缩减柔度矩阵为

$$\boldsymbol{S} = \begin{pmatrix} 25 & -6.25 & 0 \\ -6.25 & 100 & 0 \\ 0 & 0 & 285.71 \end{pmatrix} \times 10^{-6} \text{MPa}^{-1}$$

由式 (4-2) 可知:

$$\begin{pmatrix} \varepsilon_1 \\ \varepsilon_2 \\ \gamma_{12} \end{pmatrix} = \begin{pmatrix} 25 & -6.25 & 0 \\ -6.25 & 100 & 0 \\ 0 & 0 & 285.71 \end{pmatrix} \begin{pmatrix} 20.5p \\ 17p \\ 6p \end{pmatrix} \times 10^{-6} = \begin{pmatrix} 406.25p \\ 1571.9p \\ 1714.3p \end{pmatrix} \times 10^{-6}$$

已知 $\varepsilon_1 = 0.001$,因此有

$$\varepsilon_1 = 0.001 = 406.25p \times 10^{-6}$$

$$p = \frac{0.001}{406.25 \times 10^{-6}} = 2.46 \text{MPa}$$

(2) MATLAB 函数求解

将传统解题思路总结成图 4-4 所示的解题流程。

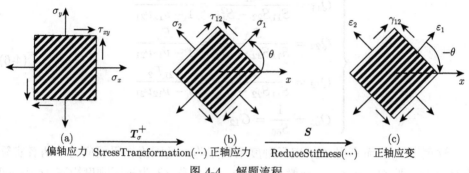

图 4-4　解题流程

遵循上述解题思路，编写 M 文件 Case_4_2.m 如下：

```
clear,clc,close all
format compact
E1=40000;        E2=10000;      G12=3500;       v21=0.25;
r=0.5;
t=0.02;
syms p
Sigma_X=[r*p/(2*t);p*r/t;0];
Ts=StressTransformation(53.1);
Sigma=Ts*Sigma_X;
S=ReducedCompliance(E1,E2,v21,G12);
Epsilon=S*Sigma;
eqn=Epsilon(1)-0.001;
p=double(solve(eqn,p))
```

运行 M 文件 Case_4_2.m，可得到以下结果：

```
p =
    2.4627
```

4.1.2　折减刚度矩阵与 MATLAB 函数

将式 (4-2) 写成用应变表示应力的关系式：

$$
\begin{pmatrix} \sigma_1 \\ \sigma_2 \\ \tau_{12} \end{pmatrix} = \begin{pmatrix} Q_{11} & Q_{12} & 0 \\ Q_{21} & Q_{22} & 0 \\ 0 & 0 & Q_{66} \end{pmatrix} \begin{pmatrix} \varepsilon_1 \\ \varepsilon_2 \\ \gamma_{12} \end{pmatrix}
\tag{4-5}
$$

这就是单层材料主方向的应力-应变关系，$\boldsymbol{Q}$ 是二维刚度矩阵，由二维柔度矩阵 $\boldsymbol{S}$ 求逆得出：

$$\begin{cases} Q_{11} = \dfrac{S_{22}}{S_{11}S_{22} - S_{12}^2} = \dfrac{E_1}{1 - \nu_{12}\nu_{21}} \\[3mm] Q_{22} = \dfrac{S_{11}}{S_{11}S_{22} - S_{12}^2} = \dfrac{E_2}{1 - \nu_{12}\nu_{21}} \\[3mm] Q_{12} = \dfrac{-S_{12}}{S_{11}S_{22} - S_{12}^2} = \dfrac{\nu_{21}E_2}{1 - \nu_{12}\nu_{21}} \\[3mm] Q_{66} = \dfrac{1}{S_{66}} = G_{12} \end{cases} \tag{4-6}$$

这里用 Q_{ij} 而不用 C_{ij} 表示刚度系数矩阵，是因为在平面应力下两者实际上有差别，即 $Q_{ij} \neq C_{ij}$，一般有所减小，通常称 $\boldsymbol{Q}$ 为折减刚度矩阵 (reduced stiffness matrix)，而柔度矩阵仍用 $\boldsymbol{S}$ 表示。如将全部 S_{ij} 系数组成 $\boldsymbol{S}$ (包括 S_{16}，S_{26}) 求逆，由 $\boldsymbol{C} = \boldsymbol{S}^{-1}$，求得 C_{ij} 与平面应力问题的二维刚度矩阵 $\boldsymbol{Q}$ 中的 Q_{ij} 不同，它们之间有下列关系：

$$Q_{ij} = C_{ij} - \frac{C_{i3}C_{j3}}{C_{33}} \quad (i, j = 1, 2, 6) \tag{4-7}$$

根据折减刚度矩阵与缩减柔度矩阵互为逆矩阵，编写 MATLAB 函数 ReducedStiffness(E1,E2,v21,G12)。

函数的具体编写如下：

```
function C=ReducedStiffness(E1,E2,v21,G12)
%函数功能：计算单层板的正轴折减刚度矩阵。
%调用格式：ReducedStiffness(E1,E2,v21,G12)。
%输入参数：E1,E2—弹性模量；
%          v21—泊松比；
%          G12—剪切模量；
%运行结果：3×3刚度矩阵。
S= ReducedCompliance(E1,E2,v21,G12);
C=inv(S);
end
```

例 4-3[29]   单层复合材料弹性系数为：$E_1 = 181\text{GPa}$，$E_2 = 10.3\text{GPa}$，$\nu_{21} = 0.28$，$G_{12} = 7.17\text{GPa}$。求解缩减柔度矩阵和折减刚度矩阵。

解   (1) 理论求解

单层板缩减柔度矩阵系数：

$$S_{11} = \frac{1}{E_1} = \frac{1}{181} = 0.0055\text{GPa}^{-1}$$

$$S_{22} = \frac{1}{E_2} = \frac{1}{10.3} = 0.0971 \mathrm{GPa}^{-1}$$

$$S_{12} = S_{21} = -\frac{\nu_{21}}{E_1} = -\frac{0.28}{181} = -0.0015 \mathrm{GPa}^{-1}$$

$$S_{66} = \frac{1}{G_{12}} = \frac{1}{7.17} = 0.1395 \mathrm{GPa}^{-1}$$

因此其缩减柔度矩阵为

$$\boldsymbol{S} = \begin{pmatrix} 0.0055 & -0.0015 & 0 \\ -0.0015 & 0.0971 & 0 \\ 0 & 0 & 0.1395 \end{pmatrix} \mathrm{GPa}^{-1}$$

单层板折减刚度矩阵系数:

$$1 - \nu_{12}\nu_{21} = 1 - \frac{E_2}{E_1}\nu_{21}^2 = 1 - \frac{10.3}{181} \times 0.28^2 = 0.9955$$

$$Q_{11} = \frac{E_1}{1 - \nu_{12}\nu_{21}} = \frac{181}{0.9955} = 181.8181 \mathrm{GPa}$$

$$Q_{22} = \frac{E_2}{1 - \nu_{12}\nu_{21}} = \frac{10.3}{0.9955} = 10.3466 \mathrm{GPa}$$

$$Q_{12} = \frac{\nu_{21}E_2}{1 - \nu_{12}\nu_{21}} = \frac{0.28 \times 10.3}{0.9955} = 2.8970 \mathrm{GPa}$$

$$Q_{66} = G_{12} = 7.17 \mathrm{GPa}$$

因此其折减刚度矩阵为

$$\boldsymbol{Q} = \begin{pmatrix} 181.8181 & 2.8970 & 0 \\ 2.8970 & 10.3466 & 0 \\ 0 & 0 & 7.17 \end{pmatrix} \mathrm{GPa}$$

(2) MATLAB 函数求解

利用 ReducedCompliance(E1,E2,v21,G12) 函数可求得单层复合材料缩减柔度矩阵。利用 ReducedStiffness(E1,E2,v21,G12) 函数可求得单层复合材料折减刚度矩阵。

遵循上述解题思路,编写 M 文件 Case_4_3.m 如下:

```
clear,close all,clc
format compact
```

```
E1=181;          E2=10.3;          v21=0.28;          G12=7.17;
S= ReducedCompliance(E1,E2,v21,G12)
Q= ReducedStiffness(E1,E2,v21,G12)
```

运行 M 文件 Case_4_3.m，可得到以下结果：

```
S =
     0.0055    -0.0015         0
    -0.0015     0.0971         0
          0          0    0.1395
Q =
   181.8111     2.8969         0
     2.8969    10.3462         0
          0          0    7.1700
```

例 4-4[31]　已知几种常见的单层复合材料的工程弹性常数，见表 4-1，求解缩减柔度系数和折减刚度系数。

表 4-1　几种单层复合材料的工程弹性常数　　　　（单位：$\times 10^5$MPa）

复合材料	E_1	E_2	ν_{21}	G_{12}
石墨/环氧 (T)	1.85	0.105	0.28	0.073
石墨/环氧 (A)	1.41	0.091	0.30	0.072
硼/环氧 (B)	2.08	0.189	0.23	0.057
玻璃/环氧 (S)	0.39	0.084	0.26	0.042
芳纶/环氧 (K)	0.76	0.056	0.34	0.023

解　(1) 理论求解

此题的解题思路同例 4-3，缩减柔度系数见表 4-2，折减刚度系数见表 4-3。

表 4-2　几种单层复合材料的缩减柔度系数 S_{ij}　　　　（单位：$\times 10^{-5}$MPa^{-1}）

复合材料	S_{11}	S_{22}	S_{12}	S_{66}
石墨/环氧 (T)	0.541	9.524	−0.151	13.699
石墨/环氧 (A)	0.709	10.989	−0.213	13.889
硼/环氧 (B)	0.481	5.291	−0.111	17.544
玻璃/环氧 (S)	2.564	11.905	−0.667	23.81
芳纶/环氧 (K)	1.316	17.857	−0.447	43.478

(2) MATLAB 函数求解

此案例说明了如何借助 MATLAB 循环命令进行批量处理数据，其次将计算数据进行表格化处理，便于查阅。编写 M 文件 Case_4_4.m 如下：

表 4-3 几种单层复合材料的折减刚度系数 Q_{ij} （单位：$\times 10^5 \text{MPa}$）

复合材料	Q_{11}	Q_{22}	Q_{12}	Q_{66}
石墨/环氧 (T)	1.8583	0.1055	0.0295	0.073
石墨/环氧 (A)	1.4182	0.0915	0.0275	0.072
硼/环氧 (B)	2.09	0.1899	0.0437	0.057
玻璃/环氧 (S)	0.3958	0.0852	0.0222	0.042
芳纶/环氧 (K)	0.7665	0.0565	0.0192	0.023

```
clear,close all,clc
format compact;
ME1=[1.85,1.41,2.08,0.39,0.76];
ME2=[0.105,0.091,0.189,0.084,0.056];
Mv21=[0.28,0.3,0.23,0.26,0.34];
MG12=[0.073,0.072,0.057,0.042,0.023];
for i=1:5
    E1=ME1(i);E2=ME2(i);v21=Mv21(i);G12=MG12(i);
    S=ReducedCompliance(E1,E2,v21,G12);
    Q=ReducedStiffness(E1,E2,v21,G12);
    MS(i,1)=S(1,1);MS(i,2)=S(2,2);MS(i,3)=S(1,2);MS(i,4)=S(3,3);
    MQ(i,1)=Q(1,1);MQ(i,2)=Q(2,2);MQ(i,3)=Q(1,2);MQ(i,4)=Q(3,3);
end
MS=round(MS,3);    %round函数具体含义与用法见案例末尾round函数注解。
MQ=round(MQ,4);
Material={'石墨/环氧（T）';'石墨/环氧（A）';'硼/环氧（B）';
    '玻璃/环氧（S）';'芳纶/环氧（K）'};
S11=[MS(:,1)];S22=[MS(:,2)];S12=[MS(:,3)];S66=[MS(:,4)];
S=table(Material,S11,S22,S12,S66);
%table函数具体含义与用法见案例末尾table函数注解。
Q11=[MQ(:,1)];Q22=[MQ(:,2)];Q12=[MQ(:,3)];Q66=[MQ(:,4)];
Q=table(Material,Q11,Q22,Q12,Q66);
disp(S)
disp(Q)
```

运行 M 文件 Case_4_4.m，可得到以下结果：

```
    Material        S11      S22      S12      S66

----------------    -----    ------   ------   ------
{'石墨/环氧(T)'}     0.541    9.524    -0.151   13.699
{'石墨/环氧(A)'}     0.709    10.989   -0.213   13.889
{'硼/环氧(B)'}       0.481    5.291    -0.111   17.544
{'玻璃/环氧(S)'}     2.564    11.905   -0.667   23.81
```

Material	Q11	Q22	Q12	Q66
{'芳纶/环氧(K)'}	1.316	17.857	-0.447	43.478
----------	------	------	------	-----
{'石墨/环氧(T)'}	1.8583	0.1055	0.0295	0.073
{'石墨/环氧(A)'}	1.4182	0.0915	0.0275	0.072
{'硼/环氧(B)'}	2.09	0.1899	0.0437	0.057
{'玻璃/环氧(S)'}	0.3958	0.0852	0.0222	0.042
{'芳纶/环氧(K)'}	0.7665	0.0565	0.0192	0.023

round 函数注解：

函数功能：将某个数字四舍五入为最近的小数或整数。

调用格式及说明：

① Y=round(X) 将 X 的每个元素四舍五入为最近的整数。在对等情况下，即元素的小数部分恰为 0.5 时，round 函数会偏离零，将 X 四舍五入到具有更大幅值的整数。

② Y=round(X,N) 将 X 的每个元素四舍五入到 N 位数。N > 0：舍入到小数点右侧的第 N 位数；N = 0：四舍五入到最接近的整数；N < 0：舍入到小数点左侧的第 N 位数。

③ Y=round(X,N,type) 指定四舍五入的类型。指定 'significant' 以四舍五入为 N 位有效数 (从最左位数开始计数)。在此情况下，N 必须为正整数。

④ Y=round(t) 将 duration 数组 t 的每个元素四舍五入到最接近的秒数。

⑤ Y=round(t,unit) 将 t 的每个元素四舍五入到指定单位时间的最接近的数。

round 还有其他功能用法及案例应用，在 MATLAB 命令窗口中输入 help round 或者 doc round 即可获得该函数的帮助信息。

table 函数注解：

函数功能：具有命名变量的表数组 (变量可包含不同类型的数据)。table 数组存储列向数据或表格数据，例如文本文件或电子表格中的列。表将每一段列向数据存储在一个变量中。表变量可以具有不同的数据类型和大小，只要所有变量具有相同的行数即可。表变量有名称，就像结构体的字段有名称一样。可以使用 summary 函数获取有关表的信息。

要对表进行索引，可以使用圆括号 () 返回子表，或者使用花括号 {} 提取内容。用户可以使用名称访问变量和行。有关使用数值和名称进行索引的详细信息，请参阅访问表中的数据。

调用格式及说明：

① T=table(var1,...,varN) 根据输入变量 var1,...,varN 创建表。变量的大小和数据类型可以不同，但所有变量的行数必须相同。如果输入是工作区变量，则 table 将输入名称指定为输出表中的变量名称。否则，table 将指定 'Var1',...,'VarN' 形式的变量名称，其中 N 是变量的数量。

② T=table('Size',sz,'VariableTypes',varTypes) 创建一个表并为具有指定的数据类型的变量预分配空间。sz 是二元素数值数组，其中 sz(1) 指定行数，sz(2) 指定变量数。varTypes 指定变量的数据类型。

③ T=table(____,'VariableNames',varNames) 指定输出表中的变量的名称。可以将此语法与此函数的任何其他语法的输入参数结合使用。

④ T=table(____,'RowNames',rowNames) 指定输出表中的行的名称。可以将此语法与前面任何语法中的输入参数结合使用。

⑤ T=table 创建一个空的 0×0 表。

table 还有其他功能用法及案例应用，可在 MATLAB 命令窗口中输入 help table 或者 doc table 即可获得该函数的帮助信息。

4.2 单层复合材料的偏轴应力-应变关系

4.2.1 偏轴柔度系数与 MATLAB 函数

偏轴柔度系数是由偏轴应力求得偏轴应变的过程，即建立应变-应力关系式。通常按照如下流程，分三步求解应力-应变关系式，如图 4-5 所示。

步骤一：利用平面应力状态下的应力正转换矩阵，将偏轴应力转换成正轴应力。这种关系具体如下：

$$\begin{pmatrix} \sigma_1 \\ \sigma_2 \\ \tau_{12} \end{pmatrix} = \boldsymbol{T}_\sigma^+ \begin{pmatrix} \sigma_x \\ \sigma_y \\ \tau_{xy} \end{pmatrix} \tag{4-8}$$

步骤二：利用正轴应变-应力关系，将正轴应力转换成正轴应变，具体计算如下：

$$\begin{pmatrix} \varepsilon_1 \\ \varepsilon_2 \\ \gamma_{12} \end{pmatrix} = \boldsymbol{S} \begin{pmatrix} \sigma_1 \\ \sigma_2 \\ \tau_{12} \end{pmatrix} = \boldsymbol{S}\boldsymbol{T}_\sigma^+ \begin{pmatrix} \sigma_x \\ \sigma_y \\ \tau_{xy} \end{pmatrix} \tag{4-9}$$

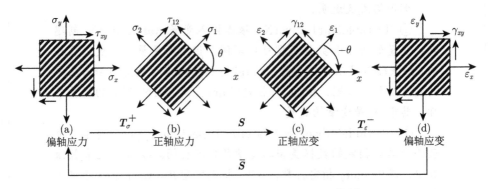

图 4-5　偏轴应力-应变关系的建立过程 [7,21]

步骤三：利用平面应力状态下的应变负转换矩阵，将正轴应变转换成偏轴应变。这种关系具体如下：

$$\begin{pmatrix} \varepsilon_x \\ \varepsilon_y \\ \gamma_{xy} \end{pmatrix} = \boldsymbol{T}_\varepsilon^- \begin{pmatrix} \varepsilon_1 \\ \varepsilon_2 \\ \gamma_{12} \end{pmatrix} = \boldsymbol{T}_\varepsilon^- \boldsymbol{S}\boldsymbol{T}_\sigma^+ \begin{pmatrix} \sigma_x \\ \sigma_y \\ \tau_{xy} \end{pmatrix} \tag{4-10}$$

展开计算，可简化写成：

$$\begin{pmatrix} \varepsilon_x \\ \varepsilon_y \\ \gamma_{xy} \end{pmatrix} = \begin{pmatrix} \bar{S}_{11} & \bar{S}_{12} & \bar{S}_{16} \\ \bar{S}_{21} & \bar{S}_{22} & \bar{S}_{26} \\ \bar{S}_{61} & \bar{S}_{62} & \bar{S}_{66} \end{pmatrix} \begin{pmatrix} \sigma_x \\ \sigma_y \\ \tau_{xy} \end{pmatrix} \tag{4-11}$$

因此有

$$\bar{\boldsymbol{S}} = \boldsymbol{T}_\varepsilon^- \boldsymbol{S}\boldsymbol{T}_\sigma^+ \tag{4-12}$$

式中，$\bar{S}_{ij}$ 称为偏轴柔度系数，具体数值如下：

$$\bar{S}_{11} = S_{11}m^4 + (2S_{12} + S_{66})\,m^2 n^2 + S_{22}n^4$$

$$\bar{S}_{22} = S_{11}n^4 + (2S_{12} + S_{66})\,m^2 n^2 + S_{22}m^4$$

$$\bar{S}_{12} = S_{12}\left(m^4 + n^4\right) + (S_{11} + S_{22} - S_{66})\,m^2 n^2$$

$$\bar{S}_{66} = S_{66}\left(m^4 + n^4\right) + 2\left(2S_{11} + 2S_{22} - 4S_{12} - S_{66}\right)m^2 n^2$$

$$\bar{S}_{16} = (2S_{11} - 2S_{12} - S_{66})\, m^3 n - (2S_{22} - 2S_{12} - S_{66})\, mn^3$$

$$\bar{S}_{26} = (2S_{11} - 2S_{12} - S_{66})\, mn^3 - (2S_{22} - 2S_{12} - S_{66})\, m^3 n \tag{4-13}$$

将上式写成矩阵形式, 即可得由正轴柔度系数求偏轴柔度系数的系数转换公式:

$$
\begin{pmatrix} \bar{S}_{11} \\ \bar{S}_{22} \\ \bar{S}_{12} \\ \bar{S}_{66} \\ \bar{S}_{16} \\ \bar{S}_{26} \end{pmatrix}
=
\begin{pmatrix}
m^4 & n^4 & 2m^2n^2 & m^2n^2 \\
n^4 & m^4 & 2m^2n^2 & m^2n^2 \\
m^2n^2 & m^2n^2 & m^4 + n^4 & -m^2n^2 \\
4m^2n^2 & 4m^2n^2 & -8m^2n^2 & \left(m^2 - n^2\right)^2 \\
2m^3n & -2mn^3 & 2\left(mn^3 - m^3n\right) & mn^3 - m^3n \\
2mn^3 & -2m^3n & 2\left(m^3n - mn^3\right) & m^3n - mn^3
\end{pmatrix}
\begin{pmatrix} S_{11} \\ S_{22} \\ S_{12} \\ S_{66} \end{pmatrix}
$$

$$\tag{4-14}$$

式中, $m = \cos\theta$, $n = \sin\theta$, 与前面所述相同。这里 $\bar{S}_{ij} = \bar{S}_{ji}$, 即偏轴柔度系数仍具有对称性。

式 (4-12) 和式 (4-13) 两个公式都可以用来编写求解单层复合材料的偏轴柔度矩阵 MATLAB 函数文件, 现选择式 (4-12) 编写 MATLAB 函数 PlaneCompliance(E1,E2,v21,G12,theta) 求解单层复合材料的偏轴柔度矩阵。

函数的具体编写如下:

```
function S=PlaneCompliance(E1,E2,v21,G12,theta)
%函数功能: 计算单层复合材料板的柔度矩阵。
%调用格式: PlaneCompliance(E1,E2,v21,G12,theta)。
%输入参数: E1,E2—弹性模量;
%          v21—泊松比;
%          G12—剪切模量;
%          theta—偏轴角度。
%运行结果: 3×3柔度矩阵。
Ts=StressTransformation(theta,2);
RS=ReducedCompliance(E1,E2,v21,G12) ;
Te=StrainTransformation(theta,2);
S=inv(Te)*RS*Ts;
end
```

例 4-5[25]　单层复合材料工程弹性常数为: $E_1 = 181\text{GPa}$, $E_2 = 10.3\text{GPa}$, $\nu_{21} = 0.28$, $G_{12} = 7.17\text{GPa}$, 纤维偏转角度为 $60°$, 应力分量为 $\sigma_x = 2\text{MPa}$, $\sigma_y = -3\text{MPa}$, $\tau_{xy} = 4\text{MPa}$, 如图 4-6 所示, 求解正轴应变。

解 (1) 理论求解

解题思路如图 4-7 所示。

单层板缩减柔度矩阵系数：

$$S_{11} = \frac{1}{E_1} = \frac{1}{181} = 0.0055\mathrm{GPa}^{-1}$$

$$S_{22} = \frac{1}{E_2} = \frac{1}{10.3} = 0.0971\mathrm{GPa}^{-1}$$

$$S_{12} = S_{21} = -\frac{\nu_{21}}{E_1} = -\frac{0.28}{181} = -0.0015\mathrm{GPa}^{-1}$$

$$S_{66} = \frac{1}{G_{12}} = \frac{1}{7.17} = 0.1395\mathrm{GPa}^{-1}$$

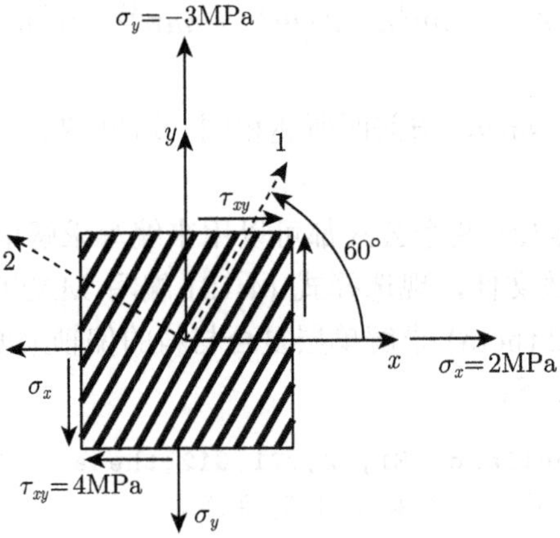

图 4-6　受力示意图

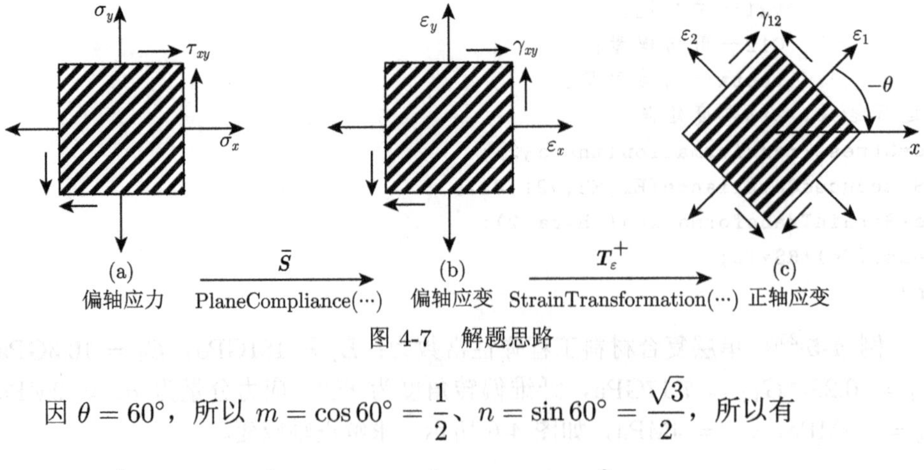

图 4-7　解题思路

因 $\theta = 60°$，所以 $m = \cos 60° = \dfrac{1}{2}$、$n = \sin 60° = \dfrac{\sqrt{3}}{2}$，所以有

$$m^2 = 0.25, \quad m^3 = 0.125, \quad m^4 = 0.0625, \quad n^2 = 0.75$$

$$n^3 = 0.6495, \quad n^4 = 0.5625, \quad m^2n^2 = 0.1875, \quad mn^3 = 0.3248$$

$$m^3n = 0.1083, \quad mn^3 - m^3n = 0.2165, \quad m^3n - m^3n = -0.2165$$

将以上计算的参数全部代入式 (4-14)，可得

$$
\begin{pmatrix} \bar{S}_{11} \\ \bar{S}_{22} \\ \bar{S}_{12} \\ \bar{S}_{66} \\ \bar{S}_{16} \\ \bar{S}_{26} \end{pmatrix} =
\begin{pmatrix}
0.0625 & 0.5625 & 0.3750 & 0.1875 \\
0.5625 & 0.0625 & 0.3750 & 0.1875 \\
0.1875 & 0.1875 & 0.0625 & -0.1875 \\
0.7500 & 0.7500 & -1.5000 & 0.2500 \\
0.2165 & -0.6495 & 0.4330 & 0.2165 \\
0.6495 & -0.2165 & -0.4330 & -0.2165
\end{pmatrix}
\begin{pmatrix} 0.0055 \\ 0.0971 \\ -0.0015 \\ 0.1395 \end{pmatrix} =
\begin{pmatrix} 0.0805 \\ 0.0347 \\ -0.0079 \\ 0.1141 \\ -0.0323 \\ -0.0470 \end{pmatrix} \text{GPa}^{-1}
$$

因此其柔度矩阵为

$$
\bar{S} =
\begin{pmatrix}
0.0805 & -0.0079 & -0.0323 \\
-0.0079 & 0.0347 & -0.0470 \\
-0.0323 & -0.0470 & 0.1141
\end{pmatrix} \times 10^{-3} \text{MPa}^{-1}
$$

将柔度矩阵代入式 (4-11)，可得偏轴应变：

$$
\begin{pmatrix} \varepsilon_x \\ \varepsilon_y \\ \gamma_{xy} \end{pmatrix} =
\begin{pmatrix}
0.0805 & -0.0079 & -0.0323 \\
-0.0079 & 0.0347 & -0.0470 \\
-0.0323 & -0.0470 & 0.1141
\end{pmatrix}
\begin{pmatrix} 2 \\ -3 \\ 4 \end{pmatrix} \times 10^{-3} =
\begin{pmatrix} 0.0553 \\ -0.3078 \\ 0.5328 \end{pmatrix} \times 10^{-3}
$$

$$
\boldsymbol{T}_\varepsilon^+ =
\begin{pmatrix}
0.250 & 0.750 & 0.433 \\
0.750 & 0.250 & -0.433 \\
-0.866 & 0.866 & -0.500
\end{pmatrix}
$$

$$
\begin{pmatrix} \varepsilon_1 \\ \varepsilon_2 \\ \gamma_{12} \end{pmatrix} = \boldsymbol{T}_\varepsilon^+
\begin{pmatrix} 0.0553 \\ -0.3078 \\ 0.5328 \end{pmatrix} \times 10^{-3} =
\begin{pmatrix} 0.0137 \\ -0.2662 \\ -0.5809 \end{pmatrix} \times 10^{-3}
$$

(2) MATLAB 函数求解

依据图 4-7 所示解题思路，编写 M 文件 Case_4_5.m 如下：

```
clear,close all,clc
format compact
E1=181000;    E2=10300;    v21=0.28;    G12=7170;
theta=60;
S=PlaneCompliance(E1,E2,v21,G12,theta)
Sigma_X=[2;-3;4]
Epsilon_X=S*Sigma_X
Te=StrainTransformation(theta)
Epsilon=Te*Epsilon_X
```

运行 M 文件 Case_4_5.m，可得到以下结果：

```
S =
  1.0e-03 *
    0.0805   -0.0079   -0.0323
   -0.0079    0.0347   -0.0470
   -0.0323   -0.0470    0.1141
Sigma_X =
     2
    -3
     4
Epsilon_X =
  1.0e-03 *
    0.0553
   -0.3078
    0.5328
Te =
    0.2500    0.7500    0.4330
    0.7500    0.2500   -0.4330
   -0.8660    0.8660   -0.5000
Epsilon =
  1.0e-03 *
    0.0137
   -0.2662
   -0.5809
```

本例题还有其他解题思路，如图 4-4 所示，在此不再赘述。

例 4-6[25]　已知单层复合材料铺层角度为 60°，单层板受到剪应力作用 $\tau_{xy} = 2\mathrm{MPa}$，如图 4-8 所示。材料工程弹性常数同例 4-5，求解应变片 A、应变片 B、应变片 C 的应变值。

解　(1) 理论求解

由例 4-5 可知铺层角度为 60° 的单层复合材料的柔度矩阵为

$$\bar{S} = \begin{pmatrix} 0.0805 & -0.0079 & -0.0323 \\ -0.0079 & 0.0347 & -0.0470 \\ -0.0323 & -0.0470 & 0.1141 \end{pmatrix} \times 10^{-3}\mathrm{MPa}^{-1}$$

将柔度矩阵代入式 (4-11) 可得偏轴应变：

$$\begin{pmatrix} \varepsilon_x \\ \varepsilon_y \\ \gamma_{xy} \end{pmatrix} = \begin{pmatrix} 0.0805 & -0.0079 & -0.0323 \\ -0.0079 & 0.0347 & -0.0470 \\ -0.0323 & -0.0470 & 0.1141 \end{pmatrix} \begin{pmatrix} 0 \\ 0 \\ 2 \end{pmatrix} \times 10^{-3} = \begin{pmatrix} -0.0647 \\ -0.0939 \\ 0.2283 \end{pmatrix} \times 10^{-3}$$

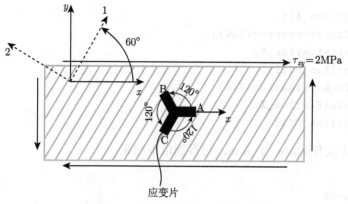

图 4-8　层合板应变片布置的位置

由式 (2-16) 可知：$\varepsilon_1 = m^2 \varepsilon_x + n^2 \varepsilon_y + mn\gamma_{xy}$，其中 $m = \cos\theta$，$n = \sin\theta$。应变片 A 与 x 轴夹角为 $\theta = 0°$，$m = \cos 0° = 1$，$n = \sin 0° = 0$。因此有

$$\varepsilon_{\mathrm{A}} = m^2 \varepsilon_x + n^2 \varepsilon_y + mn\gamma_{xy} = -6.47 \times 10^{-5}$$

同理应变片 B 与 x 轴夹角为 $\theta = 120°$，$m = \cos 120° = -\dfrac{1}{2}$，$n = \sin 120° = \dfrac{\sqrt{3}}{2}$。因此有

$$\varepsilon_{\mathrm{B}} = -1.85 \times 10^{-4}$$

同理应变片 C 与 x 轴夹角为 $\theta = 240°$，$m = \cos 240° = -\dfrac{1}{2}$，$n = \sin 240° = -\dfrac{\sqrt{3}}{2}$。因此有

$$\varepsilon_{\mathrm{C}} = 1.22 \times 10^{-5}$$

(2) MATLAB 函数求解

依据图 4-7 所示解题思路，编写 M 文件 Case_4_6.m 如下：

```
clear,close all,clc
format compact
E1=181000;      E2=10300;      v21=0.28;      G12=7170;
theta=60;
S=PlaneCompliance(E1,E2,v21,G12,theta);
Sigma_X=[0;0;2];
Epsilon_X=S*Sigma_X;
Te=StrainTransformation(0);
epsilon_A=Te*Epsilon_X;
```

```
Gage_A= epsilon_A(1)
Te=StrainTransformation(120);
epsilon_B=Te*Epsilon_X;
Gage_B= epsilon_B(1)
Te=StrainTransformation(240);
epsilon_C=Te*Epsilon_X;
Gage_C= epsilon_C(1)
```

运行 M 文件 Case_4_6.m，可得到以下结果：

```
Gage_A =
  -6.4675e-05
Gage_B =
  -1.8546e-04
Gage_C =
   1.2249e-05
```

4.2.2　偏轴刚度系数与 MATLAB 函数

在实际应用中，有时需求得单层复合材料的偏轴刚度建立偏轴应力-应变关系。单层复合材料的偏轴刚度系数可由材料的正轴刚度系数导出，为此需对偏轴方向作如图 4-9 所示的变换。

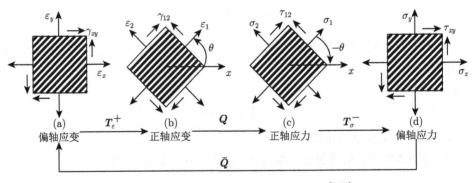

图 4-9　偏轴应力-应变关系的建立过程 [7,21]

步骤一：利用平面应力状态下的应变正转换矩阵，将偏轴应变转换成正轴应变。这种关系具体如下：

$$\begin{pmatrix} \varepsilon_1 \\ \varepsilon_2 \\ \gamma_{12} \end{pmatrix} = \boldsymbol{T}_\varepsilon^+ \begin{pmatrix} \varepsilon_x \\ \varepsilon_y \\ \gamma_{xy} \end{pmatrix} \tag{4-15}$$

步骤二：利用正轴应力-应变关系，将正轴应变转换成正轴应力，具体计算如下：

$$
\begin{pmatrix} \sigma_1 \\ \sigma_2 \\ \tau_{12} \end{pmatrix} = \boldsymbol{Q} \begin{pmatrix} \varepsilon_1 \\ \varepsilon_2 \\ \gamma_{12} \end{pmatrix} = \boldsymbol{Q}\boldsymbol{T}_\varepsilon^+ \begin{pmatrix} \varepsilon_x \\ \varepsilon_y \\ \gamma_{xy} \end{pmatrix}
\tag{4-16}
$$

步骤三：利用平面应力状态下的应力负转换矩阵，将正轴应力转换成偏轴应力。这种关系具体如下：

$$
\begin{pmatrix} \sigma_x \\ \sigma_y \\ \tau_{xy} \end{pmatrix} = \begin{pmatrix} \sigma_1 \\ \sigma_2 \\ \tau_{12} \end{pmatrix} = \boldsymbol{T}_\sigma^- \boldsymbol{Q} \begin{pmatrix} \varepsilon_1 \\ \varepsilon_2 \\ \gamma_{12} \end{pmatrix} = \boldsymbol{T}_\sigma^- \boldsymbol{Q}\boldsymbol{T}_\varepsilon^+ \begin{pmatrix} \varepsilon_x \\ \varepsilon_y \\ \gamma_{xy} \end{pmatrix}
\tag{4-17}
$$

展开计算，可简化写成：

$$
\begin{pmatrix} \sigma_x \\ \sigma_y \\ \tau_{xy} \end{pmatrix} = \begin{pmatrix} \bar{Q}_{11} & \bar{Q}_{12} & \bar{Q}_{16} \\ \bar{Q}_{21} & \bar{Q}_{22} & \bar{Q}_{26} \\ \bar{Q}_{61} & \bar{Q}_{62} & \bar{Q}_{66} \end{pmatrix} \begin{pmatrix} \varepsilon_x \\ \varepsilon_y \\ \gamma_{xy} \end{pmatrix}
\tag{4-18}
$$

因此有

$$
\bar{\boldsymbol{Q}} = \boldsymbol{T}_\sigma^- \boldsymbol{Q}\boldsymbol{T}_\varepsilon^+
\tag{4-19}
$$

式中，$\bar{Q}_{ij}$ 称为偏轴刚度系数，具体如下：

$$
\begin{cases}
\bar{Q}_{11} = Q_{11}m^4 + 2(Q_{12} + 2Q_{66})m^2n^2 + Q_{22}n^4 \\
\bar{Q}_{22} = Q_{11}n^4 + 2(Q_{12} + 2Q_{66})m^2n^2 + Q_{22}m^4 \\
\bar{Q}_{12} = Q_{12}(m^4 + n^4) + (Q_{11} + Q_{22} - 4Q_{66})m^2n^2 \\
\bar{Q}_{66} = Q_{66}(m^4 + n^4) + (Q_{11} + Q_{22} - 2Q_{12} - 2Q_{66})m^2n^2 \\
\bar{Q}_{16} = (Q_{11} - Q_{12} - 2Q_{66})m^3n - (Q_{22} - Q_{12} - 2Q_{66})mn^3 \\
\bar{Q}_{26} = (Q_{11} - Q_{12} - 2Q_{66})mn^3 - (Q_{22} - Q_{12} - 2Q_{66})m^3n
\end{cases}
\tag{4-20}
$$

将上式改写成矩阵形式，即可得如下由正轴刚度系数求偏轴刚度系数的刚度转换公式：

$$
\begin{pmatrix} \bar{Q}_{11} \\ \bar{Q}_{22} \\ \bar{Q}_{12} \\ \bar{Q}_{66} \\ \bar{Q}_{16} \\ \bar{Q}_{26} \end{pmatrix} = \begin{pmatrix} m^4 & n^4 & 2m^2n^2 & 4m^2n^2 \\ n^4 & m^4 & 2m^2n^2 & 4m^2n^2 \\ m^2n^2 & m^2n^2 & m^4 + n^4 & -4m^2n^2 \\ m^2n^2 & m^2n^2 & -2m^2n^2 & (m^2 - n^2)^2 \\ m^3n & -mn^3 & mn^3 - m^3n & 2(mn^3 - m^3n) \\ mn^3 & -m^3n & m^3n - mn^3 & 2(m^3n - mn^3) \end{pmatrix} \begin{pmatrix} Q_{11} \\ Q_{22} \\ Q_{12} \\ Q_{66} \end{pmatrix}
\tag{4-21}
$$

式中, $m = \cos\theta$, $n = \sin\theta$, 与前面所述相同。这里 $\bar{Q}_{ij} = \bar{Q}_{ji}$, 即偏轴刚度系数仍具有对称性。

同时偏轴刚度矩阵与偏轴柔度矩阵互为逆矩阵。

上述的推理过程中, 其中式 (4-19)、式 (4-20) 及偏轴刚度矩阵与偏轴柔度矩阵互逆三个关系都可以用来编写求解单层复合材料的偏轴刚度系数矩阵 MATLAB 函数文件, 现选择互逆关系编写求解单层复合材料的偏轴刚度系数矩阵 MATLAB 函数文件 PlaneStiffness(E1,E2,v21,G12,theta)。

函数的具体编写如下:

```
function C=PlaneStiffness(E1,E2,v21,G12,theta)
%函数功能：计算单层复合材料板的刚度矩阵。
%调用格式：PlaneStiffness(E1,E2,v21,G12,theta)。
%输入参数：E1,E2—弹性模量；
%          v21—泊松比；
%          G12—剪切模量；
%          theta—偏轴角度。
%运行结果：3×3刚度矩阵。
S=PlaneCompliance(E1,E2,v21,G12,theta) ;
C=inv(S);
end
```

例 4-7[26] 铺层角度为 $45°$, 材料工程弹性常数为：$E_1 = 140\text{GPa}$、$E_2 = 10\text{GPa}$、$\nu_{21} = 0.3$、$G_{12} = 5\text{GPa}$, 如图 2-17 所示, 求偏轴柔度矩阵和偏轴刚度矩阵。

解 (1) 理论求解

单层板缩减柔度矩阵系数：

$$S_{11} = \frac{1}{E_1} = \frac{1}{140} = 0.0071\text{GPa}^{-1}$$

$$S_{22} = \frac{1}{E_2} = \frac{1}{10} = 0.1\text{GPa}^{-1}$$

$$S_{12} = S_{21} = -\frac{\nu_{21}}{E_1} = -\frac{0.3}{140} = -0.0021\text{GPa}^{-1}$$

$$S_{66} = \frac{1}{G_{12}} = \frac{1}{5} = 0.2\text{GPa}^{-1}$$

因 $\theta = 45°$, $m = \cos 45° = \frac{1}{\sqrt{2}}$、$n = \sin 45° = \frac{1}{\sqrt{2}}$,

代入式 (4-14)，可得

$$
\begin{pmatrix} \bar{S}_{11} \\ \bar{S}_{22} \\ \bar{S}_{12} \\ \bar{S}_{66} \\ \bar{S}_{16} \\ \bar{S}_{26} \end{pmatrix} = \begin{pmatrix} 0.25 & 0.25 & 0.50 & 0.25 \\ 0.25 & 0.25 & 0.50 & 0.25 \\ 0.25 & 0.25 & 0.50 & -0.25 \\ 1.00 & 1.00 & -2.00 & 0 \\ 0.50 & -0.50 & 0 & 0 \\ 0.50 & -0.50 & 0 & 0 \end{pmatrix} \begin{pmatrix} 0.0071 \\ 0.1000 \\ -0.0021 \\ 0.2000 \end{pmatrix} = \begin{pmatrix} 0.0757 \\ 0.0757 \\ -0.0243 \\ 0.1114 \\ -0.0464 \\ -0.0464 \end{pmatrix} \text{GPa}^{-1}
$$

因此偏轴柔度矩阵为

$$
\bar{S} = \begin{pmatrix} 0.0757 & -0.0243 & -0.0464 \\ -0.0243 & 0.0757 & -0.0464 \\ -0.0464 & -0.0464 & 0.1114 \end{pmatrix}
$$

单层板折减刚度矩阵系数：

$$
1 - \nu_{12}\nu_{21} = 1 - \frac{E_2}{E_1}\nu_{21}^2 = 1 - \frac{10}{140} \times 0.3^2 = 0.9936
$$

$$
Q_{11} = \frac{E_1}{1 - \nu_{12}\nu_{21}} = \frac{140}{0.9936} = 140.9017\text{GPa}
$$

$$
Q_{22} = \frac{E_2}{1 - \nu_{12}\nu_{21}} = \frac{10}{0.9936} = 10.0644\text{GPa}
$$

$$
Q_{12} = \frac{\nu_{21}E_2}{1 - \nu_{12}\nu_{21}} = \frac{0.3 \times 10}{0.9936} = 3.0193\text{GPa}
$$

$$
Q_{66} = G_{12} = 5\text{GPa}
$$

将上述折减刚度矩阵系数代入式 (4-21)，可得

$$
\begin{pmatrix} \bar{Q}_{11} \\ \bar{Q}_{22} \\ \bar{Q}_{12} \\ \bar{Q}_{66} \\ \bar{Q}_{16} \\ \bar{Q}_{26} \end{pmatrix} = \begin{pmatrix} 0.25 & 0.25 & 0.50 & 1.00 \\ 0.25 & 0.25 & 0.50 & 1.00 \\ 0.25 & 0.25 & 0.50 & -1.00 \\ 0.25 & 0.25 & -0.50 & 0 \\ 0.25 & -0.25 & 0 & 0 \\ 0.25 & -0.25 & 0 & 0 \end{pmatrix} \begin{pmatrix} 140.9017 \\ 10.0644 \\ 3.0193 \\ 5.0000 \end{pmatrix} = \begin{pmatrix} 44.2512 \\ 44.2512 \\ 34.2512 \\ 36.2319 \\ 32.7093 \\ 32.7093 \end{pmatrix} \text{GPa}
$$

因此偏轴刚度矩阵为

$$
\bar{Q} = \begin{pmatrix} 44.2512 & 34.2512 & 32.7093 \\ 34.2512 & 44.2512 & 32.7093 \\ 32.7093 & 32.7093 & 36.2319 \end{pmatrix}
$$

(2) MATLAB 函数求解

利用单层复合材料的平面柔度矩阵函数 PlaneCompliance(E1,E2,v21,G12, theta) 函数求解偏轴柔度矩阵。利用单层复合材料的平面刚度矩阵函数 PlaneStiffness (E1,E2,v21,G12,theta) 函数求解偏轴刚度矩阵。

遵循上述解题思路，编写 M 文件 Case_4_7.m 如下：

```
clear,close all,clc
format compact
E1=140;    E2=10;    v21=0.3;    G12=5;
theta=45;
OffAxisCompliance=PlaneCompliance(E1,E2,v21,G12,theta)
OffAxisStiffness=PlaneStiffness(E1,E2,v21,G12,theta)
```

运行 M 文件 Case_4_7.m，可得到以下结果：

```
OffAxisCompliance =
    0.0757   -0.0243   -0.0464
   -0.0243    0.0757   -0.0464
   -0.0464   -0.0464    0.1114
OffAxisStiffness =
   44.2523   34.2523   32.7103
   34.2523   44.2523   32.7103
   32.7103   32.7103   36.2329
```

4.3 单层复合材料的偏轴工程弹性常数

4.3.1 偏轴工程弹性常数

一般地，复合材料的工程弹性常数，就是指单层复合材料正轴时的工程弹性常数。对于单层复合材料偏轴应该存在类似正轴工程弹性常数的"等效"工程弹性常数称为偏轴工程弹性常数。一般是按照一定的方法演算得到的，其过程可归纳成图 4-10 所示的方框图。图中标明，正轴刚度与正轴柔度系数之间和偏轴刚度与偏轴柔度系数之间均存在互逆关系 [7,21]。

与偏轴工程弹性常数有直接关系的是偏轴柔度系数，而不是偏轴刚度系数。偏轴工程弹性常数与正轴工程弹性常数之间没有简单的直接转换关系式，它是由柔度系数推导出来的。为进一步讨论单层正交各向异性材料偏轴方向弹性特性，其用偏轴柔度系数表示的偏轴应变-应力关系，可写成"等效"工程弹性常数形式：

$$
\begin{pmatrix} \varepsilon_x \\ \varepsilon_y \\ \gamma_{xy} \end{pmatrix} = \begin{pmatrix} \bar{S}_{11} & \bar{S}_{12} & \bar{S}_{16} \\ \bar{S}_{12} & \bar{S}_{22} & \bar{S}_{26} \\ \bar{S}_{16} & \bar{S}_{26} & \bar{S}_{66} \end{pmatrix} \begin{pmatrix} \sigma_x \\ \sigma_y \\ \tau_{xy} \end{pmatrix} = \begin{pmatrix} \dfrac{1}{E_x} & -\dfrac{\nu_{xy}}{E_y} & \dfrac{\eta_{x,xy}}{G_{xy}} \\ -\dfrac{\nu_{yx}}{E_x} & \dfrac{1}{E_y} & \dfrac{\eta_{y,xy}}{G_{xy}} \\ \dfrac{\eta_{xy,x}}{E_x} & \dfrac{\eta_{xy,y}}{E_y} & \dfrac{1}{G_{xy}} \end{pmatrix} \begin{pmatrix} \sigma_x \\ \sigma_y \\ \tau_{xy} \end{pmatrix}
$$

$$(4\text{-}22)$$

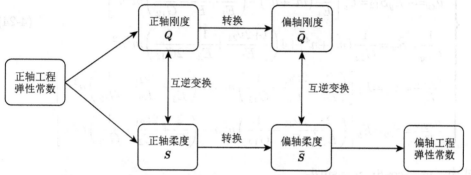

图 4-10　刚度系数、柔度系数与工程弹性常数之间的转换关系 [7,21]

　　单层复合材料非弹性主方向的应力-应变关系式说明，在非弹性主方向上正应力会引起切应变，剪应力会引起线应变，反之亦然。这种现象称为交叉效应。上式中各交叉弹性系数 $\eta_{xy,x}$、$\eta_{xy,y}$ 和 $\eta_{x,xy}$、$\eta_{y,xy}$ 分别定义如下：

　　① $\eta_{xy,x} = \gamma_{xy}/\varepsilon_x$。只有应力分量 σ_x 单独作用 (其余应力分量均为零) 而引起的切应变 γ_{xy} 与线应变 ε_x 的比值。

　　② $\eta_{xy,y} = \gamma_{xy}/\varepsilon_y$。只有应力分量 σ_y 单独作用 (其余应力分量均为零) 而引起的切应变 γ_{xy} 与线应变 ε_y 的比值。

　　③ $\eta_{x,xy} = \varepsilon_x/\gamma_{xy}$。只有应力分量 τ_{xy} 单独作用 (其余应力分量均为零) 而引起的线应变 ε_x 与切应变 γ_{xy} 的比值。

　　④ $\eta_{y,xy} = \varepsilon_y/\gamma_{xy}$。只有应力分量 τ_{xy} 单独作用 (其余应力分量均为零) 而引起的线应变 ε_y 与切应变 γ_{xy} 的比值。

　　偏轴工程弹性常数与正轴工程弹性常数的转换关系：

$$
E_x = \frac{1}{\bar{S}_{11}}, \qquad E_y = \frac{1}{\bar{S}_{22}}, \qquad G_{xy} = \frac{1}{\bar{S}_{66}}
$$

$$
\nu_{yx} = -\frac{\bar{S}_{12}}{\bar{S}_{11}}, \quad \nu_{xy} = -\frac{\bar{S}_{12}}{\bar{S}_{22}}, \quad \eta_{xy,x} = \frac{\bar{S}_{16}}{\bar{S}_{11}}
$$

$$
\eta_{xy,y} = \frac{\bar{S}_{26}}{\bar{S}_{22}}, \quad \eta_{x,xy} = \frac{\bar{S}_{16}}{\bar{S}_{66}}, \quad \eta_{y,xy} = \frac{\bar{S}_{26}}{\bar{S}_{66}}
$$

$$(4\text{-}23)$$

将式 (4-23) 展开可得

$$
\begin{cases}
\dfrac{1}{E_x}=\bar{S}_{11}=\dfrac{1}{E_1}m^4+\left(\dfrac{1}{G_{12}}-\dfrac{2\nu_{21}}{E_1}\right)m^2n^2+\dfrac{1}{E_2}n^4 \\[3mm]
\dfrac{1}{E_y}=\bar{S}_{22}=\dfrac{1}{E_1}n^2+\left(\dfrac{1}{G_{12}}-\dfrac{2\nu_{21}}{E_1}\right)m^2n^2+\dfrac{1}{E_2}m^4 \\[3mm]
\nu_{xy}=-E_y\bar{S}_{12}=E_y\left[\dfrac{\nu_{21}}{E_1}\left(m^4+n^4\right)-\left(\dfrac{1}{E_1}+\dfrac{1}{E_2}-\dfrac{1}{G_{12}}\right)m^2n^2\right] \\[3mm]
\dfrac{1}{G_{xy}}=\bar{S}_{66}=\dfrac{1}{G_{12}}\left(m^4+n^4\right)+4\left(\dfrac{1+2\nu_{21}}{E_1}+\dfrac{1}{E_2}-\dfrac{1}{2G_{12}}\right)m^2n^2 \\[3mm]
\dfrac{\eta_{xy,x}}{E_x}=\bar{S}_{16}=E_x\left[\left(\dfrac{2}{E_1}+\dfrac{2\nu_{21}}{E_1}-\dfrac{1}{G_{12}}\right)m^3n-\left(\dfrac{2}{E_2}+\dfrac{2\nu_{21}}{E_2}-\dfrac{1}{G_{12}}\right)n^3m\right] \\[3mm]
\dfrac{\eta_{xy,y}}{E_y}=\bar{S}_{26}=E_y\left[\left(\dfrac{2}{E_1}+\dfrac{2\nu_{21}}{E_1}-\dfrac{1}{G_{12}}\right)n^3m-\left(\dfrac{2}{E_2}+\dfrac{2\nu_{21}}{E_2}-\dfrac{1}{G_{12}}\right)m^3n\right]
\end{cases}
\tag{4-24}
$$

式中，$m=\cos\theta$；$n=\sin\theta$。

由于柔度系数的对称性，偏轴工程弹性常数具有如下关系：

$$
\frac{\nu_{yx}}{E_x}=\frac{\nu_{xy}}{E_y},\quad \frac{\eta_{x,xy}}{G_{xy}}=\frac{\eta_{xy,x}}{E_x},\quad \frac{\eta_{y,xy}}{G_{xy}}=\frac{\eta_{xy,y}}{E_y}
\tag{4-25}
$$

4.3.2　MATLAB 函数及案例应用

上述的推理过程中，其中式 (4-22)、式 (4-23) 和式 (4-24)、式 (4-25) 两组公式都可以用来编写求解单层复合材料的偏轴工程弹性常数 MATLAB 函数文件，现选择式 (4-22)、式 (4-23) 并结合偏轴柔度矩阵编写求解单层复合材料的偏轴工程弹性常数 MATLAB 函数文件 ElasticConstants(E1,E2,v21,G12,theta)。

函数的具体编写如下：

```
function EC=ElasticConstants(E1,E2,v21,G12,theta)
%函数功能：计算单层复合材料的偏轴工程弹性常数。
%调用格式：ElasticConstants(E1,E2,v21,G12,theta)。
%输入参数：E1、E2—弹性模量；
%         v21—泊松比；
%         G12—剪切弹性模量；
%         theta—偏轴角度。
%运行结果：偏轴工程弹性常数。
%运行结果：以行向量的形式输出偏轴工程弹性常数。
%         ElasticConstants=[Ex,Ey,Gxy,vxy,vyx,Etaxyx,Etaxyy]
```

```
S=PlaneCompliance(E1,E2,v21,G12,theta);
Ex=1/S(1,1);
Ey=1/S(2,2);
Gxy=1/S(3,3);
vxy=-S(1,2)/S(2,2);
vyx=-S(1,2)/S(1,1);
Etaxyx=S(1,3)/S(1,1);
Etaxyy=S(2,3)/S(2,2);
EC=[Ex,Ey,Gxy,vxy,vyx,Etaxyx,Etaxyy];
end
```

例 4-8[3,26] 复合材料单层板沿材料主轴方向的弹性常数为 $E_1 = 140\text{GPa}$，$E_2 = 10\text{GPa}$，$G_{12} = 5\text{GPa}$，$\nu_{21} = 0.3$，加载方向与纤维方向成 θ 角，计算 E_x，E_y，ν_{yx}，ν_{xy}，$\eta_{xy,x}$，$\eta_{xy,y}$ 等值随 θ (变换范围：$0° \sim 90°$，增幅 $10°$，并且考虑 $45°$ 角) 的变化。

解 (1) 理论求解

以 $30°$ 铺层角度为例，如图 4-11 所示，说明偏轴工程弹性常数计算流程。

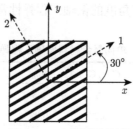

图 4-11 $30°$ 铺层角度

单层板缩减柔度矩阵系数：

$$S_{11} = \frac{1}{E_1} = \frac{1}{140} = 0.0071\text{GPa}^{-1}$$

$$S_{22} = \frac{1}{E_2} = \frac{1}{10} = 0.1\text{GPa}^{-1}$$

$$S_{12} = S_{21} = -\frac{\nu_{21}}{E_1} = -\frac{0.3}{140} = -0.0021\text{GPa}^{-1}$$

$$S_{66} = \frac{1}{G_{12}} = \frac{1}{5} = 0.2\text{GPa}^{-1}$$

因 $\theta = 30°$，$m = \cos 30° = \frac{\sqrt{3}}{2}$、$n = \sin 30° = \frac{1}{2}$，代入式 (4-14)，可得

$$
\begin{pmatrix}
\bar{S}_{11} \\
\bar{S}_{22} \\
\bar{S}_{12} \\
\bar{S}_{66} \\
\bar{S}_{16} \\
\bar{S}_{26}
\end{pmatrix}
=
\begin{pmatrix}
0.5625 & 0.0625 & 0.3750 & 0.1875 \\
0.0625 & 0.5625 & 0.3750 & 0.1875 \\
0.1875 & 0.1875 & 0.6250 & -0.1875 \\
0.7500 & 0.7500 & -1.5000 & 0.2500 \\
0.6495 & -0.2165 & -0.4330 & -0.2165 \\
0.2165 & -0.6495 & 0.4330 & 0.2165
\end{pmatrix}
\begin{pmatrix}
0.0071 \\
0.1000 \\
-0.0021 \\
0.2000
\end{pmatrix}
=
\begin{pmatrix}
0.0470 \\
0.0934 \\
-0.0187 \\
0.1335 \\
-0.0594 \\
-0.0210
\end{pmatrix}
\mathrm{GPa^{-1}}
$$

因此偏轴工程弹性常数为

$$
E_x = \frac{1}{\bar{S}_{11}} = \frac{1}{0.0470} = 21.28\mathrm{GPa}, \quad
E_y = \frac{1}{\bar{S}_{22}} = \frac{1}{0.0934} = 10.71\mathrm{GPa}
$$

$$
G_{xy} = \frac{1}{\bar{S}_{66}} = \frac{1}{0.1335} = 7.49\mathrm{GPa}
$$

$$
\nu_{xy} = -\frac{\bar{S}_{12}}{\bar{S}_{22}} = -\frac{-0.0187}{0.0934} = 0.20, \quad
\nu_{yx} = -\frac{\bar{S}_{12}}{\bar{S}_{11}} = -\frac{-0.0187}{0.0470} = 0.40
$$

$$
\eta_{xy,x} = \frac{\bar{S}_{16}}{\bar{S}_{11}} = \frac{-0.0594}{0.0470} = -1.26, \quad
\eta_{xy,y} = \frac{\bar{S}_{26}}{\bar{S}_{22}} = \frac{-0.0210}{0.0934} = -0.22
$$

其他单向复合材料 ($\theta = 0°\sim 90°$，增幅 $10°$，并且考虑 $45°$ 角) 的偏轴工程弹性常数求解方法同上。将所有角度的偏轴工程弹性常数汇总于表 4-4。

表 4-4　单向复合材料偏轴工程弹性常数

$\theta/(°)$	E_x/GPa	E_y/GPa	G_{xy}/GPa	ν_{yx}	ν_{xy}	$\eta_{xy,x}$	$\eta_{xy,y}$
0	140	10	5	0.3	0.02	0	0
10	80	10.02	5.27	0.38	0.05	-2.41	-0.02
20	36.9	10.17	6.12	0.42	0.11	-1.91	-0.08
30	21.28	10.71	7.49	0.4	0.2	-1.26	-0.22
40	14.93	12.03	8.77	0.35	0.28	-0.8	-0.46
45	13.21	13.21	8.98	0.32	0.32	-0.61	-0.61
50	12.03	14.93	8.77	0.28	0.35	-0.46	-0.8
60	10.71	21.28	7.49	0.2	0.4	-0.22	-1.26
70	10.17	36.9	6.12	0.11	0.42	-0.08	-1.91
80	10.02	80	5.27	0.05	0.38	-0.02	-2.41
90	10	140	5	0.02	0.3	0	0

(2) MATLAB 函数求解

利用单层复合材料的偏轴工程弹性常数 ElasticConstants 函数求解偏轴工程弹性常数，并将该程序使用 for 语句进行循环，求得偏轴工程弹性常数矩阵，用表格的形式输出。

遵循上述解题思路，编写 M 文件 Case_4_8.m 如下：

```
clear;clc;close all
format compact
E1=140;       E2=10;       v21=0.3;       G12=5;
theta=[0;10;20;30;40;45;50;60;70;80;90];
n=length(theta);
for i=1:n
    EC(i,:)= ElasticConstants(E1,E2,v21,G12,theta(i));
end
%round函数具体含义见第98页round函数注解。
Ex=round(EC(:,1),2);        Ey=round(EC(:,2),2);
Gxy=round(EC(:,3),2);       vxy=round(EC(:,4),2);
vyx=round(EC(:,5),2);       Etaxyx=round(EC(:,6),2);
Etaxyy=round(EC(:,7),2);
%table函数具体含义见第98页table函数注解。
E_eq=table(theta,Ex,Ey,Gxy, vyx,vxy,Etaxyx,Etaxyy);
disp(E_eq)
```

运行 M 文件 Case_4_8.m，可得到以下结果：

theta	Ex	Ey	Gxy	vyx	vxy	Etaxyx	Etaxyy
0	140	10	5	0.3	0.02	0	0
10	79.79	10.02	5.27	0.38	0.05	-2.4	-0.02
20	36.83	10.17	6.12	0.42	0.11	-1.9	-0.08
30	21.29	10.71	7.49	0.4	0.2	-1.26	-0.23
40	14.93	12.03	8.76	0.35	0.28	-0.8	-0.46
45	13.21	13.21	8.97	0.32	0.32	-0.61	-0.61
50	12.03	14.93	8.76	0.28	0.35	-0.46	-0.8
60	10.71	21.29	7.49	0.2	0.4	-0.23	-1.26
70	10.17	36.83	6.12	0.11	0.42	-0.08	-1.9
80	10.02	79.79	5.27	0.05	0.38	-0.02	-2.4
90	10	140	5	0.02	0.3	0	0

最后利用计算结果得到图 4-12～ 图 4-15。由图可以看出：

① 当 $\theta = 0°$ 时，$E_x = E_1$，$E_y = E_2$，$G_{xy} = G_{12}$，$\nu_{yx} = \nu_{21}$，$\nu_{xy} = \nu_{12}$，$\eta_{xy,x} = 0$，$\eta_{xy,y} = 0$。

② 当 $\theta = 90°$ 时，$E_x = E_2$，$E_y = E_1$，$G_{xy} = G_{12}$，$\nu_{yx} = \nu_{12}$，$\nu_{xy} = \nu_{21}$，

$\eta_{xy,x} = 0$，$\eta_{xy,y} = 0$。

③ 当 $\theta = 45°$ 时，剪切模量取最大值；$\theta = 0°$ 或 $\theta = 90°$ 时，剪切模量取最小值。因此，偏轴 $45°$ 的单层板，其抗剪切变形的能力最强。G_{xy} 随 θ 的变化曲线关于 $\theta = 45°$ 的点垂线是对称的。

④ 弹性模量沿纤维方向最大，随着 θ 偏离 $0°$ 急剧减小，在 $90°$ 时达到最小值。因此，单向复合材料沿纤维方向的抗拉压变形能力最强，在横向上的抗拉压变形能力最弱。

⑤ 当 θ 不为 $0°$，也不为 $90°$ 时，会出现拉剪耦合效应。

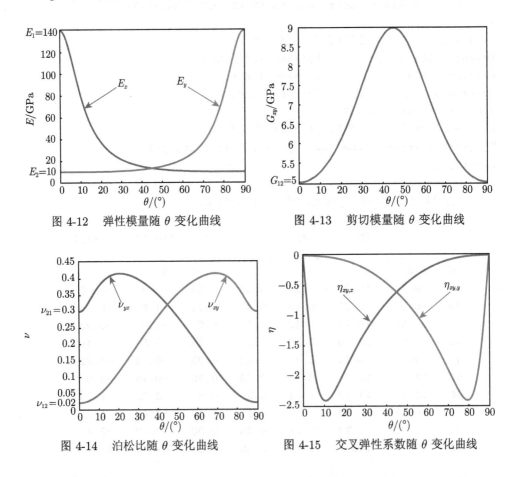

图 4-12　弹性模量随 θ 变化曲线　　　　　图 4-13　剪切模量随 θ 变化曲线

图 4-14　泊松比随 θ 变化曲线　　　　　图 4-15　交叉弹性系数随 θ 变化曲线

例 4-9　利用极坐标讨论单层板的偏轴工程弹性常数随铺层角度 θ 的变化情况，说明单层板的偏轴工程弹性常数随铺层角度 θ 旋转 $0°$ 到 $360°$ 变化情况，并将 E_x、E_y、G_{xy} 进行无量纲化处理，材料工程弹性参数为 $E_1 = 50.7\text{GPa}$、$E_2 = 19.4\text{GPa}$、$\nu_{21} = 0.27$、$G_{12} = 7.06\text{GPa}$。

解　理论求解较难实现，因此直接采用 MATLAB 函数方法绘制在极坐标轴单层板的偏轴工程弹性常数随铺层角度 θ 旋转 $0°$ 到 $360°$ 变化示意图。并对 E_x、E_y、G_{xy} 进行无量纲化处理：E_x/E_1、E_y/E_2、G_{xy}/G_{12}。

编写 M 文件 Case_4_9.m 如下：

```
clear;clc;close all
format compact
E1=50.7;    E2=19.4;      v21=0.27;      G12=7.06;
theta = 0:0.01:2*pi;
n=length(theta);
for i=1:n
rho(i,:)=ElasticConstants(E1,E2,v21,G12,theta(i)*180/pi);
end

subplot(1,3,1)
polarplot(theta,rho(:,1))
hold on
polarplot(theta,rho(:,2),'--')
hold on
polarplot(theta,rho(:,3),'r:')
legend('$E_x$','$E_y$','$G_{xy}$','Interpreter','latex',...
    'Location','southoutside','NumColumns',3,'FontSize',16)
legend('boxoff')

subplot(1,3,2)
polarplot(theta,rho(:,1)/E1)
hold on
polarplot(theta,rho(:,2)/E2,'--')
hold on
polarplot(theta,rho(:,3)/G12,'r:')
legend('$E_x/E_1$','$E_y/E_2$','$G_{xy}/G_{12}$','Interpreter','
    latex',...
    'Location','southoutside','NumColumns',3,'FontSize',16)
legend('boxoff')

subplot(1,3,3)
polarplot(theta,rho(:,4))
hold on
polarplot(theta,rho(:,5),'--')
hold on
```

```
polarplot(theta,rho(:,6),'r:')
hold on
polarplot(theta,rho(:,7),'b-.')
legend('$v_{xy}$','$v_{yx}$','$\eta_{xyx}$','$\eta_{xyy}$',...
    'Interpreter','latex','Location','southoutside','NumColumns',4,'
        FontSize',16)
legend('boxoff')
```

运行 M 文件 Case_4_9.m，可得到图 4-16～ 图 4-18 所示绘图结果。

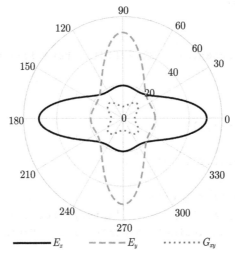

图 4-16　等效 E_x、E_y、G_{xy} 随铺层角度的变化

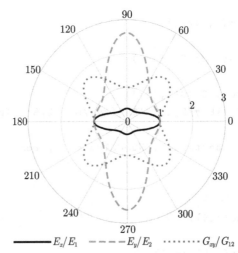

图 4-17　E_x、E_y、G_{xy} 无量纲化后随铺层角度的变化

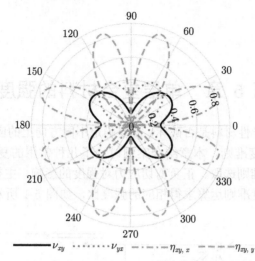

图 4-18 ν_{xy}、ν_{yx}、$\eta_{xy,x}$、$\eta_{xy,y}$ 无量纲化后随铺层角度的变化

第 5 章 单层复合材料的强度

判断正交各向异性材料是否破坏，需要确定不同方向上的应力分量和强度比，以及选用合适的强度准则。本章结合案例讨论了几种常用的复合材料强度理论、强度比方程、强度准则选取、正负剪切应力对强度的影响。主要是利用应力与基本强度值，通过强度准则运算求得相应的强度比，如图 5-1 所示。

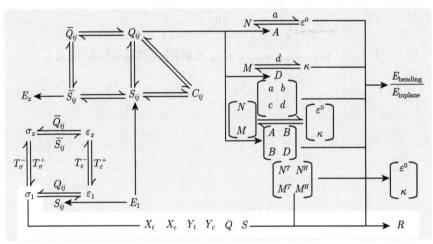

图 5-1 单层复合材料的强度导学

5.1 基本强度与强度比

5.1.1 复合材料的基本强度

材料的强度是材料承载时抵抗破坏的能力。对于各向同性材料，强度在各个方向上均相同，即强度没有方向性，常用极限应力来表示材料强度。对于复合材料，其强度的显著特点是具有方向性。对于正交各向异性材料，存在 3 个材料主方向，不同主方向的强度是不相同的。例如，纤维增强复合材料单向板，沿着纤维方向强度通常是垂直纤维方向强度的几十倍。这样，与各向同性材料不同，在正交各向异性单向板中呈现如下强度特性：

(1) 材料力学或弹性理论中的主应力与主应变是与材料主方向无关的应力、应变极值，故主应力与主应变的概念在各向异性材料中是没有意义的。在正交各向异性材料中，应力主方向与应变主方向不一定同向；由于一个方向的强度比另一个方向的低。所以最大工作应力不一定对应材料的危险状态，即不一定是控制设计的应力。

(2) 平面应力状态下的铺层具有正交各向异性的性能，而且铺层的失效机理在铺层纤维向和垂直纤维向以及面内剪切向上是不同的，且铺层纤维向和垂直纤维向在拉和压时的失效机理也是不同的。所以，铺层的强度指标需给出铺层在面内正轴向单轴应力和纯剪应力作用下的极限应力，称为铺层的基本强度，也称为复合材料的基本强度 (basic strength)。其具体定义如下：

① 纵向拉伸强度 (longitudinal tensile strength)：铺层或单向层合板刚度较大的材料主方向作用单轴拉伸应力时的极限应力值，记作 X_t，如图 5-2(a) 所示。

② 纵向压缩强度 (longitudinal compressive strength)：铺层或单向层合板刚度较大的材料主方向作用单轴压缩应力时的极限应力值，记作 X_c，如图 5-2(b) 所示。

③ 横向拉伸强度 (transverse tensile strength)：铺层或单向层合板刚度较小的材料主方向作用单轴拉伸应力时的极限应力值，记作 Y_t，如图 5-2(c) 所示。

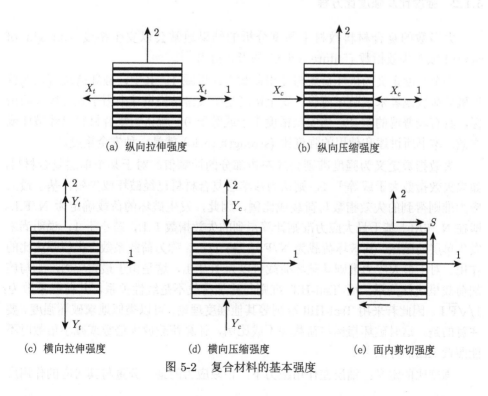

(a) 纵向拉伸强度   (b) 纵向压缩强度

(c) 横向拉伸强度   (d) 横向压缩强度   (e) 面内剪切强度

图 5-2 复合材料的基本强度

④ 横向压缩强度 (transverse compressive strength)：铺层或单向层合板刚度较小的材料主方向作用单轴压缩应力时的极限应力值，记作 Y_c，如图 5-2(d) 所示。

⑤ 面内剪切强度 (shear strength in plane of lamina)：铺层或单向层合板在材料主方向作用面内剪应力时的极限应力值，记作 S，如图 5-2(e) 所示。

表 5-1 给出了几种常见复合材料的基本强度。

表 5-1 几种正交各向异性复合材料的基本强度　　　　(单位：MPa)

材料类别	材料名称	X_t	X_c	Y_t	Y_c	S
单向纤维	碳 (高强度)/环氧	1500	1200	50	250	70
	碳 (高模量)/环氧	1000	850	40	200	60
	玻璃/环氧	1000	600	30	110	40
	芳纶/环氧	1300	280	30	140	60
编织纤维	碳 (高强度)/环氧	600	570	600	570	90
	碳 (高模量)/环氧	350	150	350	150	35
	玻璃/环氧	440	425	440	425	40
	芳纶/环氧	480	190	480	190	50

5.1.2 强度比及强度比方程

大多数的复合材料教材中强度分析的结果通常会以安全裕度 (margin of safety) 或者失效指数 (failure index) 的形式给出 [3]。

安全裕度定义为破坏荷载与使用荷载之比再减 1。其中，破坏荷载可以取首层破坏荷载或者末层破坏荷载。安全裕度是航天器结构设计中用于强度校核的指标，具有较普遍的意义。当安全裕度小于或等于 0，就认为复合材料已经破坏或失效。本书所讲述和使用的强度比 (strength ratio) 就是一种安全裕度。

失效指数定义为强度准则公式左边部分的计算值。对于某个单层复合材料，如果失效指数大于或等于 1，则认为该单层复合材料已经破坏或失效。基于最大应力准则得到的失效指数与荷载成比例，因此，发生破坏的荷载确定为 N/F.I.。即在 N 作用下基于最大应力准则计算得到的失效指数 F.I.，若小于 1，说明尚未发生单层的破坏，其破坏荷载为 N/F.I.，将 1/F.I. 称为荷载系数，类似强度比的作用。对于最大应力准则其破坏荷载可以为 N/F.I.，这是由于最大应力准则与施加荷载呈线性关系。而 Tsai-Hill 准则与施加荷载不是线性关系，其荷载系数为：$1/\sqrt{\text{F.I.}}$。因此若采用 Tsai-Hill 准则等其他强度理论，可以类似地求破坏强度。要注意的是，这时破坏指标与荷载并不成比例，计算荷载放大倍数或减小倍数时不能照搬上面的方法 [3]。

强度比的定义：铺层在作用应力下，极限应力的某一分量与其对应的作用应

力分量之比值称为强度/应力比，简称强度比，记为 R，即

$$R = \frac{\sigma_{ia}}{\sigma_i} = \frac{\varepsilon_{ia}}{\varepsilon_i} \tag{5-1}$$

式中，σ_i、ε_i 是由外荷载计算得出的实际应力、应变分量；σ_{ia}、ε_{ia} 是与 σ_i、ε_i 对应的极限应力、应变分量。强度比反映了实际应力与极限应力之间的关系，是一个比例系数，其数值表示了安全裕度的一种度量。

这里 "对应" 的含义是基于假设 $\sigma_i(i=1,2,6)$ 是比例加载的，也就是说，各应力分量是以一定的比例同步增加的，在实际结构中基本上如此。为了说明方便，假定只有 σ_1 和 σ_2 两个应力分量 (即 $\sigma_6 = 0$)。比例加载在应力空间中的含义为应力矢量的方位不变。当 σ_1 增加 $\Delta\sigma_1$ 时，则 σ_2 增加 $\Delta\sigma_2$，且总有

$$\frac{\Delta\sigma_2}{\Delta\sigma_1} = \frac{\sigma_2}{\sigma_1} = \frac{\sigma_{2a}}{\sigma_{1a}} \tag{5-2}$$

因而对应于 σ_i 的极限应力分量，是指与各 σ_i 构成的施加应力矢量相同方位的极限应力矢量的对应分量 σ_{ia}。

需注意的是，与 σ_i 对应的极限应力分量不仅与失效曲线有关，而且与施加应力矢量的方位有关。不要把 σ_i 对应的极限应力分量误解为是基本强度。只有在单轴应力或纯剪应力状态下，σ_i 对应的极限应力分量才是基本强度，如图 5-3 所示。在二维应力空间中强度包络线是一个围绕坐标原点的椭圆。对于单向板，其实际应力场所对应的应力空间点的位置有三种可能：① 落在椭圆线上，说明材料已进入极限状态；② 落在椭圆线外面，说明材料已失效；③ 落在椭圆线内部，说明材料没有失效，单向板的施加应力尚可继续增加 [7,21]。

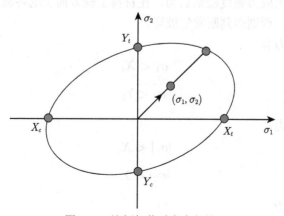

图 5-3　比例加载时应力矢量

强度比 R 的取值及其含义：

(1) $R = \infty$ 表明作用的应力为零值；

(2) $R > 1$ 表明作用应力为安全值，具体来说，$R - 1$ 表明作用应力到铺层失效时尚可增加的应力倍数；

(3) $R = 1$ 表明作用的应力正好达到极限值；

(4) $R < 1$ 表明作用应力超过极限应力，所以没有实际意义，但设计计算中出现 $R < 1$ 仍然是有用的，它表明必须使作用应力下降，或加大结构尺寸。

引入强度比 R 这一参数后，可以把复合材料的各类强度准则方程写成 R 的函数，这些变换后的方程称强度比方程 (equation of strength ratio)。

单向板工作时通常处于复杂应力状态，即使在平面应力状态下，一般也是 3 个应力分量的某种组合状态。由于这种组合有无穷多个，因此无法做试验得出所有可能应力组合的极限状态。仅反映材料主方向强度高低的基本强度还不足以判断单向板在实际工作应力下是否失效，因此，需要寻找合理的判别准则，以便根据材料的基本强度来判断在各种实际应力状态下材料是否失效，这个判别准则就是复合材料的强度准则 (strength criterion of composite material)。本章将介绍几种常用的复合材料强度准则。

5.2　单层复合材料的强度理论

5.2.1　最大应力强度准则与 MATLAB 函数

最大应力强度准则 (maximum stress criterion) 认为，只要材料主方向上任何一个应力分量达到相应的基本强度值时，材料便发生破坏。

对于如图 5-4 所示的面内二向受力状态，通过坐标变换，求出在材料主轴方向上的应力。最大应力强度准则认为，在材料主轴方向上的各应力分量必须小于各自的强度指标，否则即判断发生破坏。

对于拉伸应力有

$$\sigma_1 < X_t$$
$$\sigma_2 < Y_t \tag{5-3}$$

对于压缩应力：

$$|\sigma_1| < X_c$$
$$|\sigma_2| < Y_c \tag{5-4}$$

对于剪切应力：

$$|\tau_{12}| < S \tag{5-5}$$

上面关系式中有任意一个不成立，材料就将发生破坏。最大应力准则不考虑破坏模式之间的相互影响。即在某个方向上的破坏只与沿该方向的应力分量有关，与沿其他方向的应力无关。

该理论的优点是使用简单，在工程界被广泛应用，它对单轴应力下的强度预测较为合理，但主要缺点是应力分量之间没有相互作用。当作用应力在偏轴方向，必须将应力分量转换到正轴方向，然后由正向的应力分量利用判据式才能判别失效与否。但此理论得到的双轴、多轴应力状态下的强度预测值明显偏大，且对适当横向压缩是否会提高材料剪切强度的行为也无法预测。

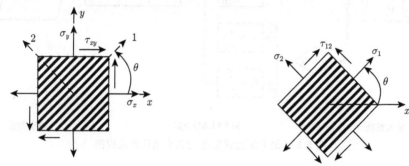

图 5-4   面内受力单元体

最大应力强度准则的强度比方程为
对于拉伸应力有

$$\frac{\sigma_1}{X_t} R_1 = 1 \Rightarrow R_1 = \frac{X_t}{\sigma_1}$$

$$\frac{\sigma_2}{Y_t} R_2 = 1 \Rightarrow R_2 = \frac{Y_t}{\sigma_2} \tag{5-6}$$

对于压缩应力有

$$\frac{|\sigma_1|}{X_c} R_1 = 1 \Rightarrow R_1 = \frac{X_c}{|\sigma_1|}$$

$$\frac{|\sigma_2|}{Y_c} R_2 = 1 \Rightarrow R_2 = \frac{Y_c}{|\sigma_2|} \tag{5-7}$$

对于剪切应力有

$$\frac{|\tau_{12}|}{S} R_3 = 1 \Rightarrow R_3 = \frac{S}{|\tau_{12}|} \tag{5-8}$$

其强度比的值为式 (5-6)～ 式 (5-8) 中 R 的最小值，即

$$R = \min \left(R_1, R_2, R_3 \right) \tag{5-9}$$

　　依据上述强度比方程及强度比计算方法，参考图 5-5，编写 MATLAB 最大应力强度准则函数 MaxStressCriterion(Sigma,Xt,Xc,Yt,Yc,S)。

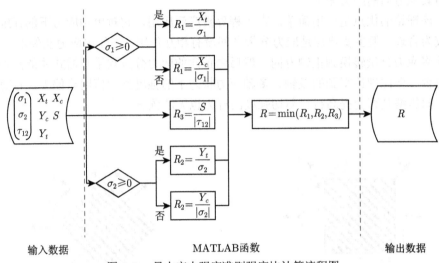

图 5-5　最大应力强度准则强度比计算流程图

　　函数的具体编写如下：

```
function R=MaxStressCriterion(Sigma,Xt,Xc,Yt,Yc,S)
%函数功能：基于最大应力强度准则计算强度比。
%调用格式：MaxStressCriterion(Sigma,Xt,Xc,Yt,Yc,S)
%输入参数：Sigma—正轴应力列向量；
%          Xt,Xc,Yt,Yc,S—材料基本强度参数。
%运行结果：强度比的数值。
if Sigma(1) >= 0
    R(1)=Xt/Sigma(1);
else
    R(1)=Xc/abs(Sigma(1));
end
if Sigma(2) >= 0
    R(2)=Yt/Sigma(2);
else
    R(2)=Yc/abs(Sigma(2));
end
R(3)=S/abs(Sigma(3));
R=min(R);
end
```

例 5-1[25]   已知应力 σ_x=2MPa、$\sigma_y=-3$MPa、τ_{xy}=4MPa 作用于铺层 60° 的单层板上 (图 5-6)，利用最大应力强度准则求解强度比和承载极限应力。

材料工程弹性常数为：E_1=181GPa、E_2=10.3GPa、ν_{21}=0.28、G_{12}=7.17GPa。

材料基本强度参数为：X_t=1500MPa、X_c=1500MPa、Y_t=40MPa、Y_c=246MPa、S=68MPa。

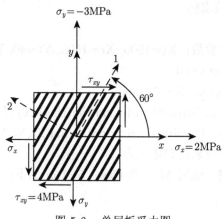

图 5-6   单层板受力图

解   (1) 理论求解

首先求出材料主轴方向上的应力分量。因 $\theta = 60°$，根据应力的坐标转换关系，有

$$
\begin{pmatrix} \sigma_1 \\ \sigma_2 \\ \tau_{12} \end{pmatrix} = \begin{pmatrix} 0.250 & 0.750 & 0.866 \\ 0.750 & 0.250 & -0.866 \\ -0.433 & 0.433 & -0.500 \end{pmatrix} \begin{pmatrix} 2 \\ -3 \\ 4 \end{pmatrix} = \begin{pmatrix} 1.7141 \\ -2.7141 \\ -4.1651 \end{pmatrix} \text{MPa}
$$

由最大应力准则，得到强度比为

$$\sigma_1 > 0 \Rightarrow R_1 = \frac{X_t}{\sigma_1} = \frac{1500}{1.7141} = 875.0948$$

$$\sigma_2 < 0 \Rightarrow R_2 = \frac{Y_c}{|\sigma_2|} = \frac{246}{|-2.7141|} = 90.6378$$

$$\tau_{12} = -4.1651 \Rightarrow R_3 = \frac{S}{|\tau_{12}|} = \frac{68}{|-4.1651|} = 16.3261$$

$$R = \min\left(R_1, R_2, R_3 \right) = 16.3261$$

由强度比定义得到承载极限应力为

$$
\begin{pmatrix} \sigma_x \\ \sigma_y \\ \tau_{xy} \end{pmatrix}_{\max} = R \begin{pmatrix} 2 \\ -3 \\ 4 \end{pmatrix} = 16.3261 \times \begin{pmatrix} 2 \\ -3 \\ 4 \end{pmatrix} = \begin{pmatrix} 32.6522 \\ -48.9783 \\ 65.3044 \end{pmatrix} \text{MPa}
$$

(2) MATLAB 函数求解

统一单位：MPa。

输入材料基本强度参数：Xt=1500; Xc=1500; Yt=40; Yc=246; S=68;

输入铺层角度：theta=60;

输入偏轴应力：Sigma_X=[2;−3;4];

先调用应力转换函数 StressTransformation(theta,X) 求得正轴应力，再调用最大应力强度准则函数 MaxStressCriterion(Sigma,Xt,Xc,Yt,Yc,S) 计算强度比，最后根据强度比定义就可求得极限应力。

遵循上述解题思路，编写 M 文件 Case_5_1.m 如下：

```
clear;clc;close all;
format compact
Xt=1500;  Xc=1500;  Yt=40;  Yc=246;  S=68;
theta=60;
Sigma_X=[2;-3;4];
Sigma=StressTransformation(theta)*Sigma_X;
R=MaxStressCriterion(Sigma,Xt,Xc,Yt,Yc,S)
MaxStress =R*Sigma_X
```

运行 M 文件 Case_5_1.m，可得到以下结果：

```
R =
    16.3263
MaxStress =
    32.6526
   -48.9788
    65.3051
```

5.2.2　最大应变强度准则与 MATLAB 函数

最大应变强度准则 (maximum strain criterion) 认为，只要材料主方向上任何一个应变分量达到材料相应基本强度所对应的应变值时，材料便发生破坏。

最大应变强度准则与最大应力强度准则相似，只是将各应力分量换成应变分量，相应的强度指标换成极限应变值，即

对于拉伸应变有

$$\varepsilon_1 < \varepsilon_{Xt}$$
$$\varepsilon_2 < \varepsilon_{Yt}$$

(5-10)

对于压缩应变有

$$|\varepsilon_1| < \varepsilon_{Xc}$$
$$|\varepsilon_2| < \varepsilon_{Yc}$$

(5-11)

对于剪切应变有

$$|\gamma_{12}| < \varepsilon_S$$

(5-12)

式中，ε_{Xt}、ε_{Yt}、ε_{Xc}、ε_{Yc}、ε_S 分别为纵向拉伸、纵向压缩、横向拉伸、横向压缩和面内剪切的单向复合材料极限应变。上述公式只要有一个不成立，材料就将发生破坏。最大应变强度准则也不考虑破坏模式之间的相互作用。需要指出的是，在某个方向的应力分量为零时，由于泊松效应，该方向的应变分量可以不等于零。

极限应变是与单轴应力或纯剪应力状态下基本强度相对应的 (图 5-7)，而材料失效前是线弹性的，故极限应变与基本强度存在以下关系：

$$X_t = E_1\varepsilon_{Xt}, \quad X_c = E_1\varepsilon_{Xc}$$
$$Y_t = E_2\varepsilon_{Yt}, \quad Y_c = E_2\varepsilon_{Yc}, \quad S = G_{12}\varepsilon_S$$

(5-13)

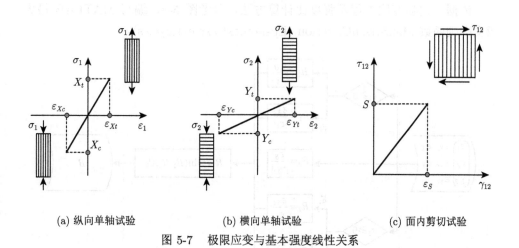

(a) 纵向单轴试验   (b) 横向单轴试验   (c) 面内剪切试验

图 5-7　极限应变与基本强度线性关系

最大应变强度准则的优点是使用简单，特别是在实际计算或测量过程中往往首先得出应变量，因而不需再通过应力应变关系来计算出应力。如果应变状态是单向应变状态，则该强度准则适用。但是，实际的应变状态往往是各应变组合的复杂状态，由于没有考虑各个应变分量的综合影响，该强度准则在理论上存在缺陷，实际应用上误差也较大。

最大应变准则的强度比方程为

对于拉伸应变有

$$\frac{\varepsilon_1}{\varepsilon_{Xt}} R_1 = 1 \Rightarrow R_1 = \frac{\varepsilon_{Xt}}{\varepsilon_1}$$

$$\frac{\varepsilon_2}{\varepsilon_{Yt}} R_2 = 1 \Rightarrow R_2 = \frac{\varepsilon_{Yt}}{\varepsilon_2}$$

(5-14)

对于压缩应变有

$$\frac{|\varepsilon_1|}{\varepsilon_{Xc}} R_1 = 1 \Rightarrow R_1 = \frac{\varepsilon_{Xc}}{|\varepsilon_1|}$$

$$\frac{|\varepsilon_2|}{\varepsilon_{Yc}} R_2 = 1 \Rightarrow R_2 = \frac{\varepsilon_{Yc}}{|\varepsilon_2|}$$

(5-15)

对于剪切应变有

$$\frac{|\gamma_{12}|}{\varepsilon_S} R_3 = 1 \Rightarrow R_3 = \frac{\varepsilon_S}{|\gamma_{12}|}$$

(5-16)

其强度比的值为式 (5-14)~ 式 (5-16) 中 R 的最小值，即

$$R = \min \left(R_1, R_2, R_3 \right)$$

(5-17)

依据上述强度比方程及强度比计算方法，参考图 5-8，编写 MATLAB 最大应变准则函数 MaxStrainCriterion (Epsilon,ext,exc,eyt,eyc,es)。

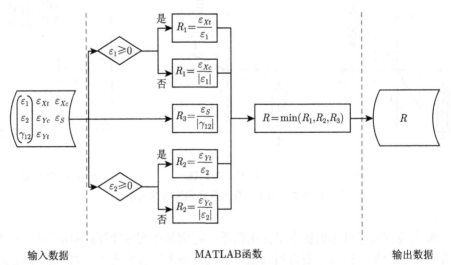

图 5-8 最大应变准则强度比计算流程图

函数的具体编写如下：

```
function R=MaxStrainCriterion(Epsilon,ext,exc,eyt,eyc,es)
%函数功能：基于最大应变强度准则计算强度比。
%调用格式：MaxStrainCriterion(Epsilon,ext,exc,eyt,eyc,es)
%输入参数：Epsilon—正轴应变列向量；
%          ext,exc,eyt,eyc,es—单层板破坏时的极限应变值。
%运行结果：强度比的数值。
if Epsilon(1) >= 0
  R(1)=ext/Epsilon(1);
else
  R(1)=exc/abs(Epsilon(1));
end
if Epsilon(2) >= 0
  R(2)=eyt/Epsilon(2);
else
  R(2)=eyc/abs(Epsilon(2));
end
R(3)=es/abs(Epsilon(3));
R=min(R);
end
```

例 5-2[25] 同例 5-1，利用最大应变准则求解强度比和承载极限应力。

解 (1) 理论求解

由例 5-1 可知材料主轴方向上的应力分量为

$$
\begin{pmatrix} \sigma_1 \\ \sigma_2 \\ \tau_{12} \end{pmatrix} = \begin{pmatrix} 1.7141 \\ -2.7141 \\ -4.1651 \end{pmatrix} \text{MPa}
$$

计算柔度系数矩阵，求出材料主轴方向上的应变分量。有

$$
\begin{pmatrix} \varepsilon_1 \\ \varepsilon_2 \\ \gamma_{12} \end{pmatrix} = \begin{pmatrix} 0.0055 & -0.0015 & 0 \\ -0.0015 & 0.0971 & 0 \\ 0 & 0 & 0.1395 \end{pmatrix} \begin{pmatrix} 1.7141 \\ -2.7141 \\ -4.1651 \end{pmatrix} \times 10^{-3} = \begin{pmatrix} 0.0137 \\ -0.2662 \\ -0.5809 \end{pmatrix} \times 10^{-3}
$$

通常认为材料失效前是线弹性的，由式 (5-13) 可知极限应变为

$$\varepsilon_{Xt} = \frac{X_t}{E_1} = \frac{1500}{181000} = 0.0083, \quad \varepsilon_{Xc} = \frac{X_c}{E_1} = \frac{1500}{181000} = 0.0083$$

$$\varepsilon_{Yt} = \frac{Y_t}{E_2} = \frac{40}{10300} = 0.0039, \quad \varepsilon_{Yc} = \frac{Y_c}{E_2} = \frac{246}{10300} = 0.0239$$

$$\varepsilon_S = \frac{S}{G_{12}} = \frac{68}{7170} = 0.0095$$

由最大应变准则强度比方程计算得到强度比为

$$\varepsilon_1 > 0 \Rightarrow R_1 = \frac{\varepsilon_{Xt}}{\varepsilon_1} = \frac{0.0083}{0.0137 \times 10^{-3}} = 605.8394$$

$$\varepsilon_2 < 0 \Rightarrow R_2 = \frac{\varepsilon_{Yc}}{|\varepsilon_2|} = \frac{0.0239}{|-0.2662 \times 10^{-3}|} = 89.7821$$

$$\gamma_{12} = -580.90 \times 10^{-6} \Rightarrow R_3 = \frac{\varepsilon_S}{|\gamma_{12}|} = \frac{0.0095}{|-580.90 \times 10^{-6}|} = 16.3539$$

$$R = \min\left(R_1, R_2, R_3\right) = \min\left(605.8394, 89.7821, 16.3539\right) = 16.3263$$

由强度比定义得到承载极限应力为

$$\begin{pmatrix} \sigma_x \\ \sigma_y \\ \tau_{xy} \end{pmatrix}_{\max} = R \begin{pmatrix} 2 \\ -3 \\ 4 \end{pmatrix} = 16.3539 \times \begin{pmatrix} 2 \\ -3 \\ 4 \end{pmatrix} = \begin{pmatrix} 32.7078 \\ -49.0617 \\ 65.4156 \end{pmatrix} \text{MPa}$$

(2) MATLAB 函数求解

统一单位：MPa。

输入材料基本强度参数：Xt=1500; Xc=1500; Yt=40; Yc=246; S=68;

输入材料工程弹性常数：E1=181000; E2=10300; v21=0.28; G12=7170;

输入铺层角度：theta=60;

输入偏轴应力：Sigma_X=[2;−3;4];

先调用应力转换函数 StressTransformation(theta,X) 求得正轴应力，再调用柔度系数矩阵函数 ReducedCompliance(E1,E2,v21,G12) 计算正轴应变，计算极限应变，最后调用最大应变强度准则函数 MaxStrainCriterion(Epsilon,ext,exc, eyt,eyc,es) 计算强度比，最后根据强度比定义就可求得极限应力。

遵循上述解题思路，编写 M 文件 Case_5_2.m 如下：

```
clear;clc;close all;
format compact
E1=181000;  E2=10300;  v21=0.28;  G12=7170;
```

```
Xt=1500;   Xc=1500;   Yt=40;   Yc=246;   S=68;
theta=60;
Sigma_X=[2;-3;4];
ext=Xt/E1;   exc=Xc/E1;   eyt=Yt/E2;   eyc=Yc/E2;   es=S/G12;
Sigma=StressTransformation(theta,2)*Sigma_X;
Epsilon=ReducedCompliance(E1,E2,v21,G12)*Sigma;
R=MaxStrainCriterion(Epsilon,ext,exc,eyt,eyc,es)
MaxStress=R*Sigma_X
```

运行 M 文件 Case_5_2.m，可得到以下结果：

```
R =
    16.3263
MaxStress =
    32.6526
   -48.9788
    65.3051
```

5.2.3 Tsai-Hill 强度准则与 MATLAB 函数

正交各向异性单向板的 Tsai-Hill 强度准则的表达式为

$$\frac{\sigma_1^2}{X^2} - \frac{\sigma_1\sigma_2}{X^2} + \frac{\sigma_2^2}{Y^2} + \frac{\tau_{12}^2}{S^2} < 1 \tag{5-18}$$

Tsai-Hill 强度准则只有一个表达式。若表达式左端各项之和等于或大于 1 时，材料将失效；要保证材料正常工作，不等式左侧各项之和必须小于 1。应当指出，Tsai-Hill 准则原则上只能用于在弹性主方向拉伸强度和压缩强度相同 (即 $X_c = X_t = X$，$Y_c = Y_t = Y$) 的复合材料单层。Tsai-Hill 准则将单层材料主方向的三个应力和相应的基本强度联系在一个表达式中，考虑了它们之间的相互影响，该准则计算结果与实验结果吻合较好。

与最大应力准则不同，在 Tsai-Hill 准则中，考虑各个应力分量的综合影响，应用该准则时，只能判定是否发生破坏，而不能判定发生何种形式的破坏。由于考虑了应力分量的相互影响，基于最大应力准则判定不破坏的情形，也可能满足 Tsai-Hill 破坏条件。该理论的优点是应力分量之间存在相互作用，但该理论并没有区分抗拉强度和抗压强度，也不像最大应力理论或最大应变理论那样易于使用。

当式 (5-18) 不等号左端等于 1 时，材料已进入极限状态，式中的实际应力分量已为极限应力分量，故式中的 σ_i 应改为 $\sigma_{i(a)}$，即

$$\left[\frac{\sigma_{1(a)}}{X}\right]^2 - \frac{\sigma_{1(a)}\sigma_{2(a)}}{X^2} + \left[\frac{\sigma_{2(a)}}{Y}\right]^2 + \left[\frac{\tau_{12(a)}}{S}\right]^2 - 1 = 0 \tag{5-19}$$

引入强度比 R，得

$$\left[\left(\frac{\sigma_1}{X}\right)^2 - \frac{\sigma_1\sigma_2}{X^2} + \left(\frac{\sigma_2}{Y}\right)^2 + \left(\frac{\tau_{12}}{S}\right)^2\right]R^2 - 1 = 0 \tag{5-20}$$

式中，当 σ_1 为拉应力时 X 用 X_t，为压应力时用 X_c；当 σ_2 为拉应力时 Y 用 Y_t，为压应力时用 Y_c。

将式 (5-20) 改写成：

$$AR^2 - 1 = 0 \tag{5-21}$$

$$R = \pm\frac{1}{\sqrt{A}} = \pm\frac{\sqrt{A}}{A} \tag{5-22}$$

$$A = \left(\frac{\sigma_1}{X}\right)^2 - \frac{\sigma_1\sigma_2}{X^2} + \left(\frac{\sigma_2}{Y}\right)^2 + \left(\frac{\tau_{12}}{S}\right)^2 \tag{5-23}$$

由式 (5-21) 可解得两个根，其中一个正根是对应于给定的应力分量的；另一个负根只是表明它的绝对值是对应于与给定应力分量大小相同而符号相反的应力分量的强度比。由此再利用强度比定义式即可求得极限应力各分量，即该施加应力状态下按比例增加时的单层板强度。

依据上述强度比方程及强度比计算方法，参考图 5-9，编写 MATLAB Tsai-Hill 准则函数 TsaiHillCriterion (Sigma,Xt,Xc,Yt,Yc,S)。

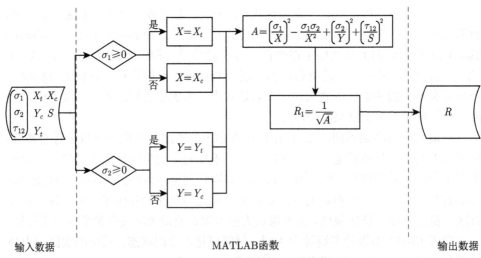

图 5-9　Tsai-Hill 准则强度比计算流程图

函数的具体编写如下：

```
function R=TsaiHillCriterion(Sigma,Xt,Xc,Yt,Yc,S)
%函数功能：基于Tsai-Hill强度准则计算强度比。
%调用格式：TsaiHillCriterion(Sigma,Xt,Xc,Yt,Yc,S)
%输入参数：Sigma—正轴应力列向量；
%          Xt,Xc,Yt,Yc,S—材料基本强度参数。
%运行结果：强度比的数值。
if Sigma(1) >= 0
   X=Xt;
else
   X=Xc;
end
if Sigma(2) >= 0
   Y=Yt;
else
   Y=Yc;
end
A=(Sigma(1)/X)^2-Sigma(1)*Sigma(2)/X^2+(Sigma(2)/Y)^2+(Sigma(3)/
   S)^2;
R=1/sqrt(A);
end
```

例 5-3[25]　同例 5-1，利用 Tsai-Hill 准则求解强度比和承载极限应力。

解　(1) 理论求解

由例 5-1 可知材料主轴方向上的应力分量为

$$\begin{pmatrix} \sigma_1 \\ \sigma_2 \\ \tau_{12} \end{pmatrix} = \begin{pmatrix} 1.7141 \\ -2.7141 \\ -4.1651 \end{pmatrix} \text{MPa}$$

X、Y 取值为

$$\sigma_1 > 0 \Rightarrow X = X_t = 1500 \text{MPa}$$

$$\sigma_2 < 0 \Rightarrow Y = Y_c = 246 \text{MPa}$$

计算参数 A 的值：

$$A = \left(\frac{\sigma_1}{X}\right)^2 - \frac{\sigma_1 \sigma_2}{X^2} + \left(\frac{\sigma_2}{Y}\right)^2 + \left(\frac{\tau_{12}}{S}\right)^2$$

$$= \left(\frac{1.7141}{1500}\right)^2 - \frac{1.7141 \times (-2.7141)}{1500^2} + \left(\frac{-2.7141}{246}\right)^2 + \left(\frac{-4.1651}{68}\right)^2$$

$$= 0.0039$$

计算强度比：

$$R = \frac{1}{\sqrt{A}} = 16.0128$$

由强度比定义得到承载极限应力为

$$
\begin{pmatrix} \sigma_x \\ \sigma_y \\ \tau_{xy} \end{pmatrix}_{\max} = R \begin{pmatrix} 2 \\ -3 \\ 4 \end{pmatrix} = 16.0128 \times \begin{pmatrix} 2 \\ -3 \\ 4 \end{pmatrix} = \begin{pmatrix} 32.0256 \\ -48.0384 \\ 64.0512 \end{pmatrix} \text{MPa}
$$

(2) MATLAB 函数求解

统一单位：MPa。

输入材料基本强度参数：Xt=1500; Xc=1500; Yt=40; Yc=246; S=68;

输入铺层角度：theta=60;

输入偏轴应力：Sigma_X=[2;-3;4];

先调用应力转换函数 StressTransformation(theta,X) 求得正轴应力。再调用 Tsai-Hill 准则函数 TsaiHillCriterion(Sigma,Xt,Xc,Yt,Yc,S) 计算强度比，最后根据强度比定义就可求得极限应力。

遵循上述解题思路，编写 M 文件 Case_5_3.m 如下：

```
clear;clc;close all;
format compact
Xt=1500;  Xc=1500;  Yt=40;  Yc=246;  S=68;
theta=60;
Sigma_X=[2;-3;4];
Sigma=StressTransformation(theta)*Sigma_X;
R=TsaiHillCriterion(Sigma,Xt,Xc,Yt,Yc,S)
MaxStress=R*Sigma_X
```

运行 M 文件 Case_5_3.m，可得到以下结果：

```
R =
   16.0607
MaxStress =
   32.1214
  -48.1821
   64.2428
```

5.2.4 Hoffman 强度准则与 MATLAB 函数

Tsai-Hill 强度准则原则上只适用于材料主方向上抗拉、抗压强度相同的单向板，没有考虑单层拉压强度不同对材料破坏的影响。Hoffman 对 Tsai-Hill 强度准

则做了修正，增加了 σ_1 和 σ_2 的奇函数项，提出了 Hoffman 强度准则

$$\frac{\sigma_1^2 - \sigma_1\sigma_2}{X_t X_c} + \frac{\sigma_2^2}{Y_t Y_c} + \frac{X_c - X_t}{X_t X_c}\sigma_1 + \frac{Y_c - Y_t}{Y_t Y_c}\sigma_2 + \frac{\tau_{12}^2}{S^2} < 1 \qquad (5\text{-}24)$$

式中，σ_1 和 σ_2 的一次项体现了单层拉压强度不相等对材料破坏的影响，显然当 $X_c = X_t$，$Y_c = Y_t$ 时，上式就成为 Tsai-Hill 强度准则了。与 Tsai-Hill 强度准则类似，该准则也考虑了应力分量之间的相互作用。不同之处在于该准则考虑了拉伸强度与压缩强度的区别。

Hoffman 强度准则的另一种表示形式是

$$F_1\sigma_1 + F_2\sigma_2 + F_{11}\sigma_1^2 + F_{22}\sigma_2^2 + F_{66}\tau_{12}^2 + 2F_{12}\sigma_1\sigma_2 < 1 \qquad (5\text{-}25)$$

其中各强度参数可通过下式确定：

$$F_1 = \frac{1}{X_t} - \frac{1}{X_c}, \quad F_2 = \frac{1}{Y_t} - \frac{1}{Y_c}, \quad F_{66} = \frac{1}{S^2}$$

$$F_{11} = \frac{1}{X_t X_c}, \quad F_{22} = \frac{1}{Y_t Y_c}, \quad F_{12} = -\frac{1}{2X_t X_c} \qquad (5\text{-}26)$$

Hoffman 强度准则中引入强度比 R，其失效判据的强度比方程为

$$\left(F_{11}\sigma_1^2 + 2F_{12}\sigma_1\sigma_2 + F_{22}\sigma_2^2 + F_{66}\tau_{12}^2\right)R^2 + \left(F_1\sigma_1 + F_2\sigma_2\right)R - 1 = 0 \qquad (5\text{-}27)$$

$$AR^2 + BR - 1 = 0 \qquad (5\text{-}28)$$

$$R = \frac{-B \pm \sqrt{B^2 + 4A}}{2A} \qquad (5\text{-}29)$$

$$A = F_{11}\sigma_1^2 + 2F_{12}\sigma_1\sigma_2 + F_{22}\sigma_2^2 + F_{66}\tau_{12}^2 \qquad (5\text{-}30)$$

$$B = F_1\sigma_1 + F_2\sigma_2 \qquad (5\text{-}31)$$

由式 (5-28) 可解得两个根，其中一个正根是对应于给定的应力分量的；另一个负根只是表明它的绝对值是对应于与给定应力分量大小相同而符号相反的应力分量的强度比。由此再利用强度比定义式即可求得极限应力各分量，即该施加应力状态下按比例增加时的单层板强度。

依据上述强度比方程及强度比计算方法，参考图 5-10，编写 MATLAB Hoffman 准则函数 HoffmanCriterion (Sigma,Xt,Xc,Yt,Yc,S)。

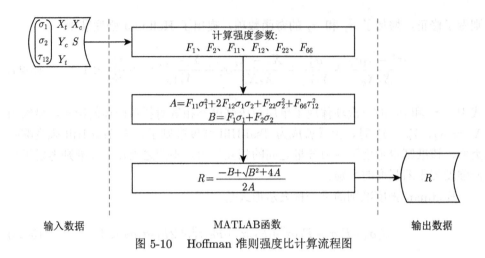

图 5-10　Hoffman 准则强度比计算流程图

函数的具体编写如下：

```
function R=HoffmanCriterion(Sigma,Xt,Xc,Yt,Yc,S)
%函数功能：基于Hoffman强度准则计算强度比。
%调用格式：HoffmanCriterion(Sigma,Xt,Xc,Yt,Yc,S)。
%输入参数：Sigma—正轴应力列向量；
%          Xt,Xc,Yt,Yc,S—单层板的基本强度参数。
%运行结果：强度比的数值。
F1=1/Xt-1/Xc;
F2=1/Yt-1/Yc;
F66=1/S^2;
F11=1/(Xt*Xc);
F22=1/(Yt*Yc);
F12=-1/(2*Xt*Xc);
A=F11*Sigma(1)^2+2*F12*Sigma(1)*Sigma(2)+F22*Sigma(2)^2+F66*Sigma
    (3)^2;
B=F1*Sigma(1)+F2*Sigma(2);
R=(-B+sqrt(B^2+4*A))/(2*A);
end
```

例 5-4[25]　同例 5-1，利用 Hoffman 准则求解强度比和承载极限应力。

解　(1) 理论求解

由例 5-1 可知材料主轴方向上的应力分量为

$$\begin{pmatrix} \sigma_1 \\ \sigma_2 \\ \tau_{12} \end{pmatrix} = \begin{pmatrix} 1.7141 \\ -2.7141 \\ -4.1651 \end{pmatrix} \text{MPa}$$

计算强度参数:

$$F_1 = \frac{1}{X_t} - \frac{1}{X_c} = \frac{1}{1500} - \frac{1}{1500} = 0$$

$$F_2 = \frac{1}{Y_t} - \frac{1}{Y_c} = \frac{1}{40} - \frac{1}{246} = 0.0209$$

$$F_{11} = \frac{1}{X_t X_c} = \frac{1}{1500 \times 1500} = 4.4444 \times 10^{-7}$$

$$F_{22} = \frac{1}{Y_t Y_c} = \frac{1}{40 \times 246} = 1.0163 \times 10^{-4}$$

$$F_{12} = -\frac{1}{2X_t X_c} = -\frac{1}{2 \times 1500 \times 1500} = -2.2222 \times 10^{-7}$$

$$F_{66} = \frac{1}{S^2} = \frac{1}{68^2} = 2.1626 \times 10^{-4}$$

计算 A、B 的值:

$$
\begin{aligned}
A =& F_{11}\sigma_1^2 + 2F_{12}\sigma_1\sigma_2 + F_{22}\sigma_2^2 + F_{66}\tau_{12}^2 \\
=& 4.4444 \times 10^{-7} \times (1.7141)^2 + 2 \times (-2.2222 \times 10^{-7}) \times 1.7141 \times (-2.7141) \\
& + 1.0163 \times 10^{-4} \times (-2.7141)^2 + 2.1626 \times 10^{-4} \times (-4.1651)^2 \\
=& 1.3058 \times 10^{-6} + 2.0676 \times 10^{-6} + 7.4864 \times 10^{-4} + 0.0038 \\
=& 0.0045
\end{aligned}
$$

$$
\begin{aligned}
B =& F_1\sigma_1 + F_2\sigma_2 \\
=& 0 \times 1.7141 + 0.0209 \times (-2.7141) \\
=& -0.0567
\end{aligned}
$$

计算强度比:

$$R = \frac{-B + \sqrt{B^2 + 4A}}{2A} = \frac{-(-0.0567) + \sqrt{(-0.0567)^2 + 4 \times 0.0045}}{2 \times 0.0045} = 22.4837$$

由强度比定义得到承载极限应力为

$$
\begin{pmatrix} \sigma_x \\ \sigma_y \\ \tau_{xy} \end{pmatrix}_{\max} = R \begin{pmatrix} 2 \\ -3 \\ 4 \end{pmatrix} = 22.4837 \times \begin{pmatrix} 2 \\ -3 \\ 4 \end{pmatrix} = \begin{pmatrix} 44.9674 \\ -67.4511 \\ 89.9348 \end{pmatrix} \text{MPa}
$$

(2) MATLAB 函数求解

统一单位：MPa。

输入材料基本强度参数：Xt=1500; Xc=1500; Yt=40; Yc=246; S=68;

输入铺层角度：theta=60;

输入偏轴应力：Sigma_X=[2;−3;4];

先调用应力转换函数 StressTransformation(theta,X) 求得正轴应力，再调用 Hoffman 准则函数 HoffmanCriterion(Sigma,Xt,Xc,Yt,Yc,S) 计算强度比，最后根据强度比定义就可求得极限应力。

遵循上述解题思路，编写 M 文件 Case_5_4.m 如下：

```
clear;clc;close all;
format compact
Xt=1500;   Xc=1500;   Yt=40;   Yc=246;   S=68;
theta=60;
Sigma_X=[2;-3;4];
Sigma=StressTransformation(theta,2)*Sigma_X;
R=HoffmanCriterion(Sigma,Xt,Xc,Yt,Yc,S)
MaxStress=R*Sigma_X
```

运行 M 文件 Case_5_4.m，可得到以下结果：

```
R =
    22.4894
MaxLoad =
    44.9789
   -67.4683
    89.9578
```

5.2.5　Tsai-Wu 强度准则与 MATLAB 函数

Tsai-Wu 强度准则形式上和 Hoffman 准则完全一致，即材料不发生破坏的条件是

$$F_1\sigma_1+F_2\sigma_2+F_{11}\sigma_1^2+F_{22}\sigma_2^2+F_{66}\tau_{12}^2+2F_{12}\sigma_1\sigma_2<1 \tag{5-32}$$

在 6 个强度参数中，前面 5 个和 Hoffman 准则完全一致，只有 F_{12} 有变化，其中各强度参数按下式确定：

$$F_1=\frac{1}{X_t}-\frac{1}{X_c}, \quad F_2=\frac{1}{Y_t}-\frac{1}{Y_c}, \quad F_{66}=\frac{1}{S^2}$$

$$F_{11}=\frac{1}{X_tX_c}, \qquad F_{22}=\frac{1}{Y_tY_c}, \qquad F_{12}=\frac{F_{12}^*}{\sqrt{X_tX_cY_tY_c}} \tag{5-33}$$

系数 F_{12}^* 的取值范围为 $-1 \sim 1$，通常取 $F_{12}^* = -0.5$。

Tsai-Wu 强度准则中应力分量之间存在相互作用，且区分了拉伸强度和压缩强度，易于使用，从而成为应用最广泛的复合材料强度准则之一。但是它的缺陷在于：一是很难通过试验获得反映双向正应力相互作用的张量系数；二是不能反映破坏模式；三是作为单层材料破坏准则，它能预测首层破坏，不能预测极限承载力，对于层合结构的最终破坏预测精度不够；四是作为张量多项式准则不能适应预测 FRP 失效行为的多样性，Tsai-Wu 准则属于整体强度准则，使用单纯的插值公式而不是基于失效假设，未考虑真实的材料行为，不管某单个应力是否会导致纤维失效或纤维间失效，就将所有的应力都放入一个公式。

Tsai-Wu 强度准则中引入强度比 R，其失效判据的强度比方程为

$$\left(F_{11}\sigma_1^2 + 2F_{12}\sigma_1\sigma_2 + F_{22}\sigma_2^2 + F_{66}\tau_{12}^2\right)R^2 + \left(F_1\sigma_1 + F_2\sigma_2\right)R - 1 = 0 \tag{5-34}$$

$$AR^2 + BR - 1 = 0 \tag{5-35}$$

$$R = \frac{-B \pm \sqrt{B^2 + 4A}}{2A} \tag{5-36}$$

$$A = F_{11}\sigma_1^2 + 2F_{12}\sigma_1\sigma_2 + F_{22}\sigma_2^2 + F_{66}\tau_{12}^2 \tag{5-37}$$

$$B = F_1\sigma_1 + F_2\sigma_2 \tag{5-38}$$

由式 (5-35) 可解得两个根，其中一个正根是对应于给定的应力分量的；另一个负根只是表明它的绝对值是对应于与给定应力分量大小相同而符号相反的应力分量的强度比。由此再利用强度比定义式即可求得极限应力各分量，即该施加应力状态下按比例增加时的单层板强度。

依据上述强度比方程及强度比计算方法，参考图 5-11，编写 MATLAB Tsai-Wu 准则函数 TsaiWuCriterion (Sigma,Xt,Xc,Yt,Yc,S)。

函数的具体编写如下：

```
function R=TsaiWuCriterion(Sigma,Xt,Xc,Yt,Yc,S)
%函数功能：基于Tsai-Wu强度准则计算强度比。
%调用格式：TsaiWuCriterion(Sigma,Xt,Xc,Yt,Yc,S)。
%输入参数：Sigma—正轴应力列向量；
%          Xt,Xc,Yt,Yc,S—单层板的基本强度参数。
%运行结果：强度比的数值。
F1=1/Xt-1/Xc;
F2=1/Yt-1/Yc;
F66=1/S^2;
F11=1/(Xt*Xc);
F22=1/(Yt*Yc);
```

```
F12=-1/(2*sqrt(Xt*Xc*Yt*Yc));
A=F11*Sigma(1)^2+2*F12*Sigma(1)*Sigma(2)+F22*Sigma(2)^2+F66*Sigma
    (3)^2;
B=F1*Sigma(1)+F2*Sigma(2);
R=(-B+sqrt(B^2+4*A))/(2*A);
end
```

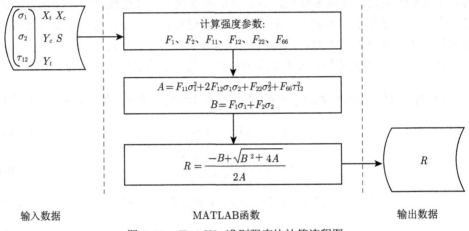

图 5-11　Tsai-Wu 准则强度比计算流程图

例 5-5[25]　同例 5-1，利用 Tsai-Wu 准则求解强度比和承载极限应力。

解　(1) 理论求解

由例 5-1 可知材料主轴方向上的应力分量为

$$\begin{pmatrix} \sigma_1 \\ \sigma_2 \\ \tau_{12} \end{pmatrix} = \begin{pmatrix} 1.7141 \\ -2.7141 \\ -4.1651 \end{pmatrix} \text{MPa}$$

计算强度参数：

$$F_1 = \frac{1}{X_t} - \frac{1}{X_c} = \frac{1}{1500} - \frac{1}{1500} = 0$$

$$F_2 = \frac{1}{Y_t} - \frac{1}{Y_c} = \frac{1}{40} - \frac{1}{246} = 0.0209$$

$$F_{11} = \frac{1}{X_t X_c} = \frac{1}{1500 \times 1500} = 4.4444 \times 10^{-7}$$

$$F_{22} = \frac{1}{Y_t Y_c} = \frac{1}{40 \times 246} = 1.0163 \times 10^{-4}$$

$$F_{66} = \frac{1}{S^2} = \frac{1}{68^2} = 2.1626 \times 10^{-4}$$

$$F_{12} = \frac{F_{12}^*}{\sqrt{X_t X_c Y_t Y_c}} = \frac{-0.5}{\sqrt{1500 \times 1500 \times 40 \times 246}} = -3.3603 \times 10^{-6}$$

计算 A、B 的值:

$$A = F_{11}\sigma_1^2 + 2F_{12}\sigma_1\sigma_2 + F_{22}\sigma_2^2 + F_{66}\tau_{12}^2$$

$$= 4.4444 \times 10^{-7} \times (1.7141)^2 + 2 \times (-3.3603 \times 10^{-6}) \times 1.7141 \times (-2.7141)$$

$$+ 1.0163 \times 10^{-4} \times (-2.7141)^2 + 2.1626 \times 10^{-4} \times (-4.1651)^2$$

$$= 1.3058 \times 10^{-6} + 3.1266 \times 10^{-5} + 7.4864 \times 10^{-4} + 0.0038$$

$$= 0.0045$$

$$B = F_1\sigma_1 + F_2\sigma_2$$

$$= 0 \times 1.7141 + 0.0209 \times (-2.7141)$$

$$= -0.0567$$

计算强度比:

$$R = \frac{-B + \sqrt{B^2 + 4A}}{2A} = \frac{-(-0.0567) + \sqrt{(-0.0567)^2 + 4 \times 0.0045}}{2 \times 0.0045} = 22.4837$$

由强度比定义得到承载极限应力为

$$\begin{pmatrix} \sigma_x \\ \sigma_y \\ \tau_{xy} \end{pmatrix}_{\max} = R \begin{pmatrix} 2 \\ -3 \\ 4 \end{pmatrix} = 22.4837 \times \begin{pmatrix} 2 \\ -3 \\ 4 \end{pmatrix} = \begin{pmatrix} 44.9674 \\ -67.4511 \\ 89.9348 \end{pmatrix} \text{MPa}$$

(2) MATLAB 函数求解

统一单位: MPa。

输入材料基本强度参数: Xt=1500; Xc=1500; Yt=40; Yc=246; S=68;

输入铺层角度: theta=60;

输入偏轴应力: Sigma_X=[2;-3;4];

先调用应力转换函数 StressTransformation(theta,X) 求得正轴应力,再调用 Tsai-Wu 准则函数 TsaiWuCriterion(Sigma,Xt,Xc,Yt,Yc,S) 计算强度比,最后根据强度比定义就可求得极限应力。

遵循上述解题思路,编写 M 文件 Case_5_5.m 如下:

```
clear;clc;close all;
format compact
Xt=1500;  Xc=1500;  Yt=40;  Yc=246;  S=68;
theta=60;
Sigma_X=[2;-3;4];
Sigma=StressTransformation(theta)*Sigma_X;
R=TsaiWuCriterion(Sigma,Xt,Xc,Yt,Yc,S)
MaxStress=R*Sigma_X
```

运行 M 文件 Case_5__5.m，可得到以下结果：

```
R =
   22.3887
MaxStress =
   44.7774
  -67.1662
   89.5549
```

5.2.6　Hashin 强度准则与 MATLAB 函数

Hashin 强度理论包括以下四种破坏模式，即纤维拉伸失效、纤维压缩失效、基体在横向拉伸和剪切下的失效、基体在横向压缩和剪切下的失效。其表达形式为 [32-34]

纤维拉伸失效 ($\sigma_1 \geqslant 0$)：

$$\left(\frac{\sigma_1}{X_t}\right)^2 + \left(\frac{\tau_{12}}{S}\right)^2 = 1 \tag{5-39}$$

纤维压缩失效 ($\sigma_1 < 0$)：

$$\left(\frac{\sigma_1}{X_c}\right)^2 = 1 \tag{5-40}$$

基体拉伸失效 ($\sigma_2 \geqslant 0$)：

$$\left(\frac{\sigma_2}{Y_t}\right)^2 + \left(\frac{\tau_{12}}{S}\right)^2 = 1 \tag{5-41}$$

基体压缩失效 ($\sigma_2 < 0$)：

$$\left(\frac{\sigma_2}{2S}\right)^2 + \left[\left(\frac{Y_c}{2S}\right)^2 - 1\right]\frac{\sigma_2}{Y_c} + \left(\frac{\tau_{12}}{S}\right)^2 = 1 \tag{5-42}$$

Hashin 理论形式简单, 能够区分材料的失效模式, 目前在学术界被广泛使用, 也被植入 ANSYS 等多款计算机辅助工程 (CAE) 软件, 用于复合材料的结构设计和失效分析。

Hashin 强度准则中引入强度比 R, 其失效判据的强度比方程为

纤维拉伸失效 ($\sigma_1 \geqslant 0$):

$$\left[\left(\frac{\sigma_1}{X_t}\right)^2 + \left(\frac{\tau_{12}}{S}\right)^2\right] R_1^2 = 1 \tag{5-43}$$

$$R_1 = \frac{1}{\sqrt{\left(\dfrac{\sigma_1}{X_t}\right)^2 + \left(\dfrac{\tau_{12}}{S}\right)^2}} \tag{5-44}$$

纤维压缩失效 ($\sigma_1 < 0$):

$$\left(\frac{\sigma_1}{X_c}\right)^2 R_1^2 = 1 \tag{5-45}$$

$$R_1 = -\frac{X_c}{\sigma_1} \tag{5-46}$$

基体拉伸失效 ($\sigma_2 \geqslant 0$):

$$\left[\left(\frac{\sigma_2}{Y_t}\right)^2 + \left(\frac{\tau_{12}}{S}\right)^2\right] R_2^2 = 1 \tag{5-47}$$

$$R_2 = \frac{1}{\sqrt{\left(\dfrac{\sigma_2}{Y_t}\right)^2 + \left(\dfrac{\tau_{12}}{S}\right)^2}} \tag{5-48}$$

基体压缩失效 ($\sigma_2 < 0$):

$$\left[\left(\frac{\sigma_2}{2S}\right)^2 + \left(\frac{\tau_{12}}{S}\right)^2\right] R_2^2 + \left[\left(\frac{Y_c}{2S}\right)^2 - 1\right] \frac{\sigma_2}{Y_c} R_2 = 1 \tag{5-49}$$

$$A R_2^2 + B R_2 - 1 = 0 \tag{5-50}$$

$$R_2 = \frac{-B \pm \sqrt{B^2 + 4A}}{2A} \tag{5-51}$$

$$A = \left(\frac{\sigma_2}{2S}\right)^2 + \left(\frac{\tau_{12}}{S}\right)^2 \tag{5-52}$$

$$B = \left[\left(\frac{Y_c}{2S} \right)^2 - 1 \right] \frac{\sigma_2}{Y_c} \qquad (5\text{-}53)$$

其强度比的值为式 (5-44)、式 (5-46)、式 (5-48)、式 (5-51) 中 R 的最小值，即

$$R = \min \left(R_1, R_2 \right) \qquad (5\text{-}54)$$

依据上述强度比方程及强度比取值方法，参考图 5-12，编写 MATLAB Hashin 准则函数 HashinCriterion (Sigma,Xt,Xc,Yt,Yc,S)。

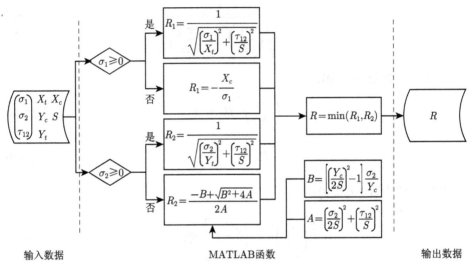

图 5-12   Hashin 准则强度比计算流程图

函数的具体编写如下：

```
function [R,M]=HashinCriterion(Sigma,Xt,Xc,Yt,Yc,S)
%函数功能：基于Hashin强度准则计算强度比。
%调用格式：HashinCriterion(Sigma,Xt,Xc,Yt,Yc,S)。
%输入参数：Sigma—正轴应力列向量；
%         Xt,Xc,Yt,Yc,S—单层板的基本强度参数。
%运行结果：强度比的数值。
if Sigma(1) >= 0
    R(1)=1/sqrt((Sigma(1)/Xt)^2+(Sigma(3)/S)^2);
    Model(1)={'破坏模式：纤维拉伸失效'};
else
    R(1)=Xc/abs(Sigma(1));
    Model(1)={'破坏模式：纤维压缩失效'};
```

```
end
if Sigma(2) >= 0
    R(2)=1/sqrt((Sigma(2)/Yt)^2+(Sigma(3)/S)^2);
    Model(2)={'破坏模式: 基体拉伸失效'};
else
    A=(Sigma(2)/(2*S))^2+(Sigma(3)/S)^2;
    B=((Yc/(2*S))^2-1)*(Sigma(2)/Yc);
    R(2)=(-B+sqrt(B^2+4*A))/(2*A);
    Model(2)={'破坏模式: 基体压缩失效'};
end
[R,I] =min(R);
M=Model(I);
end
```

例 5-6[25]　同例 5-1, 利用 Hashin 准则求解强度比和承载极限应力。

解　(1) 理论求解

由例 5-1 可知材料主轴方向上的应力分量为

$$\begin{pmatrix} \sigma_1 \\ \sigma_2 \\ \tau_{12} \end{pmatrix} = \begin{pmatrix} 1.7141 \\ -2.7141 \\ -4.1651 \end{pmatrix} \text{MPa}$$

由 Hashin 准则, 得到强度比为

$\sigma_1 \geqslant 0 \Rightarrow$

$$R_1 = \frac{1}{\sqrt{\left(\dfrac{\sigma_1}{X_t}\right)^2 + \left(\dfrac{\tau_{12}}{S}\right)^2}} = \frac{1}{\sqrt{\left(\dfrac{1.7141}{1500}\right)^2 + \left(\dfrac{-4.1651}{68}\right)^2}} = 16.3233$$

$\sigma_2 < 0 \Rightarrow$

$$A = \left(\frac{\sigma_2}{2S}\right)^2 + \left(\frac{\tau_{12}}{S}\right)^2 = \left(\frac{-2.7141}{2 \times 68}\right)^2 + \left(\frac{-4.1651}{68}\right)^2 = 0.0042$$

$$B = \left[\left(\frac{Y_c}{2S}\right)^2 - 1\right] \frac{\sigma_2}{Y_c} = \left[\left(\frac{246}{2 \times 68}\right)^2 - 1\right] \times \frac{-2.7141}{246} = -0.0251$$

$$R_2 = \frac{-B + \sqrt{B^2 + 4A}}{2A} = \frac{-(-0.0251) + \sqrt{(-0.0251)^2 + 4 \times 0.0042}}{2 \times 0.0042} = 18.8341$$

$$R = \min\left(\begin{array}{cc} R_1, & R_2 \end{array}\right) = R_1 = 16.3233$$

由强度比定义得到承载极限应力为

$$\begin{pmatrix} \sigma_x \\ \sigma_y \\ \tau_{xy} \end{pmatrix}_{\max} = R \begin{pmatrix} 2 \\ -3 \\ 4 \end{pmatrix} = 16.3233 \times \begin{pmatrix} 2 \\ -3 \\ 4 \end{pmatrix} = \begin{pmatrix} 32.6466 \\ -48.9699 \\ 65.2932 \end{pmatrix} \text{MPa}$$

破坏模式为：纤维拉伸失效。

(2) MATLAB 函数求解

统一单位：MPa。

输入材料基本强度参数：Xt=1500; Xc=1500; Yt=40; Yc=246; S=68;

输入铺层角度：theta=60;

输入偏轴应力：Sigma_X=[2;-3;4];

先调用应力转换函数 StressTransformation(theta,X) 求得正轴应力，再调用 Hashin 准则函数 HashinCriterion(Sigma,Xt,Xc,Yt,Yc,S) 计算强度比，最后根据强度比定义就可求得极限应力。

遵循上述解题思路，编写 M 文件 Case_5_6.m 如下：

```
clear;clc;close all;
format compact
Xt=1500;   Xc=1500;   Yt=40;   Yc=246;   S=68;
theta=60;
Sigma_X=[2;-3;4];
Sigma=StressTransformation(theta)*Sigma_X;
[R,M]=HashinCriterion(Sigma,Xt,Xc,Yt,Yc,S)
MaxStress=R*Sigma_X
```

运行 M 文件 Case_5_6.m，可得到以下结果：

```
R =
   16.3234
M =
   1×1 cell 数组
     {'破坏模式：纤维拉伸失效'}
MaxStress =
   32.6469
  -48.9703
   65.2938
```

5.3 强度理论相关问题的讨论

5.3.1 强度准则的选取原则

前面介绍了几种常见的强度准则,而且用不同的强度准则对同一案例进行强度比和承载极限应力计算 (例 5-1~例 5-6)。现将 MATLAB 计算结果汇总于表 5-2 中。

表 5-2　结果汇总

强度准则	强度比	承载极限应力		
		σ_x	σ_y	τ_{xy}
最大应力强度准则	16.3263	32.6526	-48.9788	65.3051
最大应变强度准则	16.3263	32.6526	-48.9788	65.3051
Tsai-Hill 强度准则	16.0607	32.1214	-48.1821	64.2428
Hoffman 强度准则	22.4894	44.9789	-67.4683	89.9578
Tsai-Wu 强度准则	22.3887	44.7774	-67.1662	89.5549
Hashin 强度准则	16.3234	32.6469	-48.9703	65.2938

由表 5-2 中的数据可以看出,根据不同的强度准则,得出的结果有很大差别。因此有必要对如何选取合适的强度准则做简要讨论。

对于一般平面应力状态下的复合材料单层板,目前还没有哪一种强度准则能够适用于所有情况下的强度分析。试验数据也表明:一方面,某种强度准则对某一类型的复合材料可以给出满意的结果,但不能保证该准则同样适用于其他类型的材料;另一方面,应用在特定的应力状态下适用的某种强度准则,当应力状态发生改变时,可能会得出不太精确的预测结果。通常情况下,应用最大应力准则或最大应变准则是比较简便的。这两个准则既可以用来判定破坏发生与否,在破坏发生或将要发生的情况下,又可用来确定破坏发生的模式,即要么是沿纤维方向的拉、压破坏,要么是横方向上的拉、压破坏,或是 1-2 方向上的剪切破坏。如果破坏条件满足,则判定已发生破坏。若破坏条件不满足,则需要利用其他的考虑应力相互作用的准则进行判定。这是因为,即使单个方向上的应力分量均不超过相应的强度指标,它们共同的作用也有可能使其他强度准则中的破坏指标等于或大于 1。最后需指出的是,应用强度准则进行强度分析所需的五个强度指标 X_t、X_c、Y_t、Y_c、S 的值是在特定条件下由试验测得的。复合材料的强度与工作环境密切相关,某些复合材料单层板的强度在特定的温度、湿度条件下将降低。为了考虑这种影响,需要分析湿热环境对强度的影响效果,同时还应该引入必要的安全系数,以保障复合材料结构的安全 [3]。

5.3.2　正剪切应力与负剪切应力

在材料主轴方向上分别存在正剪切 (图 5-13(a)) 和负剪切 (图 5-14(a)) 作用，而面内剪切强度与剪切应力的符号无关，这可以由图 5-13(b) 和图 5-14(b) 看出。在单层板材料主方向上，作用正或负的剪应力；与主方向成 45° 的单元体上，作用数值等于剪应力的主拉应力和主压应力。联系铺层方向，可以看出两种应力场完全是镜像对称。

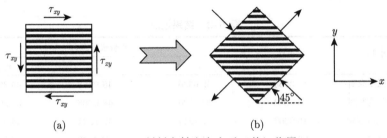

图 5-13　材料主轴方向上受正剪切作用

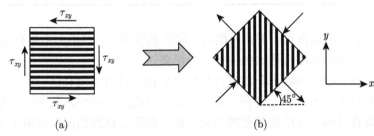

图 5-14　材料主轴方向上受负剪切作用

在非材料主方向受纯剪应力作用，则强度与剪切应力符号有关。

由于复合材料是各向异性的，不同方向的承载能力互不相同，并且在同一方向承受拉伸和压缩载荷的能力也不一样。以常见的玻璃纤维及碳纤维增强树脂基单层复合材料为例，其沿纤维方向 (轴向) 的受拉能力一般高于受压能力，而与纤维垂直的横向承载能力则恰好相反，即横向受压能力高于横向受拉能力。换言之，这类复合材料的轴向拉伸强度一般高于轴向压缩强度，而横向拉伸强度则低于横向压缩强度。因此，如果剪应力并非施加在主轴坐标平面内，那么，该剪应力将分别对单层复合材料的轴向和横向加载，仅加载方向不同，将可能导致复合材料的承载能力大不一样。

图 5-15(a) 所示为单层板受正剪切作用，即 θ 和 τ_{xy} 均为正的情况。图 5-16(a) 所示为单层板受负剪切作用，即 θ 为正，但 τ_{xy} 为负的情况。正剪切和负剪切的

作用效果是不相同的。在 $\theta=45°$ 的特殊情况下：正剪切相当于材料沿纤维方向受拉，而在与纤维垂直的方向上受压，如图 5-15(b) 所示；负剪切相当于材料沿纤维方向受压，而在与纤维垂直的方向上受拉，如图 5-16(b) 所示。

鉴于复合材料的纵向承载能力一般都远高于横向承载能力，对于第一种情形，复合材料恰好能够发挥其纤维方向拉伸强度大的特长。而对于负剪切作用，复合材料在横方向 (基体方向) 上不得不承受拉伸应力作用，导致其强度大为降低。因此，图 5-15(a) 与图 5-16(a) 仅仅存在剪应力方向的差异，而图 5-16(a) 下的承载能力可能要比图 5-15(a) 下的承载能力低数倍。

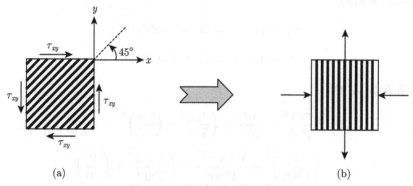

图 5-15　单层板受正剪切作用

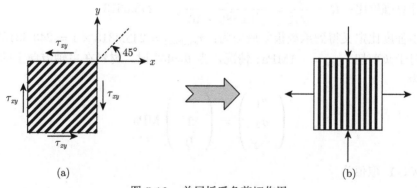

图 5-16　单层板受负剪切作用

例 5-7[3]　对于如图 5-15 和图 5-16 所示正、负剪切作用，由 Tsai-Hill 准则，分别确定临界剪切应力。

材料工程弹性常数为：$E_1=140\text{GPa}$、$E_2=10\text{GPa}$、$\nu_{21}=0.3$、$G_{12}=5\text{GPa}$。

材料基本强度参数为：$X_t=1500\text{MPa}$、$X_c=1200\text{MPa}$、$Y_t=50\text{MPa}$、$Y_c=250\text{MPa}$、

S=70MPa。

解　(1) 理论求解

为了方便后续 MATLAB 函数解题，在此假设 τ_{xy} 的数值为 1MPa。

对于正剪切 (τ_{xy}=1MPa) 情况，当 θ=45° 时，材料在主轴方向上的应力分量为

$$\begin{pmatrix} \sigma_1 \\ \sigma_2 \\ \tau_{12} \end{pmatrix} = \begin{pmatrix} 1 \\ -1 \\ 0 \end{pmatrix} \text{MPa}$$

X、Y 取值为

$$\sigma_1 > 0 \Rightarrow X = X_t = 1500\text{MPa}$$

$$\sigma_2 < 0 \Rightarrow Y = Y_c = 250\text{MPa}$$

计算参数 A 的值：

$$\begin{aligned} A &= \left(\frac{\sigma_1}{X}\right)^2 - \frac{\sigma_1\sigma_2}{X^2} + \left(\frac{\sigma_2}{Y}\right)^2 + \left(\frac{\tau_{12}}{S}\right)^2 \\ &= \left(\frac{1}{1500}\right)^2 - \frac{1 \times (-1)}{1500^2} + \left(\frac{-1}{250}\right)^2 + \left(\frac{0}{70}\right)^2 \\ &= 1.6889 \times 10^{-5} \end{aligned}$$

计算强度比：$R = \dfrac{1}{\sqrt{A}} = \dfrac{1}{\sqrt{1.6889 \times 10^{-5}}} = 243.3313$

由强度比定义得到承载极限应力为：$\tau_{xy,\max} = 243.3313 \times 1 = 243.3313\text{MPa}$

对于负剪切 ($\tau_{xy} = -1$MPa) 情况，当 θ=45° 时，材料在主轴方向上的应力分量为

$$\begin{pmatrix} \sigma_1 \\ \sigma_2 \\ \tau_{12} \end{pmatrix} = \begin{pmatrix} -1 \\ 1 \\ 0 \end{pmatrix} \text{MPa}$$

X、Y 取值为

$$\sigma_1 < 0 \Rightarrow X = X_c = 1200\text{MPa}$$

$$\sigma_2 > 0 \Rightarrow Y = Y_t = 50\text{MPa}$$

计算参数 A 的值：

$$A = \left(\frac{\sigma_1}{X}\right)^2 - \frac{\sigma_1\sigma_2}{X^2} + \left(\frac{\sigma_2}{Y}\right)^2 + \left(\frac{\tau_{12}}{S}\right)^2$$

$$= \left(\frac{-1}{1200}\right)^2 - \frac{(-1)\times 1}{1200^2} + \left(\frac{1}{50}\right)^2 + \left(\frac{0}{70}\right)^2$$

$$= 4.0139 \times 10^{-4}$$

计算强度比：$R = \dfrac{1}{\sqrt{A}} = \dfrac{1}{\sqrt{4.0139 \times 10^{-4}}} = 49.9134$

由强度比定义得到承载极限应力为：$\tau_{xy,\max} = 49.9134 \times (-1) = -49.9134$MPa

(2) MATLAB 函数求解

统一单位：MPa。

输入材料基本强度参数：Xt=1500; Xc=1200; Yt=50; Yc=250; S=70;

输入铺层角度：theta=45;

输入偏轴应力：正剪切时为 Sigma_X=[0;0;1]；负剪切时为 Sigma_X=[0;0;−1];

先调用应力转换函数 StressTransformation(theta,X) 求得正轴应力，再调用 Tsai-Hill 准则函数 TsaiHillCriterion(Sigma,Xt,Xc,Yt,Yc,S) 计算强度比，最后根据强度比定义就可求得极限应力。

遵循上述解题思路，编写 M 文件 Case_5_7.m 如下：

```
clear;clc;close all;
format compact
Xt=1500;  Xc=1200;  Yt=50;  Yc=250;  S=70;
theta=45;
Sigma_X=[0;0;1];
Sigma=StressTransformation(theta)*Sigma_X;
disp('正剪切应力时强度比和承载极限应力:')
R=TsaiHillCriterion(Sigma,Xt,Xc,Yt,Yc,S)
MaxStress=R*Sigma_X
disp('负剪切应力时强度比和承载极限应力:')
clear sigma_x
Sigma_X=[0;0;-1];
Sigma=StressTransformation(theta)*Sigma_X;
R=TsaiHillCriterion(Sigma,Xt,Xc,Yt,Yc,S)
MaxStress=R*Sigma_X
```

运行 M 文件 Case_5_7.m，可得到以下结果：

```
正剪切应力时强度比和承载极限应力:
R =
  243.3321
```

```
MaxStress =
     0
     0
   243.3321
```
负剪切应力时强度比和承载极限应力:
```
R =
    49.9134
MaxStress =
     0
     0
   -49.9134
```

可见材料在负剪切作用下的强度大大低于其在正剪切作用下的强度。因此可以得出结论:不同剪应力方向将导致单层复合材料在主轴坐标平面内承载性质不同,进而引起承载能力的差异。

第 6 章　层合板的弹性特性

在实际工程和各种应用中，复合材料都是以层合板的形式出现的。根据薄板理论和铺层结构形式，可以推导出层合板的本构关系，即内力与变形的关系，如图 6-1 所示。为方便进行材料性能评估和工程设计，本章分别定义了对称层合板的面内及面外工程弹性常数，并编译相应的 MATLAB 函数。

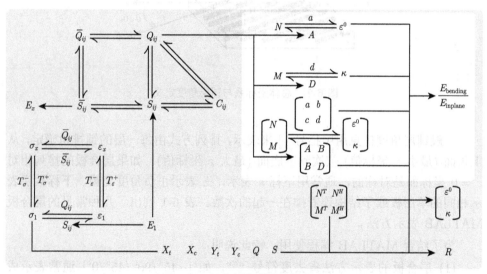

图 6-1　层合板的弹性特性导学

6.1　层合板的相关概念

6.1.1　层合板的表示方法

为了满足设计、制造和力学性能分析的需要，必须简明地表示出层合板中各铺层的方向和层合顺序，故对层合板规定了明确的表示方法。

假定层合板由多个铺层组成，取总体参考坐标系 x-y-z，使得 x-y 面为层合板的中面 (即板厚度的一半位置，未必是在层与层之间的结合面上)，z 为沿板的厚度方向，向下为正。设板的厚度为 h，那么，$z = -0.5h$ 和 $z=0.5h$ 分别就是板的上顶面与板的下底面。在每个铺层内，局部坐标 1(总是沿增强纤维方向) 与

总体坐标 x 的夹角 θ，以从 x 按逆时针方向转到 1 所量过的角度为正，如图 6-2 所示。

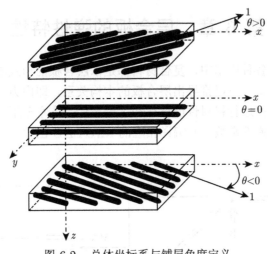

图 6-2　总体坐标系与铺层角度定义

一般铺层角度信息用中括号 [ ] 来表示，排列方式由每一层的铺排角确定，从上顶面 (最小 z 坐标值) 依次到下底面 (最大 z 坐标值)。如果层合板的排列相对 $z = 0$ 坐标面是对称的，通常用下标 s 表示，± 表示正负角度交错，下标数字表示相同的单层板或子结构连着排在一起的次数。表 6-1 列出了几种常见的层合板 MATLAB 表示方法。

为了结合 MATLAB 编程使用，特此说明：

(1) 层合板的表示方法省去度符号 "°"，如 $[-45°/90°/45°/0°]$ 通常表示成 $[-45/90/45/0]$。

(2) MATLAB 编程中不采取任何省略形式，对称层合板全部展开表示，比如 $[0/90]_s$ 在 MATLAB 编程中表示成 $[0/90/90/0]$。

(3) MATLAB 编程中用列向量表示铺层角度，比如 $[0/90]_s$ 在 MATLAB 输入列向量 theta=[0;90;90;0] 表示。

MATLAB 这样定义铺层有以下几个用处：① 可以通过向量坐标位置索引，来确定具体某一铺层的铺层角度；② 通过 length 函数 (最大数组维度的长度) 来获取铺层数量。

例 6-1　已知层合板铺层角度为 $[45/-45/45/-45/0/0]_s$，已知铺层厚度为 $t_k = 0.125$，利用 MATLAB 完成铺层角度的输入，完成第三层和第九层铺层角度提取，确定铺层数量并计算层合板厚度。

表 6-1　层合板的 MATLAB 表示方法

层合板类型		图示	表示方法	MATLAB 输入方式
一般层合板		第一层：−45° 第二层：90° 第三层：30° 第四层：0°	$[-45/90/30/0]$	theta=[−45;90;30;0]
对称层合板	偶数层	第一层：0° 第二层：90° 第三层：90° 第四层：0°	$[0/90]_s$	theta=[0;90;90;0]
	奇数层	第一层：0° 第二层：30° 第三层：90° 第四层：30° 第五层：0°	$[0/30/\overline{90}]_s$	theta=[0;30;90;30;0]
具有连续重复铺层的层合板		第一层：0° 第二层：0° 第三层：0° 第四层：0° 第五层：10°	$[0_4/10]$	theta=[0;0;0;0;10]
具有连续正负铺层的层合板		第一层：45° 第二层：−45° 第三层：90° 第四层：0°	$[\pm45/90/0]$	theta=[45;−45;90;0]
由多个子层板构成的层合板		第一层：45° 第二层：−45° 第三层：45° 第四层：−45°	$[\pm45]_2$	theta=[45;−45;45;−45]

解　根据题意编写 M 文件 Case_6_1.m 如下：

```
clear,clc,close all
format compact
theta=[45;-45;45;-45;0;0;0;0;-45;45;-45;45];
tk=0.125;
theta3=theta(3)
%通过索引获取第九铺层的铺层角度
theta9=theta(9)
%获取铺层数量
```

```
n=length(theta)
%确定层合板厚度
t=n*tk
```

运行 M 文件 Case_6_1.m，可得到以下结果：

```
theta3 =
    45
theta9 =
    -45
n =
    12
t =
    1.5000
```

6.1.2　经典层合板理论基本假设

层合板为薄板，即层合板的厚度与板的长、宽相比小得多，且沿厚度方向的位移与板厚相比小得多。总厚度仍符合薄板假定，即厚度 t 与跨度 L 之比为：$0.020\sim0.010<t/L<0.125\sim0.1$。

为了简化问题，对所研究的层合板作出如下假设：

(1) 由于层合板是由各铺层黏结在一起而成的，假定铺层间黏结层很薄且黏结牢固，没有剪切变形。这样沿层合板横截面上各单层的位移是连续的，铺层间没有滑移。

(2) 整个层合板是等厚度的。

(3) 变形前垂直于中面的直线段，变形后仍垂直于变形后中面，此即直法线不变假定，亦即薄板的 Kirchhoff 直法线假设，且该线段长度不变。

通常在复合材料设计中这样处理是合适的，在上述假定基础上建立的层合板理论称为经典层合板理论 (classical lamination theory，CLT)。这个理论对薄的层合平板、层合曲板或层合壳均适用。

层合板中任意一铺层中的应变为

$$\begin{pmatrix} \varepsilon_x \\ \varepsilon_y \\ \gamma_{xy} \end{pmatrix} = \begin{pmatrix} \varepsilon_x^0 \\ \varepsilon_y^0 \\ \gamma_{xy}^0 \end{pmatrix} + z \begin{pmatrix} \kappa_x \\ \kappa_y \\ \kappa_{xy} \end{pmatrix} \tag{6-1}$$

式中，ε_x^0、ε_y^0 为板中面正应变，如图 6-3(a) 所示；γ_{xy}^0 为板中面切应变，如图 6-3(b) 所示；κ_x、κ_y 为板中面弯曲挠曲率，如图 6-3(c) 所示；κ_{xy} 为板中面扭曲率，如图 6-3(d) 所示。

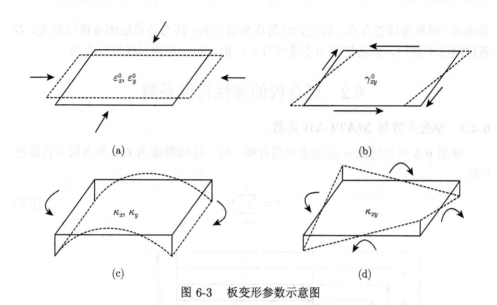

图 6-3　板变形参数示意图

将式 (6-1) 代入铺层应力–应变关系中, 得到该铺层 (假定为层合板的第 k 层) 的应力为

$$\left(\begin{array}{c} \sigma_x \\ \sigma_y \\ \tau_{xy} \end{array}\right)_k = \left(\begin{array}{ccc} \bar{Q}_{11} & \bar{Q}_{12} & \bar{Q}_{16} \\ \bar{Q}_{12} & \bar{Q}_{22} & \bar{Q}_{26} \\ \bar{Q}_{16} & \bar{Q}_{26} & \bar{Q}_{66} \end{array}\right)_k \left(\left(\begin{array}{c} \varepsilon_x^0 \\ \varepsilon_y^0 \\ \gamma_{xy}^0 \end{array}\right) + z \left(\begin{array}{c} \kappa_x \\ \kappa_y \\ \kappa_{xy} \end{array}\right)\right) \qquad (6\text{-}2)$$

因式 (6-2) 最后一项中 z 是变量, κ_x、κ_y、κ_{xy} 对任一 k 层都一样, 所以不标明 k 下标, 只在 $\bar{Q}$ 中标 k 下标, 说明每一层 $\bar{Q}$ 不全相同。

为了更清楚地表示层合板的应力–应变关系, 以一个由 4 个单层板组成的层合板为例, 用图示说明。从图 6-4 可见, 层合板应变由中面应变和弯曲应变两部

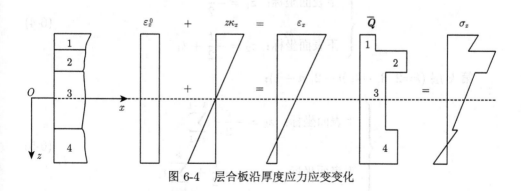

图 6-4　层合板沿厚度应力应变变化

分组成, 沿厚度线性分布。而应力除与应变有关外, 还与各单层刚度特性有关, 若各层刚度不相同, 则各层应力不连续分布, 但在每一层内是线性分布的。

6.2　层合板的弹性特性系数

6.2.1　刚度系数与 MATLAB 函数

如图 6-5 所示的由 n 层组成的层合板, 每一层的厚度为 t_k。那么层合板厚度 t 为

$$t = \sum_{k=1}^{n} t_k \tag{6-3}$$

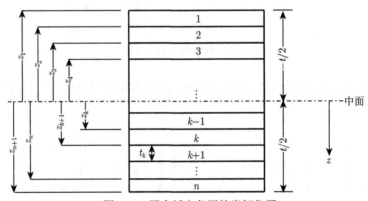

图 6-5　层合板中各层的坐标位置

中面的位置是从层合板的上表面或下表面开始的 $t/2$ 处。任意第 k 层 (上表面、下表面) 的 z 坐标值可以表示为

第 1 层:

$$\begin{cases} \text{上表面坐标:} \ z_1 = -\dfrac{t}{2} \\[3mm] \text{下表面坐标:} \ z_2 = -\dfrac{t}{2} + t_1 \end{cases} \tag{6-4}$$

第 k 层 ($k=2, 3, \cdots, n-2, n-1$):

$$\begin{cases} \text{上表面坐标:} \ z_k = -\dfrac{t}{2} + \displaystyle\sum_{i=1}^{k-1} t_i \\[5mm] \text{下表面坐标:} \ z_{k+1} = -\dfrac{t}{2} + \displaystyle\sum_{i=1}^{k} t_i \end{cases} \tag{6-5}$$

第 n 层：

$$\begin{cases} \text{上表面坐标：} z_n = \dfrac{t}{2} - t_n \\[3mm] \text{下表面坐标：} z_{n+1} = \dfrac{t}{2} \end{cases} \tag{6-6}$$

之所以如此定义铺层几何坐标位置，主要考虑到 MATLAB 编程时，可以利用行向量数组进行坐标位置管理，其次在使用时便于坐标位置的提取。

例 6-2 已知层合板铺层角度为 $[45/-45/45/-45/0/0]$，已知铺层厚度为 $t_k = 0.125\text{mm}$，利用 MATLAB 完成层合板铺层的几何参数的计算，并提取第三层和第五层铺层上、下表面的坐标值。

解 通过计算可以得到图 6-6 层合板铺层坐标值。

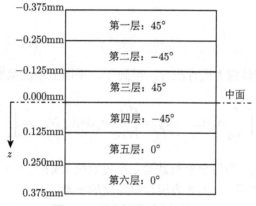

图 6-6 层合板铺层坐标值

根据题意编写 M 文件 Case_6_2.m 如下：

```
clear,clc,close all
format compact
theta=[45;-45;45;-45;0;0];
tk=0.125;
n=length(theta);
%层合板铺层的几何参数的计算
z=-n*tk/2:tk:n*tk/2
%第三铺层上表面的坐标值
z3_up=z(3)
%第三铺层下表面的坐标值
z3_down=z(3+1)
%第五铺层上表面的坐标值
```

```
z5_up=z(5)
%第五铺层下表面的坐标值
z5_down=z(5+1)
```

运行 M 文件 Case_6_2.m，可得到以下结果：

```
z =
   -0.3750   -0.2500   -0.1250        0    0.1250    0.2500
    0.3750
z3_up =
   -0.1250
z3_down =
        0
z5_up =
    0.1250
z5_down =
    0.2500
```

对每一层的整体应力进行积分，得到 x-y 平面上单位宽度 (或长度) 的合力：

$$N_x = \int_{-t/2}^{t/2} \sigma_x \mathrm{d}z, \quad N_y = \int_{-t/2}^{t/2} \sigma_y \mathrm{d}z, \quad N_{xy} = \int_{-t/2}^{t/2} \tau_{xy} \mathrm{d}z \tag{6-7}$$

式中，N_x、N_y、N_{xy} 为层合板横截面上单位宽度 (或长度) 上的内力 (拉、压力或剪切力)，如图 6-7 所示；$t/2$ 为层合板厚度的一半。

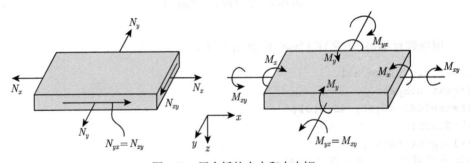

图 6-7　层合板的内力和内力矩

同理，对每层的整体应力进行积分，得到 x-y 平面上单位宽度的弯矩：

$$M_x = \int_{-t/2}^{t/2} \sigma_x z \mathrm{d}z, \quad M_y = \int_{-t/2}^{t/2} \sigma_y z \mathrm{d}z, \quad M_{xy} = \int_{-t/2}^{t/2} \tau_{xy} z \mathrm{d}z \tag{6-8}$$

式中, M_x、M_y、M_{xy} 为层合板横截面上单位宽度的内力矩 (弯矩或扭矩), 如图 6-7 所示。

式 (6-7) 和式 (6-8) 在层合板中产生的力和力矩可用矩阵形式表示为

$$\begin{pmatrix} N_x \\ N_y \\ N_{xy} \end{pmatrix} = \int_{-t/2}^{t/2} \begin{pmatrix} \sigma_x \\ \sigma_y \\ \tau_{xy} \end{pmatrix} \mathrm{d}z, \quad \begin{pmatrix} M_x \\ M_y \\ M_{xy} \end{pmatrix} = \int_{-t/2}^{t/2} \begin{pmatrix} \sigma_x \\ \sigma_y \\ \tau_{xy} \end{pmatrix} z\mathrm{d}z \quad (6\text{-}9)$$

由于层合板的应力不是连续分布的, 只能分层积分, 取如图 6-5 所示各单层的 z 坐标, 则上式可写成下列形式:

$$\begin{pmatrix} N_x \\ N_y \\ N_{xy} \end{pmatrix} = \sum_{k=1}^{n} \int_{z_k}^{z_{k+1}} \begin{pmatrix} \sigma_x \\ \sigma_y \\ \tau_{xy} \end{pmatrix}_k \mathrm{d}z, \quad \begin{pmatrix} M_x \\ M_y \\ M_{xy} \end{pmatrix} = \sum_{k=1}^{n} \int_{z_k}^{z_{k+1}} \begin{pmatrix} \sigma_x \\ \sigma_y \\ \tau_{xy} \end{pmatrix}_k z\mathrm{d}z$$

$$(6\text{-}10)$$

将式 (6-2) 代入式 (6-10), 则得内力、内力矩与应变的关系为

$$\begin{pmatrix} N_x \\ N_y \\ N_{xy} \end{pmatrix} = \sum_{k=1}^{n} \begin{pmatrix} \bar{Q}_{11} & \bar{Q}_{12} & \bar{Q}_{16} \\ \bar{Q}_{12} & \bar{Q}_{22} & \bar{Q}_{26} \\ \bar{Q}_{16} & \bar{Q}_{26} & \bar{Q}_{66} \end{pmatrix}_k \left(\int_{z_k}^{z_{k+1}} \begin{pmatrix} \varepsilon_x^0 \\ \varepsilon_y^0 \\ \gamma_{xy}^0 \end{pmatrix} \mathrm{d}z + \int_{z_k}^{z_{k+1}} \begin{pmatrix} \kappa_x \\ \kappa_y \\ \kappa_{xy} \end{pmatrix} z\mathrm{d}z \right)$$

$$\begin{pmatrix} M_x \\ M_y \\ M_{xy} \end{pmatrix} = \sum_{k=1}^{n} \begin{pmatrix} \bar{Q}_{11} & \bar{Q}_{12} & \bar{Q}_{16} \\ \bar{Q}_{12} & \bar{Q}_{22} & \bar{Q}_{26} \\ \bar{Q}_{16} & \bar{Q}_{26} & \bar{Q}_{66} \end{pmatrix}_k \left(\int_{z_k}^{z_{k+1}} \begin{pmatrix} \varepsilon_x^0 \\ \varepsilon_y^0 \\ \gamma_{xy}^0 \end{pmatrix} z\mathrm{d}z + \int_{z_k}^{z_{k+1}} \begin{pmatrix} \kappa_x \\ \kappa_y \\ \kappa_{xy} \end{pmatrix} z^2\mathrm{d}z \right)$$

$$(6\text{-}11)$$

由于 ε_x^0、ε_y^0、γ_{xy}^0 为中面应变, κ_x、κ_y、κ_{xy} 为中面曲率、扭曲率, 它们与 z 无关, 则上式积分展开后有

$$\begin{pmatrix} N_x \\ N_y \\ N_{xy} \\ \hline M_x \\ M_y \\ M_{xy} \end{pmatrix} = \left(\begin{array}{ccc|ccc} A_{11} & A_{12} & A_{16} & B_{11} & B_{12} & B_{16} \\ A_{12} & A_{22} & A_{26} & B_{12} & B_{22} & B_{26} \\ A_{16} & A_{26} & A_{66} & B_{16} & B_{26} & B_{66} \\ \hline B_{11} & B_{12} & B_{16} & D_{11} & D_{12} & D_{16} \\ B_{12} & B_{22} & B_{26} & D_{12} & D_{22} & D_{26} \\ B_{16} & B_{26} & B_{66} & D_{16} & D_{26} & D_{66} \end{array} \right) \begin{pmatrix} \varepsilon_x^0 \\ \varepsilon_y^0 \\ \gamma_{xy}^0 \\ \hline \kappa_x \\ \kappa_y \\ \kappa_{xy} \end{pmatrix} \quad (6\text{-}12)$$

式中, 子矩阵 $\boldsymbol{A}$、$\boldsymbol{B}$、$\boldsymbol{D}$ 分别称为拉伸刚度系数矩阵、耦合刚度系数矩阵、弯曲刚度系数矩阵。各耦合刚度系数在矩阵中的位置见图 6-8。它们都是对称矩阵。由

它们构成的 6×6 矩阵也是对称矩阵。各刚度矩阵的元，即诸刚度系数 A_{ij}、B_{ij}、D_{ij} 的计算公式为

$$A_{ij} = \sum_{k=1}^{n} \left(\bar{Q}_{ij}\right)_k \left(z_{k+1} - z_k\right)$$

$$B_{ij} = \frac{1}{2}\sum_{k=1}^{n} \left(\bar{Q}_{ij}\right)_k \left(z_{k+1}^2 - z_k^2\right) \qquad (6\text{-}13)$$

$$D_{ij} = \frac{1}{3}\sum_{k=1}^{n} \left(\bar{Q}_{ij}\right)_k \left(z_{k+1}^3 - z_k^3\right)$$

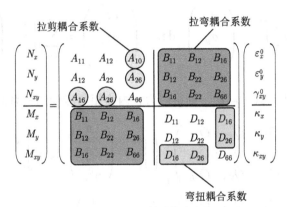

图 6-8　刚度系数含义

由式 (6-7)~ 式 (6-13) 可见，A_{ij} 只是面向内力与中面应变有关的刚度系数，与铺层次序无关，统称为拉伸刚度系数；B_{ij}、D_{ij} 与铺层次序有关，其中 D_{ij} 只是内力矩与曲率及扭曲率有关的刚度系数，统称为弯曲刚度系数；而 B_{ij} 表示扭转、弯曲、拉伸之间有耦合关系，统称为耦合刚度系数。

依据上述 $\boldsymbol{A}$、$\boldsymbol{B}$、$\boldsymbol{D}$ 刚度矩阵计算公式，编写 MATLAB 函数 LaminateStiffness(E1,E2,v21,G12,tk,theta)。

函数的具体编写如下：

```
function [A,B,D]=LaminateStiffness(E1,E2,v21,G12,tk,theta)
%函数功能：计算层合板的刚度系数矩阵[A]、[B]、[D]。
%调用格式：[A,B,D]=LaminateStiffness(E1,E2,v21,G12,tk,theta)
%          E1,E2,v21,G12—材料工程弹性常数。
%          tk—铺层厚度，且每层铺层厚度一样。
%输入参数：theta—铺层角度，输入时用向量表示。
%运行结果：[A]、[B]、[D]刚度系数矩阵，每个矩阵大小为3×3。
```

```
n=length(theta);
z=-n*tk/2:tk:n*tk/2;
A=zeros(3);B=zeros(3);D=zeros(3);
for i=1:n
   Q(:,:,i)=PlaneStiffness(E1,E2,v21,G12,theta(i));
   A=Q(:,:,i)*(z(i+1)-z(i))+A;
   B=0.5*Q(:,:,i)*(z(i+1)^2-z(i)^2)+B;
   D=(1/3)*Q(:,:,i)*(z(i+1)^3-z(i)^3)+D;
end
end
```

例 6-3[25] 已知单层板的弹性常数为：E_1=181GPa、E_2=10.3GPa、ν_{21}=0.28、G_{12}=7.17GPa。每层厚 5mm，求三层层合板 [0/30/−45](图 6-9) 的刚度系数矩阵 **A**、**B**、**D**。

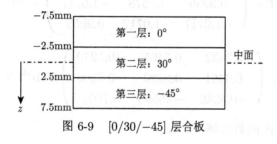

图 6-9   [0/30/−45] 层合板

解 (1) 理论求解

① 计算铺层正轴刚度矩阵

$$Q = \begin{pmatrix} 181.8 & 2.897 & 0 \\ 2.897 & 10.35 & 0 \\ 0 & 0 & 7.17 \end{pmatrix} \text{GPa}$$

② 计算铺层偏轴刚度矩阵

$$\bar{Q}_{0°} = \begin{pmatrix} 181.8 & 2.897 & 0 \\ 2.897 & 10.35 & 0 \\ 0 & 0 & 7.17 \end{pmatrix} \text{GPa}$$

$$\bar{Q}_{30°} = \begin{pmatrix} 109.4 & 32.46 & 54.19 \\ 32.46 & 23.65 & 20.05 \\ 54.19 & 20.05 & 36.74 \end{pmatrix} \text{GPa}$$

$$\bar{Q}_{-45°} = \begin{pmatrix} 56.66 & 42.32 & -42.87 \\ 42.32 & 56.66 & -42.87 \\ -42.87 & -42.87 & 46.59 \end{pmatrix} \text{GPa}$$

③ 计算铺层的几何坐标参数：$z_1 = -7.5\text{mm}$、$z_2 = -2.5\text{mm}$、$z_3 = 2.5\text{mm}$、$z_4 = 7.5\text{mm}$

④ 计算层合板刚度系数矩阵

$$A = \begin{pmatrix} 1.7392 & 0.3884 & 0.0566 \\ 0.3884 & 0.4533 & -0.1141 \\ 0.0566 & -0.1141 & 0.4525 \end{pmatrix} \times 10^3 \text{kN/mm}$$

$$B = \begin{pmatrix} -3.1288 & 0.9855 & -1.0717 \\ 0.9855 & 1.1578 & -1.0717 \\ -1.0717 & -1.0717 & 0.9855 \end{pmatrix} \times 10^3 \text{kN}$$

$$D = \begin{pmatrix} 3.3432 & 0.6461 & -0.5240 \\ 0.6461 & 0.9320 & -0.5596 \\ -0.5240 & -0.5596 & 0.7663 \end{pmatrix} \times 10^4 \text{kN} \cdot \text{mm}$$

(2) MATLAB 函数求解

统一单位：kN、mm、GPa。

输入材料工程弹性常数：E1=181; E2=10.3; v21=0.28; G12=7.17;

输入铺层厚度：tk=5;

输入铺层角度：theta=[0;30;-45];

调用 LaminateStiffness(E1,E2,v21,G12,tk,theta) 函数即可计算刚度系数矩阵 A、B、D。

遵循上述解题思路，编写 M 文件 Case_6_3.m 如下：

```
clc,clear,close all;
format compact
E1=181;  E2=10.3;  v21=0.28;  G12=7.17;
theta=[0;30;-45];
tk=5;
[A,B,D]=LaminateStiffness(E1,E2,v21,G12,tk,theta)
```

运行 M 文件 Case_6_3.m，可得到以下结果：

```
A =
   1.0e+03 *
```

```
   1.7392      0.3884      0.0566
   0.3884      0.4533     -0.1141
   0.0566     -0.1141      0.4525
B =
   1.0e+03 *
  -3.1288      0.9855     -1.0717
   0.9855      1.1578     -1.0717
  -1.0717     -1.0717      0.9855
D =
   1.0e+04 *
   3.3432      0.6461     -0.5240
   0.6461      0.9320     -0.5596
  -0.5240     -0.5596      0.7663
```

6.2.2 柔度系数与 MATLAB 函数

层合板的本构关系如式 (6-12) 所示，层合板内各处的应变随坐标 z 线性变化，按式 (6-1) 计算。要计算层合板内各单层板的应力应变，首先要求解出层合板的中面应变和中面曲率，即反向求解式 (6-12)。

若是对称层合板，其耦合刚度矩阵 $\boldsymbol{B}$ 恒等于零，式 (6-12) 变为

$$
\begin{pmatrix} N_x \\ N_y \\ N_{xy} \end{pmatrix} = \begin{pmatrix} A_{11} & A_{12} & A_{16} \\ A_{12} & A_{22} & A_{26} \\ A_{16} & A_{26} & A_{66} \end{pmatrix} \begin{pmatrix} \varepsilon_x^0 \\ \varepsilon_y^0 \\ \gamma_{xy}^0 \end{pmatrix}
$$

$$
\begin{pmatrix} M_x \\ M_y \\ M_{xy} \end{pmatrix} = \begin{pmatrix} D_{11} & D_{12} & D_{16} \\ D_{12} & D_{22} & D_{26} \\ D_{16} & D_{26} & D_{66} \end{pmatrix} \begin{pmatrix} \kappa_x \\ \kappa_y \\ \kappa_{xy} \end{pmatrix} \tag{6-14}
$$

由此解得

$$
\begin{pmatrix} \varepsilon_x^0 \\ \varepsilon_y^0 \\ \gamma_{xy}^0 \end{pmatrix} = \begin{pmatrix} A_{11} & A_{12} & A_{16} \\ A_{12} & A_{22} & A_{26} \\ A_{16} & A_{26} & A_{66} \end{pmatrix}^{-1} \begin{pmatrix} N_x \\ N_y \\ N_{xy} \end{pmatrix} = \begin{pmatrix} a_{11} & a_{12} & a_{16} \\ a_{12} & a_{22} & a_{26} \\ a_{16} & a_{26} & a_{66} \end{pmatrix} \begin{pmatrix} N_x \\ N_y \\ N_{xy} \end{pmatrix} \tag{6-15}
$$

$$
\begin{pmatrix} \kappa_x \\ \kappa_y \\ \kappa_{xy} \end{pmatrix} = \begin{pmatrix} D_{11} & D_{12} & D_{16} \\ D_{12} & D_{22} & D_{26} \\ D_{16} & D_{26} & D_{66} \end{pmatrix}^{-1} \begin{pmatrix} M_x \\ M_y \\ M_{xy} \end{pmatrix} = \begin{pmatrix} d_{11} & d_{12} & d_{16} \\ d_{12} & d_{22} & d_{26} \\ d_{16} & d_{26} & d_{66} \end{pmatrix} \begin{pmatrix} M_x \\ M_y \\ M_{xy} \end{pmatrix} \tag{6-16}
$$

只需求解两个 3×3 矩阵的逆矩阵，这个计算较容易。若层合板是非对称的，其耦合刚度矩阵 $\boldsymbol{B}$ 一般不为零，直接反演式 (6-12)，需要求解 6×6 矩阵的逆矩阵。得到的结果为

$$
\begin{pmatrix}
\varepsilon_x^0 \\
\varepsilon_y^0 \\
\gamma_{xy}^0 \\
\hline
\kappa_x \\
\kappa_y \\
\kappa_{xy}
\end{pmatrix}
=
\left(
\begin{array}{ccc|ccc}
a_{11} & a_{12} & a_{16} & b_{11} & b_{12} & b_{16} \\
a_{12} & a_{22} & a_{26} & b_{21} & b_{22} & b_{26} \\
a_{16} & a_{26} & a_{66} & b_{61} & b_{62} & b_{66} \\
\hline
c_{11} & c_{12} & c_{16} & d_{11} & d_{12} & d_{16} \\
c_{21} & c_{22} & c_{26} & d_{12} & d_{22} & d_{26} \\
c_{61} & c_{62} & c_{66} & d_{16} & d_{26} & d_{66}
\end{array}
\right)
\begin{pmatrix}
N_x \\
N_y \\
N_{xy} \\
\hline
M_x \\
M_y \\
M_{xy}
\end{pmatrix}
\tag{6-17}
$$

式中，矩阵 $\boldsymbol{a}$ 为面内柔度矩阵，$\boldsymbol{b}$、$\boldsymbol{c}$ 为耦合柔度矩阵，$\boldsymbol{d}$ 为弯曲柔度矩阵。具体柔度系数矩阵与刚度系数矩阵的关系如下：

$$
\begin{aligned}
\boldsymbol{a} &= \boldsymbol{A}^{-1} + \boldsymbol{A}^{-1}\boldsymbol{B}\left(\boldsymbol{D} - \boldsymbol{B}\boldsymbol{A}^{-1}\boldsymbol{B}\right)^{-1}\boldsymbol{B}\boldsymbol{A}^{-1} \\
\boldsymbol{b} &= -\boldsymbol{A}^{-1}\boldsymbol{B}\left(\boldsymbol{D} - \boldsymbol{B}\boldsymbol{A}^{-1}\boldsymbol{B}\right)^{-1} \\
\boldsymbol{c} &= -\left(\boldsymbol{D} - \boldsymbol{B}\boldsymbol{A}^{-1}\boldsymbol{B}\right)^{-1}\boldsymbol{B}\boldsymbol{A}^{-1} \\
\boldsymbol{d} &= \left(\boldsymbol{D} - \boldsymbol{B}\boldsymbol{A}^{-1}\boldsymbol{B}\right)^{-1}
\end{aligned}
\tag{6-18}
$$

考虑到 MATLAB 强大的矩阵计算能力，这里采用直接对 6×6 刚度系数矩阵求逆的方式，求解柔度系数矩阵，然后将求得的系数矩阵进行分块，即可求得柔度系数矩阵 $\boldsymbol{a}$、$\boldsymbol{b}$、$\boldsymbol{c}$、$\boldsymbol{d}$，据此编写 MATLAB 函数 LaminateCompliance (E1,E2,v21,G12,tk,theta)。

函数的具体编写如下：

```
function [a,b,c,d]=LaminateCompliance(E1,E2,v21,G12,tk,theta)
%函数功能：计算层合板的柔度系数矩阵[a]、[b]、[c]、[d]。
%调用格式：[a,b,c,d]= LaminateCompliance(E1,E2,v21,G12,tk,theta)
%输入参数：theta—铺层角度，输入时用向量表示。
%          tk—铺层厚度，且每层铺层厚度一样。
%          E1,E2,v21,G12—材料工程弹性常数。
%运行结果：[a]、[b]、[c]、[d]柔度系数矩阵，每个矩阵大小为3×3。
[A,B,D]=LaminateStiffness(E1,E2,v21,G12,tk,theta);
S=inv([A,B;B,D]);
a=S(1:3,1:3);
b=S(1:3,4:6);
```

```
c=S(4:6,1:3);
d=S(4:6,4:6);
end
```

例 6-4[35]　计算铺层角度为 $[0/\pm30/90]$ 层合板 (图 6-10) 的刚度系数矩阵 $\boldsymbol{A}$、$\boldsymbol{B}$、$\boldsymbol{D}$ 和柔度系数矩阵 $\boldsymbol{a}$、$\boldsymbol{b}$、$\boldsymbol{c}$、$\boldsymbol{d}$,其材料弹性常数为:$E_1=147\mathrm{GPa}$、$E_2=10.3\mathrm{GPa}$、$\nu_{12}=0.02$、$G_{12}=7\mathrm{GPa}$,铺层厚度为 $0.127\mathrm{mm}$。

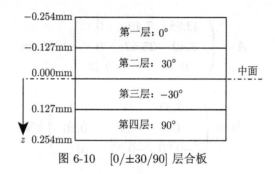

图 6-10　$[0/\pm30/90]$ 层合板

解　(1) 理论求解

① 计算铺层正轴刚度矩阵

$$\boldsymbol{Q} = \begin{pmatrix} 147.8 & 2.957 & 0 \\ 2.957 & 10.36 & 0 \\ 0 & 0 & 7.00 \end{pmatrix} \mathrm{GPa}$$

② 计算铺层偏轴刚度矩阵

$$\bar{\boldsymbol{Q}}_{0°} = \begin{pmatrix} 147.8 & 2.957 & 0 \\ 2.957 & 10.36 & 0 \\ 0 & 0 & 7.00 \end{pmatrix} \mathrm{GPa}$$

$$\bar{\boldsymbol{Q}}_{30°} = \begin{pmatrix} 90.17 & 26.26 & 43.22 \\ 26.26 & 21.43 & 16.31 \\ 43.22 & 16.31 & 30.30 \end{pmatrix} \mathrm{GPa}$$

$$\bar{\boldsymbol{Q}}_{-30°} = \begin{pmatrix} 90.17 & 26.26 & -43.22 \\ 26.26 & 21.43 & -16.31 \\ -43.22 & -16.31 & 30.30 \end{pmatrix} \mathrm{GPa}$$

$$\bar{Q}_{90°} = \begin{pmatrix} 10.36 & 2.957 & 0 \\ 2.957 & 147.8 & 0 \\ 0 & 0 & 7.00 \end{pmatrix} \text{GPa}$$

③ 计算铺层的几何坐标参数：$z_1 = -0.254\text{mm}$、$z_2 = -0.127\text{mm}$、$z_3 = 0\text{mm}$、$z_4 = 0.127\text{mm}$、$z_5 = 0.254\text{mm}$

④ 计算层合板刚度系数矩阵

$$A = \begin{pmatrix} 42.98 & 7.40 & 0 \\ 7.40 & 25.52 & 0 \\ 0 & 0 & 9.48 \end{pmatrix} \text{kN/mm}$$

$$B = \begin{pmatrix} -3.33 & 0 & -0.70 \\ 0 & 3.33 & -0.26 \\ -0.70 & -0.26 & 0 \end{pmatrix} \text{kN}$$

$$D = \begin{pmatrix} 0.88 & 0.06 & 0 \\ 0.06 & 0.79 & 0 \\ 0 & 0 & 0.11 \end{pmatrix} \text{kN} \cdot \text{mm}$$

⑤ 计算层合板柔度系数矩阵

$$a = \begin{pmatrix} 4.39 & -2.04 & 1.48 \\ -2.04 & 10.36 & -1.65 \\ 1.48 & -1.65 & 11.87 \end{pmatrix} \times 10^{-2} \text{mm/kN}$$

$$b = \begin{pmatrix} 17.21 & 7.75 & 23.28 \\ -5.85 & -43.96 & 12.00 \\ 14.31 & 9.8 & 5.53 \end{pmatrix} \times 10^{-2} \text{kN}^{-1}$$

$$c = \begin{pmatrix} 17.21 & -5.85 & 14.31 \\ 7.75 & -43.96 & 9.80 \\ 23.28 & 12.00 & 5.53 \end{pmatrix} \times 10^{-2} \text{kN}^{-1}$$

$$d = \begin{pmatrix} 1.89 & 0.14 & 0.97 \\ 0.14 & 3.16 & -0.57 \\ 0.97 & -0.57 & 11.02 \end{pmatrix} (\text{kN} \cdot \text{mm})^{-1}$$

(2) MATLAB 函数求解

统一单位：kN、mm、GPa。

输入材料工程弹性常数：E1=147; E2=10.3; v21=0.28; G12=7;

输入铺层厚度：tk=0.127;

输入铺层角度：theta=[0;30;−30;90];

调用 LaminateStiffness(E1,E2,v21,G12,tk,theta) 函数即可计算刚度系数矩阵 $\boldsymbol{A}$、$\boldsymbol{B}$、$\boldsymbol{D}$，然后调用 LaminateCompliance(E1,E2,v21,G12,tk,theta) 求解柔度系数矩阵 $\boldsymbol{a}$、$\boldsymbol{b}$、$\boldsymbol{c}$、$\boldsymbol{d}$。

遵循上述解题思路，编写 M 文件 Case_6_4.m 如下：

```
clc,clear,close all;
format compact
E1=147;  E2=10.3;  v21=0.28;  G12=7;
theta=[0;30;-30;90];
tk=0.127;
[A,B,D] = LaminateStiffness(E1,E2,v21,G12,tk,theta)
[a,b,c,d]= LaminateCompliance(E1,E2,v21,G12,tk,theta)
```

运行 M 文件 Case_6_4.m，可得到以下结果：

```
A =
   42.9802    7.3962         0
    7.3962   25.5234         0
         0         0    9.4791
B =
   -3.3255    0.0000   -0.6971
    0.0000    3.3255   -0.2628
   -0.6971   -0.2628         0
D =
    0.8791    0.0635         0
    0.0635    0.7852         0
         0         0    0.1083
a =
    0.0439   -0.0204    0.0148
   -0.0204    0.1036   -0.0165
    0.0148   -0.0165    0.1187
b =
    0.1721    0.0775    0.2328
   -0.0585   -0.4396    0.1200
    0.1431    0.0980    0.0553
c =
```

$$
\begin{array}{ccc}
0.1721 & -0.0585 & 0.1431 \\
0.0775 & -0.4396 & 0.0980 \\
0.2328 & 0.1200 & 0.0553 \\
1.8919 & 0.1427 & 0.9658 \\
0.1427 & 3.1565 & -0.5681 \\
0.9658 & -0.5681 & 11.0221
\end{array}
$$

$d =$

例 6-5[28]　计算铺层角度为 $[0_{10}/45_{10}]$ 层合板 (图 6-11) 的刚度系数矩阵 **A**、**B**、**D** 和柔度系数矩阵 **a**、**b**、**c**、**d**，其材料工程弹性常数为：$E_1=148\mathrm{GPa}$、$E_2=9.65\mathrm{GPa}$、$\nu_{21}=0.3$、$G_{12}=4.55\mathrm{GPa}$，铺层厚度为 0.1mm。

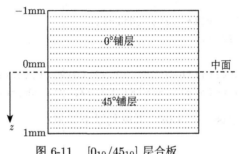

图 6-11　$[0_{10}/45_{10}]$ 层合板

解　(1) 理论求解

采用传统方法计算，可以把 $[0_{10}/45_{10}]$ 层合板 (铺层厚度为 0.1mm) 看作 $[0/45]$ 层合板 (铺层厚度为 1mm)。

① 计算铺层正轴刚度矩阵

$$
\boldsymbol{Q} = \begin{pmatrix}
148.7 & 2.91 & 0 \\
2.91 & 9.71 & 0 \\
0 & 0 & 4.55
\end{pmatrix} \mathrm{GPa}
$$

② 计算铺层偏轴刚度矩阵

$$
\bar{\boldsymbol{Q}}_{0^\circ} = \begin{pmatrix}
148.7 & 2.91 & 0 \\
2.91 & 9.71 & 0 \\
0 & 0 & 4.55
\end{pmatrix} \mathrm{GPa}
$$

$$
\bar{\boldsymbol{Q}}_{45^\circ} = \begin{pmatrix}
45.65 & 36.55 & 34.79 \\
36.55 & 45.65 & 34.79 \\
34.79 & 34.79 & 38.19
\end{pmatrix} \mathrm{GPa}
$$

③ 计算铺层的几何坐标参数：$z_1 = -1\text{mm}$、$z_2 = 0\text{mm}$、$z_3 = 1\text{mm}$

④ 计算层合板刚度系数矩阵

$$A = \begin{pmatrix} 194.52 & 39.46 & 34.79 \\ 39.46 & 55.36 & 34.79 \\ 34.79 & 34.79 & 42.74 \end{pmatrix} \text{kN/mm}$$

$$B = \begin{pmatrix} -51.61 & 16.82 & 17.40 \\ 16.82 & 17.97 & 17.40 \\ 17.40 & 17.40 & 16.82 \end{pmatrix} \text{kN}$$

$$D = \begin{pmatrix} 64.84 & 13.15 & 11.60 \\ 13.15 & 18.45 & 11.60 \\ 11.60 & 11.60 & 14.25 \end{pmatrix} \text{kN} \cdot \text{mm}$$

⑤ 计算层合板柔度系数矩阵

$$a = \begin{pmatrix} 0.0134 & -0.0049 & -0.0071 \\ -0.0049 & 0.0418 & -0.0212 \\ -0.0071 & -0.0212 & 0.0650 \end{pmatrix} \text{mm/kN}$$

$$b = \begin{pmatrix} 0.0171 & -0.0060 & -0.0111 \\ -0.0060 & -0.0050 & -0.0111 \\ -0.0111 & -0.0111 & -0.0240 \end{pmatrix} \text{kN}^{-1}$$

$$c = \begin{pmatrix} 0.0171 & -0.0060 & -0.0111 \\ -0.0060 & -0.0050 & -0.0111 \\ -0.0111 & -0.0111 & -0.0240 \end{pmatrix} \text{kN}^{-1}$$

$$d = \begin{pmatrix} 0.0403 & -0.0146 & -0.0214 \\ -0.0146 & 0.1254 & -0.0637 \\ -0.0214 & -0.0637 & 0.1949 \end{pmatrix} (\text{kN} \cdot \text{mm})^{-1}$$

(2) MATLAB 函数求解

统一单位：kN、mm、GPa。

输入材料工程弹性常数：E1=148; E2=9.65; v21=0.3; G12=4.55;

输入铺层角度：theta=[0;0;0;0;0;0;0;0;0;0;45;45;45;45;45;45;45;45;45;45];

　　输入铺层厚度：tk=0.1;

　　调用 LaminateStiffness(E1,E2,v21,G12,tk,theta) 函数即可计算刚度系数矩阵 A、B、D，然后调用 LaminateCompliance(E1,E2,v21,G12,tk,theta) 求解柔度系数矩阵 a、b、c、d。

　　遵循上述解题思路，编写 M 文件 Case_6_5.m 如下：

```
clc,clear,close all;
format compact
E1=148;  E2=9.65;  v21=0.3;  G12=4.55;
theta=[0;0;0;0;0;0;0;0;0;0;45;45;45;45;45;45;45;45;45;45];
tk=0.1;
[A,B,D] = LaminateStiffness(E1,E2,v21,G12,tk,theta)
[a,b,c,d]= LaminateCompliance(E1,E2,v21,G12,tk,theta)
```

　　运行 M 文件 Case_6_5.m，可得到以下结果：

```
A =
  194.5248    39.4633    34.7917
   39.4633    55.3582    34.7917
   34.7917    34.7917    42.7391
B =
  -51.6112    16.8196    17.3958
   16.8196    17.9721    17.3958
   17.3958    17.3958    16.8196
D =
   64.8416    13.1544    11.5972
   13.1544    18.4527    11.5972
   11.5972    11.5972    14.2464
a =
    0.0134    -0.0049    -0.0071
   -0.0049     0.0418    -0.0212
   -0.0071    -0.0212     0.0650
b =
    0.0171    -0.0060    -0.0111
   -0.0060    -0.0050    -0.0111
   -0.0111    -0.0111    -0.0240
c =
    0.0171    -0.0060    -0.0111
   -0.0060    -0.0050    -0.0111
   -0.0111    -0.0111    -0.0240
d =
    0.0403    -0.0146    -0.0214
```

```
-0.0146    0.1254   -0.0637
-0.0214   -0.0637    0.1949
```

通过上述两个案例可以发现，一般情况下，a、d 是对称矩阵，b、c 不一定是对称矩阵，但一定满足 $b = c^{\mathrm{T}}$，如例 6-4；特殊情况下有 $b = c$，如例 6-5。

6.2.3 工程弹性常数与 MATLAB 函数

层合板的弹性性能体现在拉伸刚度系数 A_{ij}、耦合刚度系数 B_{ij}、弯曲刚度系数 D_{ij} 之中。但是，评价材料的弹性性能更直观的方法是知道它的工程弹性常数，如弹性模量、剪切模量等。下面讨论如何由层合板的刚度系数来计算其工程弹性常数。讨论的对象限于对称层合板，因为除了少数特殊情况外，工程实际中的复合材料层合板基本上是对称层合板 [3]。

对称层合板的耦合刚度系数为零，所以，只需讨论拉伸刚度系数 A_{ij}、弯曲刚度系数 D_{ij} 与弹性常数的关系。纤维角一定的某单层板在层合板中的层叠位置的改变对拉伸刚度不会产生影响，但对弯曲刚度的贡献是不相同的，因为弯曲刚度不仅取决于单层板自身的性质，还与单层板距离层合板中面的高度有关 [3]。

1. 面内弹性常数 [3]

参照单层复合材料偏轴工程弹性常数的方法定义层合板的面内工程弹性常数。当对称层合板在单位宽度上仅受到单向拉伸 N_x，由本构方程可得

$$\varepsilon_x^0 = a_{11} N_x, \quad \varepsilon_y^0 = a_{12} N_x, \quad \gamma_{xy}^0 = a_{16} N_x \tag{6-19}$$

层合板的总厚度记为 t，则 $\sigma_x = N_x/t$，根据弹性模量的定义，x 方向的弹性模量为

$$E_x = \frac{\sigma_x}{\varepsilon_x^0} = \frac{1}{t a_{11}} \tag{6-20}$$

同样根据泊松比定义，有

$$\nu_{yx} = -\frac{\varepsilon_y^0}{\varepsilon_x^0} = -\frac{a_{12}}{a_{11}} \tag{6-21}$$

与单层复合材料偏轴拉伸情形类似，层合板的剪切耦合系数为

$$\eta_{xy,x} = \frac{a_{16}}{a_{11}} \tag{6-22}$$

类似地，在层合板的 y 方向单独作用拉伸作用时，则可得到

$$E_y = \frac{1}{t a_{22}}, \quad \nu_{xy} = -\frac{a_{12}}{a_{22}}, \quad \eta_{xy,y} = \frac{a_{26}}{a_{22}} \tag{6-23}$$

下面考虑层合板在单位宽度方向上受剪切 N_{xy} 作用的情况，由本构方程可得

$$\varepsilon_x^0 = a_{13}N_{xy}, \quad \varepsilon_y^0 = a_{23}N_{xy}, \quad \gamma_{xy}^0 = a_{33}N_{xy} \tag{6-24}$$

因剪应力 $\tau_{xy} = N_{xy}/t$，由剪切弹性模量定义得

$$G_{xy} = \frac{\tau_{xy}}{\gamma_{xy}^0} = \frac{1}{ta_{33}} \tag{6-25}$$

同时还能得到：

$$\eta_{x,xy} = \frac{a_{16}}{a_{66}}, \quad \eta_{y,xy} = \frac{a_{26}}{a_{66}} \tag{6-26}$$

用上述的工程弹性常数可以表达层合板的面内应变与面内应力的关系：

$$\begin{pmatrix} \varepsilon_x \\ \varepsilon_y \\ \gamma_{xy} \end{pmatrix} = \begin{pmatrix} \dfrac{1}{E_x} & -\dfrac{\nu_{xy}}{E_y} & \dfrac{\eta_{x,xy}}{G_{xy}} \\ -\dfrac{\nu_{yx}}{E_x} & \dfrac{1}{E_y} & \dfrac{\eta_{y,xy}}{G_{xy}} \\ \dfrac{\eta_{xy,x}}{E_x} & \dfrac{\eta_{xy,y}}{E_y} & \dfrac{1}{G_{xy}} \end{pmatrix} \begin{pmatrix} \sigma_x \\ \sigma_y \\ \tau_{xy} \end{pmatrix} \tag{6-27}$$

依据上述层合板面内工程弹性常数的计算公式，编写 MATLAB 函数 Lami-nateElasticConstants(E1,E2,v21,G12,tk,theta)。

函数的具体编写如下：

```
function E_eq=LaminateElasticConstants(E1,E2,v21,G12,tk,theta)
%函数功能：计算对称层合板的面内工程弹性常数。
%调用格式：LaminateElasticConstants(E1,E2,v21,G12,tk,theta)。
%          E1,E2,v21,G12—材料工程弹性常数。
%          tk—铺层厚度，且每层铺层厚度一样。
%输入参数：theta—铺层角度，输入时用向量表示。
%运行结果：以行向量的形式输出层合板的面内工程弹性常数。
%          E_eq=[Ex,Ey,Gxy,vyx,Etaxyx,Etaxyy]。
t=length(theta)*tk;
[a,~,~,~]=LaminateCompliance(E1,E2,v21,G12,tk,theta);
Ex=1/t/a(1,1);
Ey=1/t/a(2,2);
Gxy=1/t/a(3,3);
vyx=-a(1,2)/a(1,1);
Etaxyx=a(1,3)/a(1,1);
```

```
Etaxyy =a(2,3)/a(2,2);
E_eq=[Ex,Ey,Gxy,vyx,Etaxyx,Etaxyy];
end
```

2. 弯曲弹性常数 [3]

由各向同性材料梁理论，弯矩 M、曲率 κ 与弹性模量 E 的关系式为

$$M/\kappa = EI \tag{6-28}$$

式中，I 为截面相对于中性轴的惯性矩。

对于层合板，仍然沿用式 (6-28) 关系来定义弯曲弹性常数。考虑层合板 (B_{ij} =0) 仅受弯矩 M_x 作用，结合式 (6-17) 可得

$$\kappa_x = d_{11}M_x, \quad \kappa_y = d_{12}M_x, \quad \kappa_{xy} = d_{16}M_x \tag{6-29}$$

联合式 (6-28) 和式 (6-29) 可得

$$E_x^f = \frac{12}{t^3 d_{11}} \tag{6-30}$$

式中，上标 f 表示弯曲弹性系数。泊松比按下式定义和计算：

$$\nu_{yx}^f = -\frac{\kappa_y}{\kappa_x} = -\frac{d_{12}}{d_{11}} \tag{6-31}$$

弯扭耦合系数按下式定义和计算：

$$\eta_{xy,x}^f = \frac{\kappa_{xy}}{\kappa_x} = \frac{d_{16}}{d_{11}} \tag{6-32}$$

类似地，可求出层合板 y 方向的 3 个常数：

$$E_y^f = \frac{12}{t^3 d_{22}}, \quad \nu_{xy}^f = \frac{d_{12}}{d_{22}}, \quad \eta_{xy,y}^f = \frac{d_{26}}{d_{22}} \tag{6-33}$$

最后考虑层合板受弯矩 M_{xy} 作用的情况，由本构方程得

$$\kappa_{xy} = d_{33}M_{xy} \tag{6-34}$$

定义

$$M_{xy}/\kappa_{xy} = G_{xy}^f I \tag{6-35}$$

求得剪切弹性模量为

$$G_{xy}^f = \frac{12}{t^3 d_{33}} \tag{6-36}$$

依据上述层合板弯曲工程弹性常数的计算公式,编写 MATLAB 函数 BendingElasticConstants(E1,E2,v21,G12,tk,theta)。

函数的具体编写如下:

```
function E_eq= BendingElasticConstants (E1,E2,v21,G12,tk,theta)
%BendingElasticConstants一层合板的弯曲工程弹性常数。
%函数功能: 计算对称层合板的弯曲工程弹性常数。
%调用格式: BendingElasticConstants(E1,E2,v21,G12,tk,theta)。
%输入参数: theta一铺层角度。
%          tk一铺层厚度, 且每层铺层厚度一样。
%          E1,E2,v21,G12一材料工程弹性常数。
%运行结果: 弯曲工程弹性常数。
%          E_eq=[Ex,Ey,Gxy,vyx,Etaxyx,Etaxyy]。
t=length(theta)*tk;
[~,~,~,d]=LaminateCompliance(E1,E2,v21,G12,tk,theta);
Ex=12/t^3/d(1,1);
Ey=12/t^3/d(2,2);
Gxy=12/t^3/d(3,3);
vyx=-d(1,2)/d(1,1);
Etaxyx=d(1,3)/d(1,1);
Etaxyy=d(2,3)/d(2,2);
E_eq=[Ex,Ey,Gxy,vyx,Etaxyx,Etaxyy];
end
```

例 6-6[28]　已知单层板的弹性常数为:$E_1 = 181\text{GPa}$、$E_2 = 10.3\text{GPa}$、$\nu_{21} = 0.28$、$G_{12} = 7.17\text{GPa}$。每层厚 5mm, 求三层层合板 [0/90/0](图 6-12) 的工程弹性常数。

图 6-12　[0/90/0] 层合板

解 (1) 理论求解

① 计算铺层正轴刚度矩阵

$$Q = \begin{pmatrix} 181.8 & 2.897 & 0 \\ 2.897 & 10.35 & 0 \\ 0 & 0 & 7.17 \end{pmatrix} \text{GPa}$$

② 计算铺层偏轴刚度矩阵

$$\bar{Q}_{0°} = \begin{pmatrix} 181.8 & 2.897 & 0 \\ 2.897 & 10.35 & 0 \\ 0 & 0 & 7.17 \end{pmatrix} \text{GPa}$$

$$\bar{Q}_{90°} = \begin{pmatrix} 10.35 & 2.897 & 0 \\ 2.897 & 181.8 & 0 \\ 0 & 0 & 7.17 \end{pmatrix} \text{GPa}$$

③ 计算铺层的几何坐标参数：$z_1 = -7.5\text{mm}$、$z_2 = -2.5\text{mm}$、$z_3=2.5\text{mm}$、$z_4=7.5\text{mm}$

④ 计算层合板刚度系数矩阵

$$A = \begin{pmatrix} 1.870 & 0.0435 & 0 \\ 0.0435 & 1.013 & 0 \\ 0 & 0 & 0.1076 \end{pmatrix} \times 10^3 \text{kN/mm}$$

$$B = \begin{pmatrix} 0 & 0 & 0 \\ 0 & 0 & 0 \\ 0 & 0 & 0 \end{pmatrix} \text{kN}$$

$$D = \begin{pmatrix} 4.925 & 0.0815 & 0 \\ 0.0815 & 0.4696 & 0 \\ 0 & 0 & 0.2017 \end{pmatrix} \times 10^4 \text{kN} \cdot \text{mm}$$

⑤ 计算层合板柔度系数矩阵

$$a = \begin{pmatrix} 0.0005353 & -0.00002297 & 0 \\ -0.00002297 & 0.0009886 & 0 \\ 0 & 0 & 0.009298 \end{pmatrix} \text{mm/kN}$$

$$b = c = \begin{pmatrix} 0 & 0 & 0 \\ 0 & 0 & 0 \\ 0 & 0 & 0 \end{pmatrix} \mathrm{kN}^{-1}$$

$$d = \begin{pmatrix} 0.02032 & -0.003526 & 0 \\ -0.003526 & 0.2136 & 0 \\ 0 & 0 & 0.4959 \end{pmatrix} \times 10^{-3}\,(\mathrm{kN \cdot mm})^{-1}$$

⑥ 计算工程弹性常数

面内工程弹性常数：

$$E_x = 124.5\mathrm{GPa}, \quad E_y = 67.43\mathrm{GPa}, \quad G_{xy} = 7.17\mathrm{GPa}$$
$$\nu_{yx} = 0.04292, \quad \eta_{xy,x} = 0, \quad \eta_{xy,y} = 0$$

弯曲工程弹性常数：

$$E_x^f = 175.0\mathrm{GPa}, \quad E_y^f = 16.65\mathrm{GPa}, \quad G_{xy}^f = 7.17\mathrm{GPa}$$
$$\nu_{yx}^f = 0.1735, \quad \eta_{xy,x}^f = 0, \quad \eta_{xy,y}^f = 0$$

(2) MATLAB 函数求解

统一单位：kN、mm、GPa。

输入材料工程弹性常数：E1=181; E2=10.3; v21=0.28; G12=7.17;

输入铺层角度：theta=[0;90;0];

输入铺层厚度：tk=5;

调用 LaminateElasticConstants(E1,E2,v21,G12,tk,theta) 函数即可计算层合板的面内工程弹性常数。调用 BendingElasticConstants(E1,E2,v21,G12,tk,theta) 函数即可计算层合板的弯曲工程弹性常数。

遵循上述解题思路，编写 M 文件 Case_6_6.m 如下：

```
clc,clear,close all;
format compact
E1=181;  E2=10.3;  v21=0.28;  G12=7.17;
theta=[0;90;0];
tk=5;
disp('面内工程弹性常数: ');
disp(LaminateElasticConstants(E1,E2,v21,G12,tk,theta));
disp('弯曲工程弹性常数: ');
disp(BendingElasticConstants(E1,E2,v21,G12,tk,theta));
```

运行 M 文件 Case_6_6.m，可得到以下结果：

面内工程弹性常数：

| 124.5318 | 67.4338 | 7.1700 | 0.0429 | 0 | 0 |

弯曲工程弹性常数：

| 174.9580 | 16.6489 | 7.1700 | 0.1735 | 0 | 0 |

MATLAB 输出结果与工程弹性参数的对应关系见图 6-13。

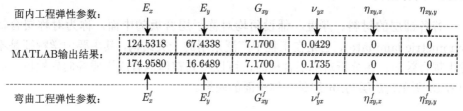

图 6-13　MATLAB 输出的结果与工程弹性参数的对应关系

通过上述学习我们可以将层合板的刚度矩阵、柔度矩阵和工程弹性常数的计算流程及 MATLAB 函数总结如图 6-14 所示。

图 6-14　层合板相关参数计算流程及 MATLAB 函数

6.3　几种典型层合板的刚度案例

实际应用时，工程中遇到的层合板总有一定的特殊性，往往层合板的某些刚度系数为零，讨论这些特殊的层合板弹性特性是有其实际意义的，现结合案例计算结果讨论对称和反对称层合板。

6.3.1　对称结构

若各铺层的材料、厚度、铺设角均对称于层合板的中面，称为对称层合板 (symmetric laminate)，它是在工程中广泛采用的一类结构，其主要力学特征是不发生耦合效应。在分析对称层合板时，可以将其整体地看成均质各向异性板。如图 6-15 所示，k 层与 m 层是对称中面的两层。

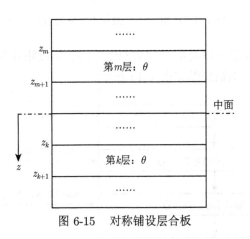

图 6-15　对称铺设层合板

对称层合板通常有正交铺设对称板、斜交铺设对称板、准各向同性层合板。

1. 正交铺设对称板

正交铺设对称层合板 (cross-ply symmetric laminate) 是指只含有 0° 和 90° 铺层的对称层合板。当将层合板的参考坐标轴置于某一单层的纤维方向上时，则各单层的偏轴角为 $\theta_1=0°$ 和 $\theta_2=90°$。

例 6-7[26]　求 [0/90]$_s$ 对称层合板 (图 6-16) 的刚度系数矩阵 A、B、D，柔度系数矩阵 a、b、c、d 和工程弹性常数，铺层材料参数：$E_1=140\text{GPa}$、$E_2=10\text{GPa}$、$\nu_{21}=0.3$、$G_{12}=5\text{GPa}$，铺层厚度 $t_k=0.125\text{mm}$。

解　(1) 理论求解

① 计算铺层正轴刚度矩阵

$$\boldsymbol{Q} = \begin{pmatrix} 140.9 & 3.00 & 0 \\ 3.00 & 10.1 & 0 \\ 0 & 0 & 5.00 \end{pmatrix} \text{GPa}$$

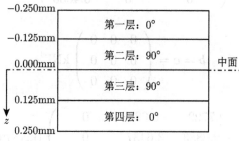

图 6-16 $[0/90]_s$ 层合板几何尺寸

② 计算铺层偏轴刚度矩阵

$$\bar{\boldsymbol{Q}}_{0°} = \begin{pmatrix} 140.9 & 3.00 & 0 \\ 3.00 & 10.1 & 0 \\ 0 & 0 & 5.00 \end{pmatrix} \text{GPa}$$

$$\bar{\boldsymbol{Q}}_{90°} = \begin{pmatrix} 10.1 & 3.0 & 0 \\ 3.0 & 140.9 & 0 \\ 0 & 0 & 5.0 \end{pmatrix} \text{GPa}$$

③ 计算铺层的几何坐标参数：$z_1 = -0.25$mm、$z_2 = -0.125$mm、$z_3 = 0$mm、$z_4 = 0.125$mm、$z_5 = 0.25$mm

④ 计算层合板刚度系数矩阵

$$\boldsymbol{A} = \begin{pmatrix} 37.7 & 1.5 & 0 \\ 1.5 & 37.7 & 0 \\ 0 & 0 & 2.5 \end{pmatrix} \text{kN/mm}$$

$$\boldsymbol{B} = \begin{pmatrix} 0 & 0 & 0 \\ 0 & 0 & 0 \\ 0 & 0 & 0 \end{pmatrix} \text{kN}$$

$$\boldsymbol{D} = \begin{pmatrix} 1.2974 & 0.0315 & 0 \\ 0.0315 & 0.2752 & 0 \\ 0 & 0 & 0.0521 \end{pmatrix} \text{kN·mm}$$

⑤ 计算层合板柔度系数矩阵

$$a = \begin{pmatrix} 0.0265 & -0.0011 & 0 \\ -0.0011 & 0.0265 & 0 \\ 0 & 0 & 0.4000 \end{pmatrix} \text{mm/kN}$$

$$b = c = \begin{pmatrix} 0 & 0 & 0 \\ 0 & 0 & 0 \\ 0 & 0 & 0 \end{pmatrix} \text{kN}^{-1}$$

$$d = \begin{pmatrix} 0.7729 & -0.0883 & 0 \\ -0.0883 & 3.6437 & 0 \\ 0 & 0 & 19.2000 \end{pmatrix} (\text{kN} \cdot \text{mm})^{-1}$$

⑥ 计算工程弹性常数
面内工程弹性常数：

$$E_x = 75.4\text{GPa}, \quad E_y = 75.4\text{GPa}, \quad G_{xy} = 5.0\text{GPa}$$
$$\nu_{yx} = 0.04, \qquad \eta_{xy,x} = 0, \qquad \eta_{xy,y} = 0$$

弯曲工程弹性常数：

$$E_x^f = 124.2\text{GPa}, \quad E_y^f = 26.3\text{GPa}, \quad G_{xy}^f = 5.0\text{GPa}$$
$$\nu_{yx}^f = 0.11, \qquad \eta_{xy,x}^f = 0, \qquad \eta_{xy,y}^f = 0$$

(2) MATLAB 函数求解

统一单位：kN、mm、GPa。

输入材料工程弹性常数：E1=140; E2=10; v21=0.3; G12=5;

输入铺层角度：theta=[0;90;90;0];

输入铺层厚度：tk=0.125;

首先调用 LaminateStiffness(E1,E2,v21,G12,tk,theta) 函数即可计算刚度系数矩阵 **A**、**B**、**D**。其次调用 LaminateCompliance(E1,E2,v21,G12,tk,theta) 函数即可计算柔度系数矩阵 **a**、**b**、**c**、**d**。再次调用 LaminateElasticConstants(E1,E2,v21,G12,tk,theta) 函数即可计算层合板的面内工程弹性常数。最后调用 BendingElasticConstants(E1,E2,v21,G12,tk,theta) 函数即可计算层合板的弯曲工程弹性常数。

遵循上述解题思路，编写 M 文件 Case_6_7.m 如下：

```
clc,clear,close all;
format compact
E1=140;  E2=10;  v21=0.3;  G12=5;
theta=[0;90;90;0];
tk=0.125;
disp('刚度系数矩阵：');
[A,B,D]=LaminateStiffness(E1,E2,v21,G12,tk,theta)
disp('柔度系数矩阵：');
[a,b,c,d]=LaminateCompliance(E1,E2,v21,G12,tk,theta)
disp('面内工程弹性常数：');
disp(LaminateElasticConstants(E1,E2,v21,G12,tk,theta))
disp('弯曲工程弹性常数：');
disp(BendingElasticConstants(E1,E2,v21,G12,tk,theta))
```

　　运行 M 文件 Case_6_7.m，可得到以下结果：

```
刚度系数矩阵：
A =
    37.7426     1.5097          0
     1.5097    37.7426          0
          0          0     2.5000
B =
          0          0          0
          0          0          0
          0          0          0
D =
     1.2974     0.0315          0
     0.0315     0.2752          0
          0          0     0.0521
柔度系数矩阵：
a =
     0.0265    -0.0011          0
    -0.0011     0.0265          0
          0          0     0.4000
b =
          0          0          0
          0          0          0
          0          0          0
c =
          0          0          0
          0          0          0
          0          0          0
```

```
d =
     0.7729      -0.0883            0
    -0.0883       3.6437            0
          0            0       19.2000
```
面内工程弹性常数：
```
    75.3645      75.3645       5.0000       0.0400            0            0
```
弯曲工程弹性常数：
```
   124.2056      26.3466       5.0000       0.1143            0            0
```

通过例 6-7 可以发现正交对称层合板有以下特征：

(1) 正交对称层合板的 B 矩阵为零，且 A 和 D 矩阵中的所有 "1、6" 和 "2、6" 位置的分量也均为零，因此层合板无论在拉伸和弯曲时均为正交各向异性的，也即面内变形的拉伸与剪切无耦合作用，弯曲变形时弯曲与扭转之间无耦合作用。

(2) 正交对称层合板的剪切模量和单层板相同，面内弹性模量 $E_x = E_y$，其大小约等于单层板两个主轴方向模量的均值。

例 6-8[26]   将例 6-7 中铺层 $[0/90]_s$ 改为 $[90/0]_s$(图 6-17)，然后求对称层合板的刚度系数矩阵 A、B、D，柔度系数矩阵 a、b、c、d 和工程弹性常数，铺层材料参数：E_1=140GPa、E_2=10GPa、ν_{21}=0.3、G_{12}=5GPa，铺层厚度 t_k=0.125mm。

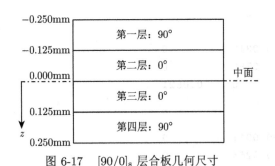

图 6-17 $[90/0]_s$ 层合板几何尺寸

解   (1) 理论求解

① 计算铺层正轴刚度矩阵

$$Q = \begin{pmatrix} 140.9 & 3.00 & 0 \\ 3.00 & 10.1 & 0 \\ 0 & 0 & 5.00 \end{pmatrix} \text{GPa}$$

② 计算铺层偏轴刚度矩阵

$$\bar{\boldsymbol{Q}}_{0^\circ} = \begin{pmatrix} 140.9 & 3.00 & 0 \\ 3.00 & 10.1 & 0 \\ 0 & 0 & 5.00 \end{pmatrix} \text{GPa}$$

$$\bar{\boldsymbol{Q}}_{90^\circ} = \begin{pmatrix} 10.1 & 3.0 & 0 \\ 3.0 & 140.9 & 0 \\ 0 & 0 & 5.0 \end{pmatrix} \text{GPa}$$

③ 计算铺层的几何坐标参数：$z_1 = -0.25\text{mm}$、$z_2 = -0.125\text{mm}$、$z_3 = 0\text{mm}$、$z_4 = 0.125\text{mm}$、$z_5 = 0.25\text{mm}$

④ 计算层合板刚度系数矩阵

$$\boldsymbol{A} = \begin{pmatrix} 37.7 & 1.5 & 0 \\ 1.5 & 37.7 & 0 \\ 0 & 0 & 2.5 \end{pmatrix} \text{kN/mm}$$

$$\boldsymbol{B} = \begin{pmatrix} 0 & 0 & 0 \\ 0 & 0 & 0 \\ 0 & 0 & 0 \end{pmatrix} \text{kN}$$

$$\boldsymbol{D} = \begin{pmatrix} 0.2752 & 0.0315 & 0 \\ 0.0315 & 1.2974 & 0 \\ 0 & 0 & 0.0521 \end{pmatrix} \text{kN} \cdot \text{mm}$$

⑤ 计算层合板柔度系数矩阵

$$\boldsymbol{a} = \begin{pmatrix} 0.0265 & -0.0011 & 0 \\ -0.0011 & 0.0265 & 0 \\ 0 & 0 & 0.4000 \end{pmatrix} \text{mm/kN}$$

$$\boldsymbol{b} = \boldsymbol{c} = \begin{pmatrix} 0 & 0 & 0 \\ 0 & 0 & 0 \\ 0 & 0 & 0 \end{pmatrix} \text{kN}^{-1}$$

$$\boldsymbol{d} = \begin{pmatrix} 3.6437 & -0.0883 & 0 \\ -0.0883 & 0.7729 & 0 \\ 0 & 0 & 19.2000 \end{pmatrix} (\text{kN} \cdot \text{mm})^{-1}$$

⑥ 计算工程弹性常数

面内工程弹性常数：

$$E_x = 75.4\text{GPa}, \quad E_y = 75.4\text{GPa}, \quad G_{xy} = 5.0\text{GPa}$$
$$\nu_{yx} = 0.04, \qquad \eta_{xy,x} = 0, \qquad \eta_{xy,y} = 0$$

弯曲工程弹性常数：

$$E_x^f = 26.3\text{GPa}, \quad E_y^f = 124.2\text{GPa}, \quad G_{xy}^f = 5.0\text{GPa}$$
$$\nu_{yx}^f = 0.02, \qquad \eta_{xy,x}^f = 0, \qquad \eta_{xy,y}^f = 0$$

(2) MATLAB 函数求解

统一单位：kN、mm、GPa。

输入材料工程弹性常数：E1=140; E2=10; v21=0.3; G12=5;

输入铺层角度：theta=[90;0;0;90];

输入铺层厚度：tk=0.125;

首先调用 LaminateStiffness(E1,E2,v21,G12,tk,theta) 函数即可计算刚度系数矩阵 **A**、**B**、**D**。其次调用 LaminateCompliance(E1,E2,v21,G12,tk,theta) 函数即可计算柔度系数矩阵 **a**、**b**、**c**、**d**。再次调用 LaminateElasticConstants(E1,E2, v21,G12,tk,theta) 函数即可计算层合板的面内工程弹性常数。最后调用 BendingElasticConstants(E1,E2,v21,G12,tk,theta) 函数即可计算层合板的弯曲工程弹性常数。

遵循上述解题思路，编写 M 文件 Case_6_8.m 如下：

```
clc,clear,close all;
format compact
E1=140;  E2=10;  v21=0.3;  G12=5;
theta=[90;0;0;90];
tk=0.125;
disp('刚度系数矩阵： ');
[A,B,D]=LaminateStiffness(E1,E2,v21,G12,tk,theta)
disp('柔度系数矩阵： ');
[a,b,c,d]=LaminateCompliance(E1,E2,v21,G12,tk,theta)
disp('面内工程弹性常数： ');
disp(LaminateElasticConstants(E1,E2,v21,G12,tk,theta))
disp('弯曲工程弹性常数： ');
disp(BendingElasticConstants(E1,E2,v21,G12,tk,theta))
```

运行 M 文件 Case_6_8.m，可得到以下结果：

刚度系数矩阵:

A =

37.7426	1.5097	0
1.5097	37.7426	0
0	0	2.5000

B =
1.0e-16 *

0.5551	0	0
0	0	0
0	0	0

D =

0.2752	0.0315	0
0.0315	1.2974	0
0	0	0.0521

柔度系数矩阵:

a =

0.0265	-0.0011	0
-0.0011	0.0265	0
0	0	0.4000

b =
1.0e-17 *

-0.5368	0.0130	0
0.0215	-0.0005	0
0	0	0

c =
1.0e-17 *

-0.5368	0.0215	0
0.0130	-0.0005	0
0	0	0

d =

3.6437	-0.0883	0
-0.0883	0.7729	0
0	0	19.2000

面内工程弹性常数:

| 75.3645 | 75.3645 | 5.0000 | 0.0400 | 0 | 0 |

弯曲工程弹性常数:

| 26.3466 | 124.2056 | 5.0000 | 0.0242 | 0 | 0 |

对比两个例题可以发现,改变正交对称铺层的铺层顺序,不改变其面内工程弹性常数,但改变了弯曲弹性常数。

2. 斜交铺设对称板

斜交铺设对称层合板 (angle-ply symmetric laminate) 是以方向角大小相等而符号相反 (即 $\theta = \pm\phi$)，且体积含量相同的两单层构成的。因正负两种方向的铺层层数相同，确切地说，应称为均衡型斜交铺设对称层合板。

例 6-9[3,17]　求 $[45/-45]_s$ 对称层合板 (图 6-18) 的刚度系数矩阵 $\boldsymbol{A}$、$\boldsymbol{B}$、$\boldsymbol{D}$，柔度系数矩阵 $\boldsymbol{a}$、$\boldsymbol{b}$、$\boldsymbol{c}$、$\boldsymbol{d}$ 和工程弹性常数，铺层材料参数：$E_1=140\text{GPa}$、$E_2=10\text{GPa}$、$\nu_{21}=0.3$、$G_{12}=5\text{GPa}$，铺层厚度 $t_k=0.125\text{mm}$。

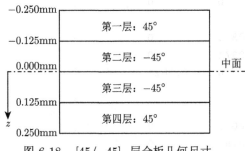

图 6-18　$[45/-45]_s$ 层合板几何尺寸

解　(1) 理论求解

① 计算铺层正轴刚度矩阵

$$\boldsymbol{Q} = \begin{pmatrix} 140.9 & 3.00 & 0 \\ 3.00 & 10.1 & 0 \\ 0 & 0 & 5.00 \end{pmatrix} \text{GPa}$$

② 计算铺层偏轴刚度矩阵

$$\bar{\boldsymbol{Q}}_{45°} = \begin{pmatrix} 44.3 & 34.3 & 32.7 \\ 34.3 & 44.3 & 32.7 \\ 32.7 & 32.7 & 36.3 \end{pmatrix} \text{GPa}$$

$$\bar{\boldsymbol{Q}}_{-45°} = \begin{pmatrix} 44.3 & 34.3 & -32.7 \\ 34.3 & 44.3 & -32.7 \\ -32.7 & -32.7 & 36.3 \end{pmatrix} \text{GPa}$$

③ 计算铺层的几何坐标参数：$z_1 = -0.25\text{mm}$、$z_2 = -0.125\text{mm}$、$z_3=0\text{mm}$、$z_4=0.125\text{mm}$、$z_5=0.25\text{mm}$

④ 计算层合板刚度系数矩阵

$$A = \begin{pmatrix} 22.1 & 17.1 & 0 \\ 17.1 & 22.1 & 0 \\ 0 & 0 & 18.1 \end{pmatrix} \text{kN/mm}$$

$$B = \begin{pmatrix} 0 & 0 & 0 \\ 0 & 0 & 0 \\ 0 & 0 & 0 \end{pmatrix} \text{kN}$$

$$D = \begin{pmatrix} 0.46 & 0.36 & 0.26 \\ 0.36 & 0.46 & 0.26 \\ 0.26 & 0.26 & 0.38 \end{pmatrix} \text{kN} \cdot \text{mm}$$

⑤ 计算层合板柔度系数矩阵

$$a = \begin{pmatrix} 0.1127 & -0.0873 & 0 \\ -0.0873 & 0.1127 & 0 \\ 0 & 0 & 0.0552 \end{pmatrix} \text{mm/kN}$$

$$b = c = \begin{pmatrix} 0 & 0 & 0 \\ 0 & 0 & 0 \\ 0 & 0 & 0 \end{pmatrix} \text{kN}^{-1}$$

$$d = \begin{pmatrix} 5.86 & -3.74 & -1.44 \\ -3.74 & 5.86 & -1.44 \\ -1.44 & -1.44 & 4.59 \end{pmatrix} (\text{kN} \cdot \text{mm})^{-1}$$

⑥ 计算工程弹性常数

面内工程弹性常数:

$$E_x = 17.7\text{GPa}, \quad E_y = 17.7\text{GPa}, \quad G_{xy} = 36.2\text{GPa}$$
$$\nu_{yx} = 0.77, \qquad \eta_{xy,x} = 0, \qquad \eta_{xy,y} = 0$$

弯曲工程弹性常数:

$$E_x^f = 16.4\text{GPa}, \quad E_y^f = 16.4\text{GPa}, \quad G_{xy}^f = 20.9\text{GPa}$$
$$\nu_{yx}^f = 0.64, \qquad \eta_{xy,x}^f = -0.25, \qquad \eta_{xy,y}^f = -0.25$$

(2) MATLAB 函数求解

统一单位：kN、mm、GPa。

输入材料工程弹性常数：E1=140; E2=10; v21=0.3; G12=5;

输入铺层角度：theta=[45;−45;−45;45];

输入铺层厚度：tk=0.125;

首先调用 LaminateStiffness(E1,E2,v21,G12,tk,theta) 函数即可计算刚度系数矩阵 A、B、D。其次调用 LaminateCompliance(E1,E2,v21,G12,tk,theta) 函数即可计算柔度系数矩阵 a、b、c、d。再次调用 LaminateElasticConstants(E1,E2, v21,G12,tk,theta) 函数即可计算层合板的面内工程弹性常数。最后调用 BendingElasticConstants(E1,E2,v21,G12,tk,theta) 函数即可计算层合板的弯曲工程弹性常数。

遵循上述解题思路，编写 M 文件 Case_6_9.m 如下：

```
clc,clear,close all;
format compact
E1=140;  E2=10;  v21=0.3;  G12=5;
theta=[45;-45;-45;45];
tk=0.125;
disp('刚度系数矩阵：');
[A,B,D]=LaminateStiffness(E1,E2,v21,G12,tk,theta)
disp('柔度系数矩阵：');
[a,b,c,d]=LaminateCompliance(E1,E2,v21,G12,tk,theta)
disp('面内工程弹性常数：');
disp(LaminateElasticConstants(E1,E2,v21,G12,tk,theta))
disp('弯曲工程弹性常数：');
disp(BendingElasticConstants(E1,E2,v21,G12,tk,theta))
```

运行 M 文件 Case_6_9.m，可得到以下结果：

```
刚度系数矩阵：
A =
   22.1262    17.1262          0
   17.1262    22.1262          0
        0          0    18.1165
B =
        0          0          0
        0          0          0
        0          0          0
D =
    0.4610     0.3568     0.2555
```

```
    0.3568      0.4610      0.2555
    0.2555      0.2555      0.3774
```
柔度系数矩阵：
```
a =
    0.1127     -0.0873         0
   -0.0873      0.1127         0
        0           0      0.0552
b =
    0      0      0
    0      0      0
    0      0      0
c =
    0      0      0
    0      0      0
    0      0      0
d =
    5.8600     -3.7400     -1.4354
   -3.7400      5.8600     -1.4354
   -1.4354     -1.4354      4.5933
```
面内工程弹性常数：
```
   17.7402     17.7402     36.2329      0.7740
```
弯曲工程弹性常数：
```
   16.3823     16.3823     20.9000      0.6382     -0.2450     -0.2450
```

通过上述案例计算可知：① 中面工程弹性常数 $\eta_{xy,x}=0$，$\eta_{xy,y}=0$，因此不存在剪切耦合效应；② 弯曲工程弹性常数 $\eta_{xy,x}\neq0$，$\eta_{xy,y}\neq0$，表明存在弯扭效应。

例 6-10[17] 将例 6-9 中铺层 $[45/-45]_s$ 改为 $[-45/45]_s$（图 6-19），然后求对称层合板的刚度系数矩阵 $\boldsymbol{A}$、$\boldsymbol{B}$、$\boldsymbol{D}$，柔度系数矩阵 $\boldsymbol{a}$、$\boldsymbol{b}$、$\boldsymbol{c}$、$\boldsymbol{d}$ 和工程弹性常数，铺层材料参数：$E_1=140\text{GPa}$、$E_2=10\text{GPa}$、$\nu_{21}=0.3$、$G_{12}=5\text{GPa}$，铺层厚度 $t_k=0.125\text{mm}$。

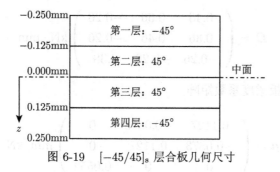

图 6-19 $[-45/45]_s$ 层合板几何尺寸

解　(1) 理论求解

① 计算铺层正轴刚度矩阵

$$Q = \begin{pmatrix} 140.9 & 3.00 & 0 \\ 3.00 & 10.1 & 0 \\ 0 & 0 & 5.00 \end{pmatrix} \text{GPa}$$

② 计算铺层偏轴刚度矩阵

$$\bar{Q}_{45°} = \begin{pmatrix} 44.3 & 34.3 & 32.7 \\ 34.3 & 44.3 & 32.7 \\ 32.7 & 32.7 & 36.3 \end{pmatrix} \text{GPa}$$

$$\bar{Q}_{-45°} = \begin{pmatrix} 44.3 & 34.3 & -32.7 \\ 34.3 & 44.3 & -32.7 \\ -32.7 & -32.7 & 36.3 \end{pmatrix} \text{GPa}$$

③ 计算铺层的几何坐标参数：$z_1 = -0.25\text{mm}$、$z_2 = -0.125\text{mm}$、$z_3 = 0\text{mm}$、$z_4 = 0.125\text{mm}$、$z_5 = 0.25\text{mm}$

④ 计算层合板刚度系数矩阵

$$A = \begin{pmatrix} 22.1 & 17.1 & 0 \\ 17.1 & 22.1 & 0 \\ 0 & 0 & 18.1 \end{pmatrix} \text{kN/mm}$$

$$B = \begin{pmatrix} 0 & 0 & 0 \\ 0 & 0 & 0 \\ 0 & 0 & 0 \end{pmatrix} \text{kN}$$

$$D = \begin{pmatrix} 0.46 & 0.36 & -0.26 \\ 0.36 & 0.46 & -0.26 \\ -0.26 & -0.26 & 0.38 \end{pmatrix} \text{kN} \cdot \text{mm}$$

⑤ 计算层合板柔度系数矩阵

$$a = \begin{pmatrix} 0.1127 & -0.0873 & 0 \\ -0.0873 & 0.1127 & 0 \\ 0 & 0 & 0.0552 \end{pmatrix} \text{mm/kN}$$

$$b = c = \begin{pmatrix} 0 & 0 & 0 \\ 0 & 0 & 0 \\ 0 & 0 & 0 \end{pmatrix} \text{kN}^{-1}$$

$$d = \begin{pmatrix} 5.86 & -3.74 & 1.44 \\ -3.74 & 5.86 & 1.44 \\ 1.44 & 1.44 & 4.59 \end{pmatrix} (\text{kN} \cdot \text{mm})^{-1}$$

⑥ 计算工程弹性常数

面内工程弹性常数：

$$E_x = 17.7\text{GPa}, \quad E_y = 17.7\text{GPa}, \quad G_{xy} = 36.2\text{GPa}$$
$$\nu_{yx} = 0.77, \quad \eta_{xy,x} = 0, \quad \eta_{xy,y} = 0$$

弯曲工程弹性常数：

$$E_x^f = 16.4\text{GPa}, \quad E_y^f = 16.4\text{GPa}, \quad G_{xy}^f = 20.9\text{GPa}$$
$$\nu_{yx}^f = 0.64, \quad \eta_{xy,x}^f = 0.25, \quad \eta_{xy,y}^f = 0.25$$

(2) MATLAB 函数求解

统一单位：kN、mm、GPa。

输入材料工程弹性常数：E1=140; E2=10; v21=0.3; G12=5;

输入铺层角度：theta=[−45;45;45;−45];

输入铺层厚度：tk=0.125;

首先调用 LaminateStiffness(E1,E2,v21,G12,tk,theta) 函数即可计算刚度系数矩阵 $\boldsymbol{A}$、$\boldsymbol{B}$、$\boldsymbol{D}$。其次调用 LaminateCompliance(E1,E2,v21,G12,tk,theta) 函数即可计算柔度系数矩阵 $\boldsymbol{a}$、$\boldsymbol{b}$、$\boldsymbol{c}$、$\boldsymbol{d}$。再次调用 LaminateElasticConstants(E1,E2,v21,G12,tk,theta) 函数即可计算层合板的面内工程弹性常数。最后调用 BendingElasticConstants(E1,E2,v21,G12,tk,theta) 函数即可计算层合板的弯曲工程弹性常数。

遵循上述解题思路，编写 M 文件 Case_6_10.m 如下：

```
clc,clear,close all;
format compact
E1=140; E2=10; v21=0.3; G12=5;
theta=[-45;45;45;-45];
tk=0.125;
disp('刚度系数矩阵：');
[A,B,D]=LaminateStiffness(E1,E2,v21,G12,tk,theta)
disp('柔度系数矩阵：');
```

```
[a,b,c,d]=LaminateCompliance(E1,E2,v21,G12,tk,theta)
disp('面内工程弹性常数：');
disp(LaminateElasticConstants(E1,E2,v21,G12,tk,theta))
disp('弯曲工程弹性常数：');
disp(BendingElasticConstants(E1,E2,v21,G12,tk,theta))
```

运行 M 文件 Case_6_10.m，可得到以下结果：

刚度系数矩阵：

```
A =
   22.1262   17.1262         0
   17.1262   22.1262         0
         0         0   18.1165
B =
        0         0         0
        0         0         0
        0         0         0
D =
    0.4610    0.3568   -0.2555
    0.3568    0.4610   -0.2555
   -0.2555   -0.2555    0.3774
```

柔度系数矩阵：

```
a =
    0.1127   -0.0873         0
   -0.0873    0.1127         0
         0         0    0.0552
b =
        0         0         0
        0         0         0
        0         0         0
c =
        0         0         0
        0         0         0
        0         0         0
d =
    5.8600   -3.7400    1.4354
   -3.7400    5.8600    1.4354
    1.4354    1.4354    4.5933
```

面内工程弹性常数：

```
   17.7402   17.7402   36.2329    0.7740         0         0
```

弯曲工程弹性常数：

```
   16.3823   16.3823   20.9000    0.6382    0.2450    0.2450
```

对比例 6-9 和例 6-10 两个例题可以发现，改变正交对称铺层的铺层顺序，只是改变了弯扭刚度系数 D_{16} 和 D_{26}、柔度系数 d_{16}, d_{26}，以至改变弯曲工程弹性常数 $\eta_{xy,x}$、$\eta_{xy,y}$，其他均不改变。

3. 准各向同性层合板

准各向同性层合板 (quasi-isotropic laminate) 是指层合板面内各个方向的刚度相同的对称层合板。

准各向同性层合板可以由一系列的单层组层合板构造而成，其中每个单层组层合板满足下列条件：① 每层的材料和厚度必须相同；② 准各向同性层合板中至少有三个单层组层合板；③ 每个单层组层合板的铺层角度为 $\theta=180(p-1)/n$，其中 n 为单层组层合板总个数，$p=1, 2, \cdots, n$。n 为层合板上半部分或下半部分的单层组数，因为为对称层合板，故中面上下的单层组数是相同的。各单层组铺设方向间隔为 π/n。

准各向同性层合板通常采用以下几种铺设方法：

(1) 当 $n=3$ 时，$p=1$、2、3。

第一层：$\theta = 180 \times (1-1)/3 = 0°$

第二层：$\theta = 180 \times (2-1)/3 = 60°$

第三层：$\theta = 180 \times (3-1)/3 = 120° = -60°$

因此 $n=3$ 时，准各向同性层合板铺层角度为 $[0/\pm60]_s$，单层组方向间隔为 $60°$，即 $\pi/3$，又称 $\pi/3$ 层合板，如图 6-20(a) 所示。

(2) 当 $n=4$ 时，$p=1$、2、3、4。

第一层：$\theta = 180 \times (1-1)/4 = 0°$

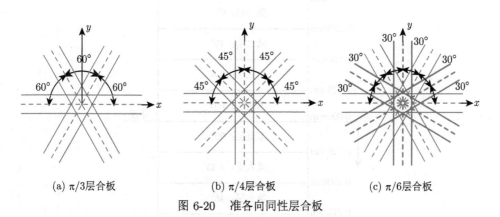

(a) π/3层合板　　　　(b) π/4层合板　　　　(c) π/6层合板

图 6-20　准各向同性层合板

第二层：$\theta = 180 \times (2-1)/4 = 45°$

第三层：$\theta = 180 \times (3-1)/4 = 90°$

第四层：$\theta = 180 \times (4-1)/4 = 135° = -45°$

因此 $n=4$ 时，准各向同性层合板铺层角度为 $[0/\pm45/90]_s$，单层组方向间隔为 $45°$，即 $\pi/4$，又称 $\pi/4$ 层合板，如图 6-20(b) 所示。

(3) 当 $n=6$ 时，$p=1$、2、3、4、5、6。

第一层：$\theta = 180 \times (1-1)/6 = 0°$

第二层：$\theta = 180 \times (2-1)/6 = 30°$

第三层：$\theta = 180 \times (3-1)/6 = 60°$

第四层：$\theta = 180 \times (4-1)/6 = 90°$

第五层：$\theta = 180 \times (5-1)/6 = 120° = -60°$

第六层：$\theta = 180 \times (6-1)/6 = 150° = -30°$

因此 $n=60$ 时，准各向同性层合板铺层角度为 $[0/\pm30/\pm60/90]_s$，单层组方向间隔为 $30°$，即 $\pi/6$，又称 $\pi/6$ 层合板，如图 6-20(c) 所示。

以 $\pi/4$ 层合板为例说明准各向同性层合板的刚度系数矩阵 $\boldsymbol{A}$、$\boldsymbol{B}$、$\boldsymbol{D}$，柔度系数矩阵 $\boldsymbol{a}$、$\boldsymbol{b}$、$\boldsymbol{c}$、$\boldsymbol{d}$ 和工程弹性常数的规律，见例 6-11。

例 6-11[17]　求 $\pi/4$ 层合板 (图 6-21) 的刚度系数矩阵 $\boldsymbol{A}$、$\boldsymbol{B}$、$\boldsymbol{D}$，柔度系数矩阵 $\boldsymbol{a}$、$\boldsymbol{b}$、$\boldsymbol{c}$、$\boldsymbol{d}$ 和工程弹性常数，铺层材料参数：$E_1 = 140\text{GPa}$、$E_2 = 10\text{GPa}$、$\nu_{21} = 0.3$、$G_{12} = 5\text{GPa}$，铺层厚度 $t_k = 0.125\text{mm}$。通常层合板为矩形板，对于圆形层合板的面内与弯曲工程弹性常数分布状况如何，请结合极坐标绘图说明。

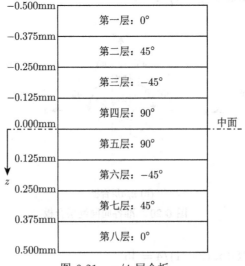

图 6-21　$\pi/4$ 层合板

解 (1) 理论求解

① 计算铺层正轴刚度矩阵

$$\boldsymbol{Q} = \begin{pmatrix} 140.9 & 3.00 & 0 \\ 3.00 & 10.1 & 0 \\ 0 & 0 & 5.00 \end{pmatrix} \text{GPa}$$

② 计算铺层偏轴刚度矩阵

$$\bar{\boldsymbol{Q}}_{0°} = \begin{pmatrix} 140.9 & 3.00 & 0 \\ 3.00 & 10.1 & 0 \\ 0 & 0 & 5.00 \end{pmatrix} \text{GPa}$$

$$\bar{\boldsymbol{Q}}_{90°} = \begin{pmatrix} 10.1 & 3.0 & 0 \\ 3.0 & 140.9 & 0 \\ 0 & 0 & 5.0 \end{pmatrix} \text{GPa}$$

$$\bar{\boldsymbol{Q}}_{45°} = \begin{pmatrix} 44.3 & 34.3 & 32.7 \\ 34.3 & 44.3 & 32.7 \\ 32.7 & 32.7 & 36.3 \end{pmatrix} \text{GPa}$$

$$\bar{\boldsymbol{Q}}_{-45°} = \begin{pmatrix} 44.3 & 34.3 & -32.7 \\ 34.3 & 44.3 & -32.7 \\ -32.7 & -32.7 & 36.3 \end{pmatrix} \text{GPa}$$

③ 计算铺层的几何坐标参数: $z_1 = -0.5\text{mm}$、$z_2 = -0.375\text{mm}$、$z_3 = -0.25\text{mm}$、$z_4 = -0.125\text{mm}$、$z_5 = 0\text{mm}$、$z_6 = 0.125\text{mm}$、$z_7 = 0.25\text{mm}$、$z_8 = 0.375\text{mm}$、$z_9 = 0.5\text{mm}$

④ 计算层合板刚度系数矩阵

$$\boldsymbol{A} = \begin{pmatrix} 59.9 & 18.6 & 0 \\ 18.6 & 59.9 & 0 \\ 0 & 0 & 20.6 \end{pmatrix} \text{kN/mm}$$

$$\boldsymbol{B} = \begin{pmatrix} 0 & 0 & 0 \\ 0 & 0 & 0 \\ 0 & 0 & 0 \end{pmatrix} \text{kN}$$

$$\boldsymbol{D} = \begin{pmatrix} 8.30 & 1.31 & 0.51 \\ 1.31 & 2.17 & 0.51 \\ 0.51 & 0.51 & 1.47 \end{pmatrix} \text{kN·mm}$$

⑤ 计算层合板柔度系数矩阵

$$
\boldsymbol{a} = \begin{pmatrix} 0.0185 & -0.0058 & 0 \\ -0.0058 & 0.0185 & 0 \\ 0 & 0 & 0.0485 \end{pmatrix} \text{mm/kN}
$$

$$
\boldsymbol{b} = \boldsymbol{c} = \begin{pmatrix} 0 & 0 & 0 \\ 0 & 0 & 0 \\ 0 & 0 & 0 \end{pmatrix} \text{kN}^{-1}
$$

$$
\boldsymbol{d} = \begin{pmatrix} 0.1337 & -0.0761 & -0.0200 \\ -0.0761 & 0.5460 & -0.1629 \\ -0.0200 & -0.1629 & 0.7418 \end{pmatrix} (\text{kN} \cdot \text{mm})^{-1}
$$

⑥ 计算工程弹性常数

面内工程弹性常数：

$$E_x = 54.1\text{GPa}, \quad E_y = 54.1\text{GPa}, \quad G_{xy} = 20.6\text{GPa}$$
$$\nu_{yx} = 0.31, \qquad \eta_{xy,x} = 0, \qquad \eta_{xy,y} = 0$$

弯曲工程弹性常数：

$$E_x^f = 89.7\text{GPa}, \quad E_y^f = 22.0\text{GPa}, \quad G_{xy}^f = 16.2\text{GPa}$$
$$\nu_{yx}^f = 0.57, \qquad \eta_{xy,x}^f = -0.15, \qquad \eta_{xy,y}^f = -0.30$$

(2) MATLAB 函数求解

统一单位：kN、mm、GPa。

输入材料工程弹性常数：E1=140; E2=10; v21=0.3; G12=5;

输入铺层角度：theta=[0;45;−45;90;90;−45;45;0];

输入铺层厚度：tk=0.125;

首先调用 LaminateStiffness(E1,E2,v21,G12,tk,theta) 函数即可计算刚度系数矩阵 $\boldsymbol{A}$、$\boldsymbol{B}$、$\boldsymbol{D}$。其次调用 LaminateCompliance(E1,E2,v21,G12,tk,theta) 函数即可计算柔度系数矩阵 $\boldsymbol{a}$、$\boldsymbol{b}$、$\boldsymbol{c}$、$\boldsymbol{d}$。再次调用 LaminateElasticConstants(E1,E2,v21,G12, tk,theta) 函数即可计算层合板的面内工程弹性常数。最后调用 BendingElasticConstants(E1,E2,v21,G12,tk,theta) 函数即可计算层合板的弯曲工程弹性常数。

遵循上述解题思路，编写 M 文件 Case_6_11.m 如下：

```
clc,clear,close all;
format compact
E1=140;  E2=10;  v21=0.3;  G12=5;
theta= [0;45;-45;90;90;-45;45;0];
```

```
tk=0.125;
disp('刚度系数矩阵: ');
[A,B,D]=LaminateStiffness(E1,E2,v21,G12,tk,theta)
disp('柔度系数矩阵: ');
[a,b,c,d]=LaminateCompliance(E1,E2,v21,G12,tk,theta)
disp('面内工程弹性常数: ');
disp(LaminateElasticConstants(E1,E2,v21,G12,tk,theta))
disp('弯曲工程弹性常数: ');
disp(BendingElasticConstants(E1,E2,v21,G12,tk,theta))
clear;
format compact
E1=140;     E2=10;     v21=0.3;     G12=5;
alpha=0:0.01:2*pi;
n=length(alpha);
tk=0.125;
for i=1:n
theta = [0,45,-45,90,90,-45,45,0]+alpha(i)*180/pi;
    rho1(i,:)=LaminateElasticConstants(E1,E2,v21,G12,tk,theta);
    rho2(i,:)=BendingElasticConstants (E1,E2,v21,G12,tk,theta);
end
subplot(2,2,1)
polarplot(alpha,rho1(:,1))
hold on
polarplot(alpha,rho1(:,2),'--')
hold on
polarplot(alpha,rho1(:,3),'r:')
legend('$E_x$','$E_y$','$G_{xy}$','Interpreter','latex',...
    'Location','southoutside','NumColumns',3,'FontSize',16)
legend('boxoff')

subplot(2,2,2)
polarplot(alpha,rho1(:,4))
hold on
polarplot(alpha,rho1(:,5),'--')
hold on
polarplot(alpha,rho1(:,6),'r:')
legend('$v_{xy}$','$v_{yx}$','$\eta_{xyx}$',...
    'Interpreter','latex','Location','southoutside','NumColumns',3,'
        FontSize',16)
legend('boxoff')
```

```
subplot(2,2,3)
polarplot(alpha,rho2(:,1))
hold on
polarplot(alpha,rho2(:,2),'--')
hold on
polarplot(alpha,rho2(:,3),'r:')
legend('$E_x$','$E_y$','$G_{xy}$','Interpreter','latex',...
    'Location','southoutside','NumColumns',3,'FontSize',16)
legend('boxoff')

subplot(2,2,4)
polarplot(alpha,rho2(:,4))
hold on
polarplot(alpha,rho2(:,5),'--')
hold on
polarplot(alpha,rho2(:,6),'r:')
legend('$v_{xy}$','$v_{yx}$','$\eta_{xyx}$',...
    'Interpreter','latex','Location','southoutside','NumColumns',3,'
        FontSize',16)
legend('boxoff')
```

运行 M 文件 Case_6_11.m，可得到以下结果：

刚度系数矩阵：

A =

59.8688	18.6359	0
18.6359	59.8688	0
0	0	20.6165

B =

1.0e-15 *

0.8882	0.2776	0
0.2776	-0.2220	0
0	0	0

D =

8.2997	1.3090	0.5111
1.3090	2.1665	0.5111
0.5111	0.5111	1.4740

柔度系数矩阵：

a =

0.0185	-0.0058	0
-0.0058	0.0185	

```
              0          0        0.0485
b =
    1.0e-17 *
   -0.1495    -0.2373     0.1341
   -0.0437     0.3116    -0.0929
        0          0          0
c =
    1.0e-17 *
   -0.1495    -0.0437          0
   -0.2373     0.3116          0
    0.1341    -0.0929          0
d =
    0.1337    -0.0761    -0.0200
   -0.0761     0.5460    -0.1629
   -0.0200    -0.1629     0.7418
面内工程弹性常数:
   54.0679    54.0679    20.6165     0.3113              0          0
弯曲工程弹性常数:
   89.7425    21.9789    16.1761     0.5689      -0.1495    -0.2984
```

从计算结果可以看出,层合板面内拉伸刚度系数与各向同性材料一致,本构关系在各个方向是一样的,这种性质称为准各向同性。这种性质属于结构构成上的一种性质,与材料本来的各向同性是有区别的。但是弯曲变形就不一定具有各向同性,比如此案例中面内工程弹性常数满足各向同性工程弹性常数的条件 ($E_x = E_y$、$G_{xy} = E_x/[2(1+\nu_{xy})]$、$\eta_{xy,x} = 0$、$\eta_{xy,y} = 0$),而弯曲工程弹性常数就不满足各向同性工程弹性常数的条件。在极坐标下,圆形层合板的面内与弯曲工程弹性常数沿极坐标的分布状况如图 6-22 和图 6-23 所示。

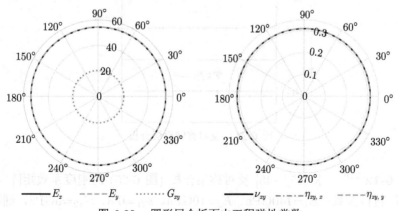

图 6-22　圆形层合板面内工程弹性常数

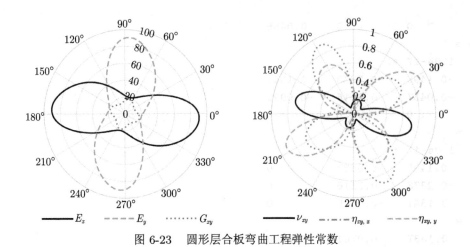

图 6-23　圆形层合板弯曲工程弹性常数

6.3.2　反对称结构

反对称层合板 (anti-symmetric laminate) 的层数为偶数，通常有斜交铺设反对称板、正交铺设反对称板两种类型。

1. 斜交铺设反对称板

距中面的两侧距离相等的每一对单层板的材料相同，板厚也相等，但铺设角恰好是相反的。若一侧的单层板铺设角为 $+\theta$，另一侧必为 $-\theta$，通常称为斜交反对称层合板，如图 6-24 所示。

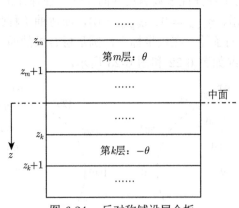

图 6-24　反对称铺设层合板

例 **6-12**[3,26]　求 [45/−45] 反对称层合板 (图 6-25) 的刚度系数矩阵 **A**、**B**、**D**，铺层材料参数：E_1=140GPa、E_2=10GPa、ν_{21}=0.3、G_{12}=5GPa，铺层厚度 t_k=0.125mm。

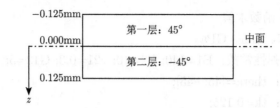

图 6-25 [45/-45] 层合板几何尺寸

解 (1) 理论求解

① 计算铺层正轴刚度矩阵

$$Q = \begin{pmatrix} 140.9 & 3.00 & 0 \\ 3.00 & 10.1 & 0 \\ 0 & 0 & 5.00 \end{pmatrix} \text{GPa}$$

② 计算铺层偏轴刚度矩阵

$$\bar{Q}_{45°} = \begin{pmatrix} 44.3 & 34.3 & 32.7 \\ 34.3 & 44.3 & 32.7 \\ 32.7 & 32.7 & 36.3 \end{pmatrix} \text{GPa}$$

$$\bar{Q}_{-45°} = \begin{pmatrix} 44.3 & 34.3 & -32.7 \\ 34.3 & 44.3 & -32.7 \\ -32.7 & -32.7 & 36.3 \end{pmatrix} \text{GPa}$$

③ 计算铺层的几何坐标参数：$z_1 = -0.125\text{mm}$、$z_2 = 0\text{mm}$、$z_3 = 0.125\text{mm}$

④ 计算层合板刚度系数矩阵

$$A = \begin{pmatrix} 11.1 & 8.6 & 0 \\ 8.6 & 11.1 & 0 \\ 0 & 0 & 9.1 \end{pmatrix} \text{kN/mm}$$

$$B = \begin{pmatrix} 0 & 0 & -0.51 \\ 0 & 0 & -0.51 \\ -0.51 & -0.51 & 0 \end{pmatrix} \text{kN}$$

$$D = \begin{pmatrix} 0.0576 & 0.0446 & 0 \\ 0.0446 & 0.0576 & 0 \\ 0 & 0 & 0.0472 \end{pmatrix} \text{kN·mm}$$

(2) MATLAB 函数求解

统一单位：kN、mm、GPa。

输入材料工程弹性常数：E1=140; E2=10; v21=0.3; G12=5;

输入铺层角度：theta=[45;-45];

输入铺层厚度：tk=0.125;

调用 LaminateStiffness(E1,E2,v21,G12,tk,theta) 函数即可计算刚度系数矩阵 $\boldsymbol{A}$、$\boldsymbol{B}$、$\boldsymbol{D}$。

遵循上述解题思路，编写 M 文件 Case_6_12.m 如下：

```
clc,clear,close all;
format compact
E1=140;  E2=10;  v21=0.3;  G12=5;
theta= [45;-45];
tk=0.125;
disp('刚度系数矩阵：');
[A,B,D]=LaminateStiffness(E1,E2,v21,G12,tk,theta)
```

运行 M 文件 Case_6_12.m，可得到以下结果：

```
刚度系数矩阵：
A =
   11.0631    8.5631         0
    8.5631   11.0631         0
         0         0    9.0582
B =
         0         0   -0.5111
         0         0   -0.5111
   -0.5111   -0.5111         0
D =
    0.0576    0.0446         0
    0.0446    0.0576         0
         0         0    0.0472
```

由上述案例可知，该层合板分别在面内和面外具有各向异性，不存在拉剪耦合效应，也不存在弯扭耦合效应。但耦合刚度系数中 B_{16} 和 B_{26} 不为 0，这表示存在拉弯耦合效应，如在 x 方向的拉伸会引起面外的扭曲变形 κ_{xy}。此例中 1 轴与 x 轴夹角为 45°，$B_{16}=B_{26}$。在其他情况下，这一关系不成立 [3]。

例 6-13[3,26]　求解 [45/45/-45/-45] 层合板 A(图 6-26(a)) 与 [45/-45/45/-45] 层合板 B(图 6-26(b)) 刚度系数矩阵 $\boldsymbol{B}$。铺层材料参数：E_1=140GPa、E_2=10GPa、ν_{21}=0.3、G_{12}=5GPa，铺层厚度 t_k=0.125mm。

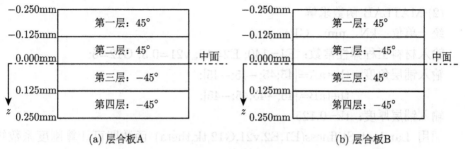

(a) 层合板A　　　　　　　(b) 层合板B

图 6-26　层合板几何尺寸

解　(1) 理论求解

① 计算铺层正轴刚度矩阵

$$\boldsymbol{Q} = \begin{pmatrix} 140.9 & 3.00 & 0 \\ 3.00 & 10.1 & 0 \\ 0 & 0 & 5.00 \end{pmatrix} \text{GPa}$$

② 计算铺层偏轴刚度矩阵

$$\bar{\boldsymbol{Q}}_{45°} = \begin{pmatrix} 44.3 & 34.3 & 32.7 \\ 34.3 & 44.3 & 32.7 \\ 32.7 & 32.7 & 36.3 \end{pmatrix} \text{GPa}$$

$$\bar{\boldsymbol{Q}}_{-45°} = \begin{pmatrix} 44.3 & 34.3 & -32.7 \\ 34.3 & 44.3 & -32.7 \\ -32.7 & -32.7 & 36.3 \end{pmatrix} \text{GPa}$$

③ 计算铺层的几何坐标参数：$z_1 = -0.25\text{mm}$、$z_2 = -0.125\text{mm}$、$z_3 = 0\text{mm}$、$z_4 = 0.125\text{mm}$、$z_5 = 0.25\text{mm}$

④ 计算层合板刚度系数矩阵

层合板 A：

$$\boldsymbol{B} = \begin{pmatrix} 0 & 0 & -2 \\ 0 & 0 & -2 \\ -2 & -2 & 0 \end{pmatrix} \text{kN}$$

层合板 B：

$$\boldsymbol{B} = \begin{pmatrix} 0 & 0 & -1 \\ 0 & 0 & -1 \\ -1 & -1 & 0 \end{pmatrix} \text{kN}$$

(2) MATLAB 函数求解

统一单位：kN、mm、GPa。

输入材料工程弹性常数：E1=140; E2=10; v21=0.3; G12=5;

输入铺层角度：thetaA=[45;45;−45;−45];

thetaB=[45;−45;45;−45];

输入铺层厚度：tk=0.125;

调用 LaminateStiffness(E1,E2,v21,G12,tk,theta) 函数即可计算刚度系数矩阵 $\boldsymbol{B}$。

遵循上述解题思路，编写 M 文件 Case_6_13.m 如下：

```
clc,clear,close all;
format compact
E1=140;  E2=10;  v21=0.3;  G12=5;
thetaA= [45;45;-45;-45];
thetaB= [45;-45;45;-45];
tk=0.125;
disp('层合板A——B刚度系数矩阵：')
[~,B,~]=LaminateStiffness(E1,E2,v21,G12,tk,thetaA)
disp('层合板B——B刚度系数矩阵：');
[~,B,~]=LaminateStiffness(E1,E2,v21,G12,tk,thetaB)
```

运行 M 文件 Case_6_13.m，可得到以下结果：

```
层合板A——B刚度系数矩阵：
B =
          0          0    -2.0444
          0          0    -2.0444
    -2.0444    -2.0444          0
层合板B——B刚度系数矩阵：
B =
          0          0    -1.0222
          0          0    -1.0222
    -1.0222    -1.0222          0
```

通过计算发现，层合板 B 的耦合刚度系数 B_{16}、B_{26} 的大小只有层合板 A 的一半。对于斜交铺设反对称层合板，θ 层与 $-\theta$ 层交替排列相对于同一角度依次排列，有利于减轻拉弯耦合效应 [3]。

2. 正交铺设反对称板

正交铺设反对称层合板是由偶数层正交各向异性铺层以铺设角 0° 和 90° 交替叠放而成。

例 6-14[3,26]　计算 [0/90] 层合板 (图 6-27) 的刚度系数。铺层材料参数：$E_1 = 140\text{GPa}$、$E_2 = 10\text{GPa}$、$\nu_{21} = 0.3$、$G_{12} = 5\text{GPa}$，铺层厚度 $t_k = 0.125\text{mm}$。

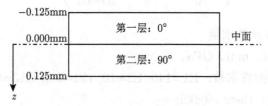

图 6-27　[0/90] 层合板几何尺寸

解　(1) 理论求解

① 计算铺层正轴刚度矩阵

$$Q = \begin{pmatrix} 140.9 & 3.00 & 0 \\ 3.00 & 10.1 & 0 \\ 0 & 0 & 5.00 \end{pmatrix} \text{GPa}$$

② 计算铺层偏轴刚度矩阵

$$\bar{Q}_{0°} = \begin{pmatrix} 140.9 & 3.00 & 0 \\ 3.00 & 10.1 & 0 \\ 0 & 0 & 5.00 \end{pmatrix} \text{GPa}$$

$$\bar{Q}_{90°} = \begin{pmatrix} 10.1 & 3.0 & 0 \\ 3.0 & 140.9 & 0 \\ 0 & 0 & 5.0 \end{pmatrix} \text{GPa}$$

③ 计算铺层的几何坐标参数：$z_1 = -0.125\text{mm}$、$z_2 = 0\text{mm}$、$z_3 = 0.125\text{mm}$

④ 计算层合板刚度系数矩阵

$$A = \begin{pmatrix} 18.9 & 0.8 & 0 \\ 0.8 & 18.9 & 0 \\ 0 & 0 & 1.3 \end{pmatrix} \text{kN/mm}$$

$$B = \begin{pmatrix} -1 & 0 & 0 \\ 0 & 1 & 0 \\ 0 & 0 & 0 \end{pmatrix} \text{kN}$$

$$\boldsymbol{D} = \begin{pmatrix} 0.0983 & 0.0039 & 0 \\ 0.0039 & 0.0983 & 0 \\ 0 & 0 & 0.0065 \end{pmatrix} \text{kN} \cdot \text{mm}$$

(2) MATLAB 函数求解

统一单位：kN、mm、GPa。

输入材料工程弹性常数：E1=140; E2=10; v21=0.3; G12=5;

输入铺层角度：theta=[0;90];

输入铺层厚度：tk=0.125;

调用 LaminateStiffness(E1,E2,v21,G12,tk,theta) 函数即可计算刚度系数矩阵 $\boldsymbol{A}$、$\boldsymbol{B}$、$\boldsymbol{D}$。

遵循上述解题思路，编写 M 文件 Case_6_14.m 如下：

```
clc,clear,close all;
format compact
E1=140;  E2=10;  v21=0.3;  G12=5;
theta= [0;90];
tk=0.125;
disp('刚度系数矩阵：');
[A,B,D]=LaminateStiffness(E1,E2,v21,G12,tk,theta)
```

运行 M 文件 Case_6_14.m，可得到以下结果：

```
刚度系数矩阵：
A =
   18.8713    0.7549         0
    0.7549   18.8713         0
         0         0    1.2500
B =
   -1.0222    0.0000         0
    0.0000    1.0222         0
         0         0         0
D =
    0.0983    0.0039         0
    0.0039    0.0983         0
         0         0    0.0065
```

可以看出，该层合板分别在面内以及面外具有正交各向异性。在耦合刚度系数中，$B_{11} = -B_{22}$。在 x 方向上的拉伸不仅会引起沿 x 和 y 方向的变形，还会导致弯曲变形 κ_x[3]。

例 6-15[3,26] 求解 $[0/0/90/90]$ 层合板 A(图 6-28(a)) 与 $[0/90/0/90]$ 层合板 B(图 6-28(b)) 刚度系数矩阵 $\boldsymbol{B}$。铺层材料参数：$E_1=140\text{GPa}$、$E_2=10\text{GPa}$、$\nu_{21}=0.3$、$G_{12}=5\text{GPa}$，铺层厚度 $t_k=0.125\text{mm}$。

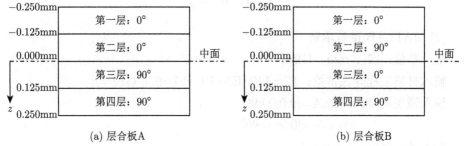

(a) 层合板A   (b) 层合板B

图 6-28 层合板几何尺寸

解 (1) 理论求解

① 计算铺层正轴刚度矩阵

$$\boldsymbol{Q} = \begin{pmatrix} 140.9 & 3.00 & 0 \\ 3.00 & 10.1 & 0 \\ 0 & 0 & 5.00 \end{pmatrix} \text{GPa}$$

② 计算铺层偏轴刚度矩阵

$$\bar{\boldsymbol{Q}}_{0°} = \begin{pmatrix} 140.9 & 3.00 & 0 \\ 3.00 & 10.1 & 0 \\ 0 & 0 & 5.00 \end{pmatrix} \text{GPa}$$

$$\bar{\boldsymbol{Q}}_{90°} = \begin{pmatrix} 10.1 & 3.0 & 0 \\ 3.0 & 140.9 & 0 \\ 0 & 0 & 5.0 \end{pmatrix} \text{GPa}$$

③ 计算铺层的几何坐标参数：$z_1 = -0.25\text{mm}$、$z_2 = -0.125\text{mm}$、$z_3=0\text{mm}$、$z_4=0.125\text{mm}$、$z_5=0.25\text{mm}$

④ 计算层合板刚度系数矩阵

层合板 A：

$$\boldsymbol{B} = \begin{pmatrix} -4.1 & 0 & 0 \\ 0 & 4.1 & 0 \\ 0 & 0 & 0 \end{pmatrix} \text{kN}$$

层合板 B：

$$B = \begin{pmatrix} -2 & 0 & 0 \\ 0 & 2 & 0 \\ 0 & 0 & 0 \end{pmatrix} \text{kN}$$

(2) MATLAB 函数求解

统一单位：kN、mm、GPa。

输入材料工程弹性常数：E1=140; E2=10; v21=0.3; G12=5;

输入铺层角度：thetaA=[0;0;90;90];

　　　　　　　　thetaB=[0;90;0;90];

输入铺层厚度：tk=0.125;

调用 LaminateStiffness(E1,E2,v21,G12,tk,theta) 函数即可计算刚度系数矩阵 B。

遵循上述解题思路，编写 M 文件 Case_6_15.m 如下：

```
clc,clear,close all;
format compact
E1=140;  E2=10;  v21=0.3;  G12=5;
thetaA=[0;0;90;90];
thetaB= [0;90;0;90];
tk=0.125;
disp('层合板A——B刚度系数矩阵：')
[~,B,~]=LaminateStiffness(E1,E2,v21,G12,tk,thetaA)
disp('层合板B——B刚度系数矩阵：');
[~,B,~]=LaminateStiffness(E1,E2,v21,G12,tk,thetaB)
```

运行 M 文件 Case_6_15.m，可得到以下结果：

```
层合板A——B刚度系数矩阵：
B =
   -4.0888     0.0000      0
    0.0000     4.0888      0
        0          0       0
层合板B——B刚度系数矩阵：
B =
   -2.0444     0.0000      0
    0.0000     2.0444      0
        0          0       0
```

通过计算发现，层合板 B 的耦合刚度系数的大小只有层合板 A 的一半。对于斜交铺设反对称层合板，θ 层与 $-\theta$ 层交替排列相对于同一角度依次排列，耦合刚度系数更小。

第 7 章 层合板的强度

层合板是否破坏,判定的标准有首层破坏准则 (first ply failure criterion, FPF) 和末层破坏准则 (last ply failure criterion, LPF)。前者给出首层破坏对应的强度,计算相对容易。后者需要模拟层合板的逐次破坏过程,计算较为复杂。而层合板的应力分析是强度破坏分析的基础。本章结合 MATLAB 自编层合板应力、应变分析,应力、应变分布图,首层破坏准则,末层破坏准则等多个函数,并结合几个典型案例,详述了应力分析、强度预测的分析方法和步骤。根据不同的刚度退化准则,给出了不同的极限强度预测值。主要涉及的相关概念及相互之间的关系如图 7-1 所示。

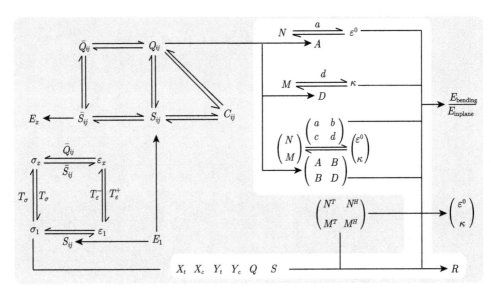

图 7-1 层合板的强度导学

7.1 层合板的应力应变分析

7.1.1 应力应变分析基本理论

对一般层合板,受全部内力和内力矩,存在 A_{ij}、B_{ij}、D_{ij} 刚度系数,则根据式 (6-12) 有

$$
\begin{pmatrix} N_x \\ N_y \\ N_{xy} \\ \hline M_x \\ M_y \\ M_{xy} \end{pmatrix} = \left(\begin{array}{ccc|ccc} A_{11} & A_{12} & A_{16} & B_{11} & B_{12} & B_{16} \\ A_{12} & A_{22} & A_{26} & B_{12} & B_{22} & B_{26} \\ A_{16} & A_{26} & A_{66} & B_{16} & B_{26} & B_{66} \\ \hline B_{11} & B_{12} & B_{16} & D_{11} & D_{12} & D_{16} \\ B_{12} & B_{22} & B_{26} & D_{12} & D_{22} & D_{26} \\ B_{16} & B_{26} & B_{66} & D_{16} & D_{26} & D_{66} \end{array} \right) \begin{pmatrix} \varepsilon_x^0 \\ \varepsilon_y^0 \\ \gamma_{xy}^0 \\ \hline \kappa_x \\ \kappa_y \\ \kappa_{xy} \end{pmatrix} \tag{7-1}
$$

其逆关系有

$$
\begin{pmatrix} \varepsilon_x^0 \\ \varepsilon_y^0 \\ \gamma_{xy}^0 \\ \hline \kappa_x \\ \kappa_y \\ \kappa_{xy} \end{pmatrix} = \left(\begin{array}{ccc|ccc} a_{11} & a_{12} & a_{16} & b_{11} & b_{12} & b_{16} \\ a_{12} & a_{22} & a_{26} & b_{21} & b_{22} & b_{26} \\ a_{16} & a_{26} & a_{66} & b_{61} & b_{62} & b_{66} \\ \hline c_{11} & c_{12} & c_{16} & d_{11} & d_{12} & d_{16} \\ c_{21} & c_{22} & c_{26} & d_{12} & d_{22} & d_{26} \\ c_{61} & c_{62} & c_{66} & d_{16} & d_{26} & d_{66} \end{array} \right) \begin{pmatrix} N_x \\ N_y \\ N_{xy} \\ \hline M_x \\ M_y \\ M_{xy} \end{pmatrix} \tag{7-2}
$$

由式 (7-2) 可求得中面应变 (ε_x^0、ε_y^0、γ_{xy}^0) 和中面弯曲率 (κ_x、κ_y、κ_{xy})。

由中面应变和中面弯曲率就可计算层合板内任一单层的应变:

$$
\begin{pmatrix} \varepsilon_x \\ \varepsilon_y \\ \gamma_{xy} \end{pmatrix}_k = \begin{pmatrix} \varepsilon_x^0 \\ \varepsilon_y^0 \\ \gamma_{xy}^0 \end{pmatrix} + z \begin{pmatrix} \kappa_x \\ \kappa_y \\ \kappa_{xy} \end{pmatrix} \tag{7-3}
$$

z 值通常取第 k 层的上表面 ($z = z_{k+1}$)、下表面 ($z = z_k$) 或铺层中面 $z = \dfrac{z_k + z_{k+1}}{2}$ (图 7-2)。选择这三个面的原因是为了展示说明铺层与铺层之间存在应力突变。

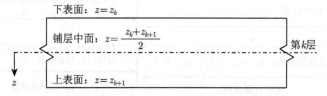

图 7-2 铺层上表面、下表面和铺层中面位置

由偏轴应变转换到正轴应变:

$$
\begin{pmatrix} \varepsilon_1 \\ \varepsilon_2 \\ \gamma_{12} \end{pmatrix} = \begin{pmatrix} m^2 & n^2 & mn \\ n^2 & m^2 & -mn \\ -2mn & 2mn & m^2 - n^2 \end{pmatrix} \begin{pmatrix} \varepsilon_x \\ \varepsilon_y \\ \gamma_{xy} \end{pmatrix} \tag{7-4}
$$

将铺层中每一点的应变乘以相应的折减刚度矩阵就可求得层合板的铺层应力:

$$\begin{pmatrix} \sigma_1 \\ \sigma_2 \\ \tau_{12} \end{pmatrix} = \begin{pmatrix} Q_{11} & Q_{12} & 0 \\ Q_{21} & Q_{22} & 0 \\ 0 & 0 & Q_{66} \end{pmatrix} \begin{pmatrix} \varepsilon_1 \\ \varepsilon_2 \\ \gamma_{12} \end{pmatrix} \tag{7-5}$$

上述的层合板铺层应力分析过程可以总结为如图 7-3 所示的层合板应力分析计算流程图。

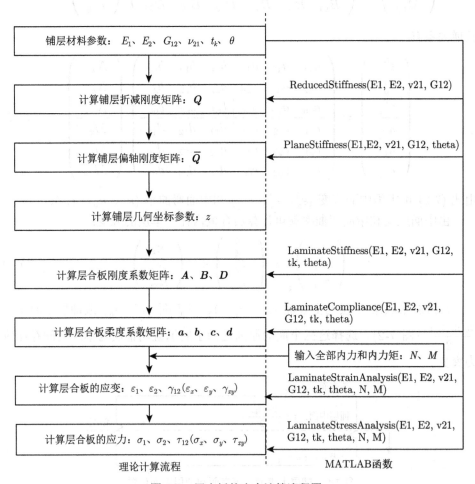

图 7-3 层合板的应力计算流程图

依据上述层合板的应变、应力分析基本理论与应力计算流程，编写两个函数，一个是求解层合板铺层应变，另一个是求解层合板铺层应力。求层合板铺层应变的 MATLAB 函数为 LaminateStrainAnalysis(E1,E2,v21,G12,tk,theta,N,M)。

函数运行结果：输出两个数据 [Epsilon_X,Epsilon]，第一个数据 Epsilon_X 为偏轴铺层应变，第二个数据 Epsilon 为正轴铺层应变，这里都是用三维矩阵表示铺层应变，三维矩阵对应正轴铺层应变的关系如图 7-4 所示。

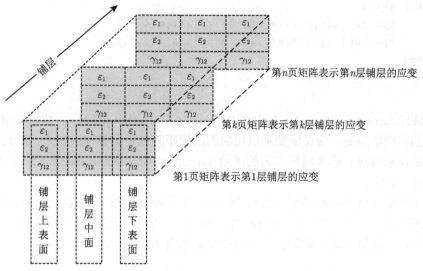

第n页矩阵表示第n层铺层的应变

第k页矩阵表示第k层铺层的应变

第1页矩阵表示第1层铺层的应变

图 7-4　三维矩阵与正轴铺层应变的对应关系 (偏轴应变与此类似)

LaminateStrainAnalysis(E1,E2,v21,G12,tk,theta,N,M) 函数的具体编写如下：

```
function [Epsilon_X,Epsilon]=LaminateStrainAnalysis(E1,E2,v21,G12,
    tk,theta,N,M)
%函数功能：计算层合板各铺层应变。
%调用格式：LaminateStrainAnalysis(E1,E2,v21,G12,tk,theta,N,M)。
%输入参数：E1,E2,v21,G12—材料工程弹性常数。
%         tk—铺层厚度。
%         theta—铺层角度，以向量的格式输入。
%         N,M—内力和内力矩，以列向量的格式输入。
%运行结果：输出两个数据[Epsilon_X,Epsilon]。
%         第一个数据Epsilon_X为偏轴铺层应变。
%         第二个数据Epsilon为正轴铺层应变。
%         这里都是用三维矩阵表示各铺层应变：
%         每一页矩阵表示一个铺层的应变数据。
%         每一页矩阵的第一列表示此铺层的上表面的正应变。
%         每一页矩阵的第二列表示此铺层的中面的正应变。
%         每一页矩阵的第三列表示此铺层的下表面的正应变。
[a,b,c,d]=LaminateCompliance(E1,E2,v21,G12,tk,theta);
e_m=[a,b;c,d]*[N;M];
n=length(theta);
for i=1:n
    z=-n*tk/2+(i-1)*tk:tk/2:-n*tk/2+i*tk;
```

```
    Te(:,:,i)=StrainTransformation(theta(i));
    for j=1:3
        Epsilon_X(:,j,i)=e_m(1:3)+z(j)*e_m(4:6);
        Epsilon(:,j,i)=Te(:,:,i)*Epsilon_X(:,j,i);
    end
end
end
```

通过 LaminateStrainAnalysis(E1,E2,v21,G12,tk,theta,N,M) 函数可以求得层合板的各铺层应变，通过应变乘以相应的刚度矩阵就得到各铺层应力。以此为基础，编译求解层合板各铺层应力的函数 LaminateStressAnalysis(E1,E2,v21,G12,tk,theta,N,M)。

函数运行结果：输出两个数据 [Sigma_X,Sigma]，第一个数据 Sigma_X 为偏轴铺层应力，第二个数据 Sigma 为正轴铺层应力，这里都是用三维矩阵表示铺层应力，三维矩阵对应正轴铺层应力的关系如图 7-5 所示。

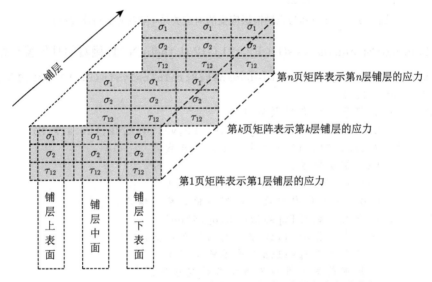

图 7-5　三维矩阵与正轴铺层应力的对应关系 (偏轴应力与此类似)

LaminateStressAnalysis (E1,E2,v21,G12,tk,theta,N,M) 函数的具体编写如下：

```
function [Sigma_X,Sigma]=LaminateStressAnalysis(E1,E2,v21,G12,tk,
    theta,N,M)
%函数功能: 计算层合板各铺层应力。
%调用格式: LaminateStressAnalysis(E1,E2,v21,G12,tk,theta,N,M)。
%输入参数: E1,E2,v21,G12—材料工程弹性常数。
%          tk— 铺层厚度。
```

```
%              theta—铺层角度, 以向量格式输入。
%              N,M—内力和内力矩, 以列向量格式输入。
%运行结果: 输出两个数据[Sigma_X, Sigma]。
%              第一个数据Sigma_X为偏轴铺层应力。
%              第二个数据Sigma为正轴铺层应力。
%              这里都是用三维矩阵表示各铺层应力:
%              每一页矩阵表示一个铺层的应力数据。
%              每一页矩阵的第一列表示此铺层的上表面的正应力。
%              每一页矩阵的第二列表示此铺层的中面的正应力。
%              每一页矩阵的第三列表示此铺层的下表面的正应力。
[a,b,c,d]=LaminateCompliance(E1,E2,v21,G12,tk,theta);
e_m=[a,b;c,d]*[N;M];
n=length(theta);
RQ=ReducedStiffness(E1,E2,v21,G12);
[Epsilon_X,Epsilon]=LaminateStrainAnalysis(E1,E2,v21,G12,tk,theta,N,
    M);
for i=1:n
    Q(:,:,i)=PlaneStiffness(E1,E2,v21,G12,theta(i));
    Sigma_X(:,:,i)=Q(:,:,i)*Epsilon_X(:,:,i);
    Sigma(:,:,i)=RQ*Epsilon(:,:,i);
end
end
```

7.1.2 应力应变分析案例

本部分引用了两种典型铺层的对称 ([45/ − 45/ − 45/45]) 与反对称 ([−45/45/ −45/45]) 层合板, 计算层合板在外力作用下的各铺层应力状况。

例 7-1[1,2] [45/ − 45/−45/45] 对称层合板仅受 $N_x=50\text{N/mm}$, 求层合板的铺层应力。铺层材料参数: $E_1=138\text{GPa}$、$E_2=9\text{GPa}$、$\nu_{21}=0.3$、$G_{12}=6.9\text{GPa}$, 铺层厚度 $t_k=0.25\text{mm}$, 如图 7-6 所示。

解 (1) 理论求解

①计算铺层正轴刚度矩阵

$$Q = \begin{pmatrix} 138.8 & 2.72 & 0 \\ 2.72 & 9.05 & 0 \\ 0 & 0 & 6.9 \end{pmatrix}\text{GPa}$$

②计算铺层偏轴刚度矩阵

$$\bar{\boldsymbol{Q}}_{45°} = \begin{pmatrix} 45.22 & 31.42 & 32.44 \\ 31.42 & 45.22 & 32.44 \\ 32.44 & 32.44 & 35.60 \end{pmatrix} \text{GPa}$$

$$\bar{\boldsymbol{Q}}_{-45°} = \begin{pmatrix} 45.22 & 31.42 & -32.44 \\ 31.42 & 45.22 & -32.44 \\ -32.44 & -32.44 & 35.60 \end{pmatrix} \text{GPa}$$

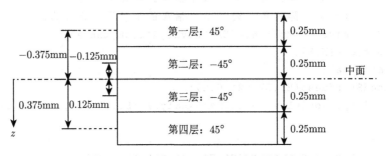

图 7-6 $[45/-45/-45/45]$ 对称层合板

③计算铺层的几何坐标参数：$z_1 = -0.5\text{mm}$、$z_2 = -0.25\text{mm}$、$z_3 = 0\text{mm}$、$z_4 = 0.25\text{mm}$、$z_5 = 0.5\text{mm}$

④计算层合板刚度系数矩阵

$$\boldsymbol{A} = \begin{pmatrix} 45.22 & 31.42 & 0 \\ 31.42 & 45.22 & 0 \\ 0 & 0 & 35.60 \end{pmatrix} \text{kN/mm}$$

$$\boldsymbol{B} = \begin{pmatrix} 0 & 0 & 0 \\ 0 & 0 & 0 \\ 0 & 0 & 0 \end{pmatrix} \text{kN}$$

$$\boldsymbol{D} = \begin{pmatrix} 3.77 & 2.62 & 2.03 \\ 2.62 & 3.77 & 2.03 \\ 2.03 & 2.03 & 2.97 \end{pmatrix} \text{kN} \cdot \text{mm}$$

⑤计算层合板柔度系数矩阵

$$\boldsymbol{a} = \begin{pmatrix} 0.0428 & -0.0297 & 0 \\ -0.0297 & 0.0428 & 0 \\ 0 & 0 & 0.0281 \end{pmatrix} \text{mm/kN}$$

$$b = c = \begin{pmatrix} 0 & 0 & 0 \\ 0 & 0 & 0 \\ 0 & 0 & 0 \end{pmatrix} \text{kN}^{-1}$$

$$d = \begin{pmatrix} 0.573 & -0.297 & -0.189 \\ -0.297 & 0.573 & -0.189 \\ -0.189 & -0.189 & 0.595 \end{pmatrix} (\text{kN} \cdot \text{mm})^{-1}$$

⑥计算层合板铺层应变

由于是对称层合板, 中面应变计算就很简洁, 中面应变为

$$\begin{pmatrix} \varepsilon_x^0 \\ \varepsilon_y^0 \\ \gamma_{xy}^0 \end{pmatrix} = aN = \begin{pmatrix} 0.0428 & -0.0297 & 0 \\ -0.0297 & 0.0428 & 0 \\ 0 & 0 & 0.0281 \end{pmatrix} \begin{pmatrix} 50 \\ 0 \\ 0 \end{pmatrix} \times 10^{-3} = \begin{pmatrix} 0.002138 \\ -0.001485 \\ 0 \end{pmatrix}$$

中面弯曲率为

$$\begin{pmatrix} \kappa_x \\ \kappa_y \\ \kappa_{xy} \end{pmatrix} = \begin{pmatrix} 0 \\ 0 \\ 0 \end{pmatrix}$$

层合板的总应变为

$$\begin{pmatrix} \varepsilon_x \\ \varepsilon_y \\ \gamma_{xy} \end{pmatrix}_k = \begin{pmatrix} \varepsilon_x^0 \\ \varepsilon_y^0 \\ \gamma_{xy}^0 \end{pmatrix} + z \begin{pmatrix} \kappa_x \\ \kappa_y \\ \kappa_{xy} \end{pmatrix} = \begin{pmatrix} 2.138 \\ -1.485 \\ 0 \end{pmatrix} \times 10^{-3}$$

对于 45° 铺层其正轴应变为

$$\begin{pmatrix} \varepsilon_1 \\ \varepsilon_2 \\ \gamma_{12} \end{pmatrix}_{45°} = \begin{pmatrix} m^2 & n^2 & mn \\ n^2 & m^2 & -mn \\ -2mn & 2mn & m^2-n^2 \end{pmatrix} \begin{pmatrix} 2.138 \\ -1.485 \\ 0 \end{pmatrix} \times 10^{-3} = \begin{pmatrix} 0.326 \\ 0.326 \\ -3.623 \end{pmatrix} \times 10^{-3}$$

式中, $m = \cos 45°$, $n = \sin 45°$。

对于 $-45°$ 铺层其正轴应变为

$$\begin{pmatrix} \varepsilon_1 \\ \varepsilon_2 \\ \gamma_{12} \end{pmatrix}_{-45°} = \begin{pmatrix} m^2 & n^2 & mn \\ n^2 & m^2 & -mn \\ -2mn & 2mn & m^2-n^2 \end{pmatrix} \begin{pmatrix} 2.138 \\ -1.485 \\ 0 \end{pmatrix} \times 10^{-3} = \begin{pmatrix} 0.326 \\ 0.326 \\ 3.623 \end{pmatrix} \times 10^{-3}$$

式中, $m = \cos(-45°)$, $n = \sin(-45°)$。

各铺层应变沿铺层分布状况如图 7-7 所示。

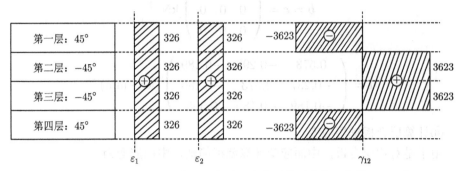

图 7-7　在 N_x=50N/mm 作用下各铺层应变沿铺层分布示意图 ($\times 10^{-6}$)

⑦计算层合板铺层应力

对于 45° 铺层其应力为

$$
\begin{pmatrix} \sigma_1 \\ \sigma_2 \\ \tau_{12} \end{pmatrix}_{45°} = \begin{pmatrix} 138.8 & 2.72 & 0 \\ 2.72 & 9.05 & 0 \\ 0 & 0 & 6.9 \end{pmatrix} \begin{pmatrix} 0.326 \\ 0.326 \\ -3.623 \end{pmatrix} \times 10^{-3} \times 10^3
$$

$$
= \begin{pmatrix} 46.14 \\ 3.84 \\ -25 \end{pmatrix} \text{MPa}
$$

对于 −45° 铺层其应力为

$$
\begin{pmatrix} \sigma_1 \\ \sigma_2 \\ \tau_{12} \end{pmatrix}_{-45°} = \begin{pmatrix} 138.8 & 2.72 & 0 \\ 2.72 & 9.05 & 0 \\ 0 & 0 & 6.9 \end{pmatrix} \begin{pmatrix} 0.326 \\ 0.326 \\ 3.623 \end{pmatrix} = \begin{pmatrix} 46.14 \\ 3.84 \\ 25 \end{pmatrix} \text{MPa}
$$

各铺层应力沿铺层分布状况如图 7-8 所示。

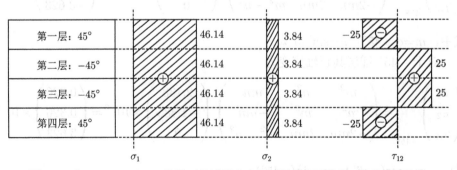

图 7-8　在 N_x=50N/mm 作用下各铺层应力沿铺层分布示意图 (单位：MPa)

(2)MATLAB 函数求解

统一单位：MPa、mm。

输入铺层材料参数：E1=138000;E2=9000;v21=0.3;G12=6900;

输入铺层角度：theta=[45;−45;−45;45];

输入铺层厚度：tk=0.25;

输入内力和内力矩：N=[50;0;0];M=[0;0;0];

调用函数 LaminateStrainAnalysis(E1,E2,v21,G12,tk,theta,N,M) 计算层合板的正轴与偏轴应变，调用函数 LaminateStressAnalysis(E1,E2,v21,G12,tk,theta,N,M) 计算层合板的正轴与偏轴应力，以正轴应力应变数据为基础，调用函数 StressStrainDiagram(Sigma,tk,3) 和函数 StressStrainDiagram(Epsilon,tk,4)，绘制沿铺层应力应变分布图 (结果见图 7-9 和图 7-10)。

遵循上述解题思路，编写 M 文件 Case_7_1.m 如下：

```
clc,clear,close all
format compact
E1=138000;  E2=9000;  v21=0.3;  G12=6900;
theta=[45;-45;-45;45];
tk=0.25;
N=[50;0;0];
M=[0;0;0];
[~,Epsilon]=LaminateStrainAnalysis(E1,E2,v21,G12,tk,theta,N,M)
[Sigma_X,Sigma]=LaminateStressAnalysis(E1,E2,v21,G12,tk,theta,N,M)
%作正轴应变和正轴应力沿铺层分布图，绘图MATLAB函数见此案例结尾处。
StressStrainDiagram(Sigma,tk,3);
StressStrainDiagram(Epsilon,tk,4);
```

运行 M 文件 Case_7_1.m，可得到以下结果：

```
Epsilon(:,:,1) =
    0.0003     0.0003     0.0003
    0.0003     0.0003     0.0003
   -0.0036    -0.0036    -0.0036
Epsilon(:,:,2) =
    0.0003     0.0003     0.0003
    0.0003     0.0003     0.0003
    0.0036     0.0036     0.0036
Epsilon(:,:,3) =
    0.0003     0.0003     0.0003
    0.0003     0.0003     0.0003
    0.0036     0.0036     0.0036
```

```
Epsilon(:,:,4) =
    0.0003      0.0003      0.0003
    0.0003      0.0003      0.0003
   -0.0036     -0.0036     -0.0036
Sigma_X(:,:,1) =
   50.0000     50.0000     50.0000
        0           0           0
   21.1614     21.1614     21.1614
Sigma_X(:,:,2) =
   50.0000     50.0000     50.0000
        0           0           0
  -21.1614    -21.1614    -21.1614
Sigma_X(:,:,3) =
   50.0000     50.0000     50.0000
        0           0           0
  -21.1614    -21.1614    -21.1614
Sigma_X(:,:,4) =
   50.0000     50.0000     50.0000
        0           0           0
   21.1614     21.1614     21.1614
Sigma(:,:,1) =
   46.1614     46.1614     46.1614
    3.8386      3.8386      3.8386
  -25.0000    -25.0000    -25.0000
Sigma(:,:,2) =
   46.1614     46.1614     46.1614
    3.8386      3.8386      3.8386
   25.0000     25.0000     25.0000
Sigma(:,:,3) =
   46.1614     46.1614     46.1614
    3.8386      3.8386      3.8386
   25.0000     25.0000     25.0000
Sigma(:,:,4) =
   46.1614     46.1614     46.1614
    3.8386      3.8386      3.8386
  -25.0000    -25.0000    -25.0000
```

绘图函数 StressStrainDiagram(DrawingData,tk,DrawingType) 专门绘制层合板应力应变沿铺层分布，可绘制正轴应变、偏轴应变、正轴应力、偏轴应力的铺层分布图。

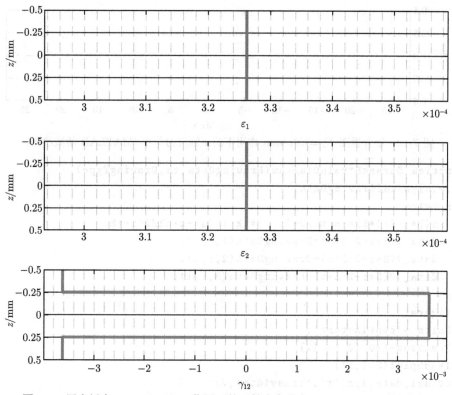

图 7-9 层合板在 $N_x = 50\mathrm{N/mm}$ 作用下的正轴应变分布 (MATLAB 函数绘制)

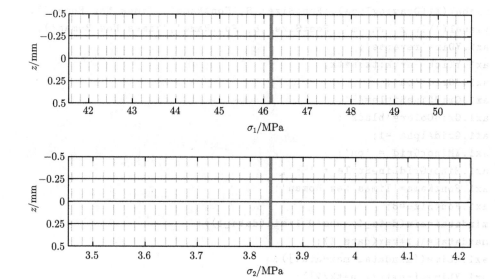

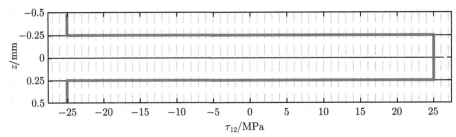

图 7-10　层合板在 $N_x=50\mathrm{N/mm}$ 作用下的正轴应力分布 (MATLAB 函数绘制)

```
function StressStrainDiagram(DrawingData,tk,DrawingType)
[~,~,n]=size(DrawingData);
for i=1:n
    z(3*i-2:3*i)=-n*tk/2+(i-1)*tk:tk/2:-n*tk/2+i*tk;
    data_1(3*i-2:3*i)=DrawingData(1,:,i);
    data_2(3*i-2:3*i)=DrawingData(2,:,i);
    data_12(3*i-2:3*i)=DrawingData(3,:,i);
end
f=figure;
f.Units ='centimeters';
f.Position=[30 10 14 12];
ax1=subplot(3,1,1);
plot(ax1,data_1,z,'r','linewidth',2);
X1={'\it\sigma_x \rm/MPa','\it\epsilon_x','\it\sigma\rm_1 \rm/MPa','
    \it\epsilon\rm_1'};
xlabel(X1(DrawingType),'FontSize',8,'FontName','Times New Roman');
ylabel('\it z \rm/mm','FontSize',8,'FontName','Times New Roman');
ax1.YDir='reverse';
ax1.YTick=-n*tk:tk:n*tk;
ax1.YGrid='on';
ax1.GridLineStyle='-';
ax1.GridColor='black';
ax1.GridAlpha =1;
ax1.XMinorGrid = 'on';
ax1.MinorGridLineStyle = '--';
ax1.FontName='Times New Roman';
ax1.FontSize=8;
mindata1=min(data_1)-abs(0.1*min(data_1));
maxdata1=1.1*max(data_1);
ax1.XLim=([mindata1 maxdata1]);
ax1.YLim=([-n*tk/2 n*tk/2]);
ax2=subplot(3,1,2);
```

```
plot(ax2,data_2,z,'r','linewidth',2);
X2={'\it\sigma_y \rm/MPa','\it\epsilon_y','\it\sigma\rm_2 \rm/MPa','
    \it\epsilon\rm_2'};
xlabel(X2(DrawingType),'FontSize',8,'FontName','Times New Roman');
ylabel('\it z \rm/mm','FontSize',8,'FontName','Times New Roman');
ax2.YDir='reverse';
ax2.YTick=-n*tk:tk:n*tk;
ax2.YGrid='on';
ax2.GridLineStyle='-';
ax2.GridColor='black';
ax2.GridAlpha =1;
ax2.XMinorGrid = 'on';
ax2.MinorGridLineStyle = '--';
ax2.FontName='Times New Roman';
ax2.FontSize=8;
mindata2=min(data_2)-abs(0.1*min(data_2));
maxdata2=1.1*max(data_2);
ax2.XLim=([mindata2 maxdata2]);
ax2.YLim=([-n*tk/2 n*tk/2]);
ax3=subplot(3,1,3);
plot(ax3,data_12,z,'r','linewidth',2);
X3={'\it\tau_x_y \rm/MPa','\it\gamma_x_y','\it\tau\rm_1_2 \rm/MPa','
    \it\gamma\rm_1_2'};
xlabel(X3(DrawingType),'FontSize',8,'FontName','Times New Roman');
ylabel('\it z \rm/mm','FontSize',8,'FontName','Times New Roman');
ax3.YDir='reverse';
ax3.YTick=-n*tk:tk:n*tk;
ax3.YGrid='on';
ax3.GridLineStyle='-';
ax3.GridColor='black';
ax3.GridAlpha =1;
ax3.XMinorGrid = 'on';
ax3.MinorGridLineStyle = '--';
ax3.FontName='Times New Roman';
ax3.FontSize=8;
mindata3=min(data_12)-abs(0.1*min(data_12));
maxdata3=1.1*max(data_12);
ax3.XLim=([mindata3 maxdata3]);
ax3.YLim=([-n*tk/2 n*tk/2]);
end
```

例 7-2[1,2] $[-45/45/-45/45]$ 反对称层合板仅受 N_x=50N/mm，求层合板的铺层应力。铺层材料参数：E_1=138GPa、E_2=9GPa、ν_{21}=0.3、G_{12}=6.9GPa，铺层厚度 t_k=0.25mm，如图 7-11 所示。

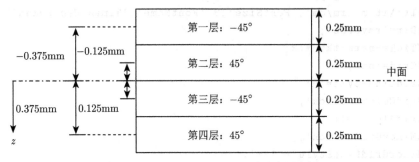

图 7-11 $[-45/45/-45/45]$ 反对称层合板

解 (1) 理论求解

①计算铺层正轴刚度矩阵

$$\boldsymbol{Q} = \begin{pmatrix} 138.8 & 2.72 & 0 \\ 2.72 & 9.05 & 0 \\ 0 & 0 & 6.9 \end{pmatrix} \text{GPa}$$

②计算铺层偏轴刚度矩阵

$$\bar{\boldsymbol{Q}}_{45°} = \begin{pmatrix} 45.22 & 31.42 & 32.44 \\ 31.42 & 45.22 & 32.44 \\ 32.44 & 32.44 & 35.60 \end{pmatrix} \text{GPa}$$

$$\bar{\boldsymbol{Q}}_{-45°} = \begin{pmatrix} 45.22 & 31.42 & -32.44 \\ 31.42 & 45.22 & -32.44 \\ -32.44 & -32.44 & 35.60 \end{pmatrix} \text{GPa}$$

③计算铺层的几何坐标参数：$z_1 = -0.5\text{mm}$、$z_2 = -0.25\text{mm}$、z_3=0mm、z_4=0.25mm、z_5=0.5mm

④计算层合板刚度系数矩阵

$$\boldsymbol{A} = \begin{pmatrix} 45.22 & 31.42 & 0 \\ 31.42 & 45.22 & 0 \\ 0 & 0 & 35.60 \end{pmatrix} \text{kN/mm}$$

$$\boldsymbol{B} = \begin{pmatrix} 0 & 0 & 4.055 \\ 0 & 0 & 4.055 \\ 4.055 & 4.055 & 0 \end{pmatrix} \text{kN}$$

$$\boldsymbol{D} = \begin{pmatrix} 3.77 & 2.62 & 0 \\ 2.62 & 3.77 & 0 \\ 0 & 0 & 2.97 \end{pmatrix} \text{kN} \cdot \text{mm}$$

⑤计算层合板柔度系数矩阵

$$\boldsymbol{a} = \begin{pmatrix} 0.04386 & -0.02861 & 0 \\ -0.02861 & 0.04386 & 0 \\ 0 & 0 & 0.03284 \end{pmatrix} \text{mm/kN}$$

$$\boldsymbol{b} = \boldsymbol{c} = \begin{pmatrix} 0 & 0 & -0.02083 \\ 0 & 0 & -0.02083 \\ -0.02083 & -0.02083 & 0 \end{pmatrix} \text{kN}^{-1}$$

$$\boldsymbol{d} = \begin{pmatrix} 0.52625 & -0.34331 & 0 \\ -0.34331 & 0.52625 & 0 \\ 0 & 0 & 0.39356 \end{pmatrix} (\text{kN} \cdot \text{mm})^{-1}$$

⑥计算层合板铺层应变

由于不是对称层合板，中面应变、中面弯曲率计算就变得复杂：

$$\begin{pmatrix} \varepsilon_x^0 \\ \varepsilon_y^0 \\ \gamma_{xy}^0 \\ \hline \kappa_x \\ \kappa_y \\ \kappa_{xy} \end{pmatrix} = \left(\begin{array}{ccc|ccc} a_{11} & a_{12} & a_{16} & b_{11} & b_{12} & b_{16} \\ a_{12} & a_{22} & a_{26} & b_{21} & b_{22} & b_{26} \\ a_{16} & a_{26} & a_{66} & b_{61} & b_{62} & b_{66} \\ \hline c_{11} & c_{12} & c_{16} & d_{11} & d_{12} & d_{16} \\ c_{21} & c_{22} & c_{26} & d_{12} & d_{22} & d_{26} \\ c_{61} & c_{62} & c_{66} & d_{16} & d_{26} & d_{66} \end{array} \right) \begin{pmatrix} 50 \\ 0 \\ 0 \\ \hline 0 \\ 0 \\ 0 \end{pmatrix} = \begin{pmatrix} 2.193 \\ -1.43 \\ 0 \\ \hline 0 \\ 0 \\ -1.042 \end{pmatrix} \times 10^{-3}$$

以第一层 $-45°$ 为例。

铺层上表面处的应变：

$$\begin{pmatrix} \varepsilon_x \\ \varepsilon_y \\ \gamma_{xy} \end{pmatrix}_{-45°} = \left[\begin{pmatrix} 2.193 \\ -1.43 \\ 0 \end{pmatrix} + (-0.5) \times \begin{pmatrix} 0 \\ 0 \\ -1.042 \end{pmatrix} \right] \times 10^{-3} = \begin{pmatrix} 2.193 \\ -1.43 \\ 0.521 \end{pmatrix} \times 10^{-3}$$

$$\begin{pmatrix} \varepsilon_1 \\ \varepsilon_2 \\ \gamma_{12} \end{pmatrix}_{-45°} = \begin{pmatrix} 0.5 & 0.5 & -0.5 \\ 0.5 & 0.5 & 0.5 \\ 1 & -1 & 0 \end{pmatrix} \begin{pmatrix} 2.193 \\ -1.43 \\ 0.521 \end{pmatrix} \times 10^{-3} = \begin{pmatrix} 0.121 \\ 0.642 \\ 3.623 \end{pmatrix} \times 10^{-3}$$

铺层中面处的应变：

$$\begin{pmatrix} \varepsilon_x \\ \varepsilon_y \\ \gamma_{xy} \end{pmatrix}_{-45°} = \left[\begin{pmatrix} 2.193 \\ -1.43 \\ 0 \end{pmatrix} + (-0.375) \times \begin{pmatrix} 0 \\ 0 \\ -1.042 \end{pmatrix} \right] \times 10^{-3} = \begin{pmatrix} 2.193 \\ -1.43 \\ 0.391 \end{pmatrix} \times 10^{-3}$$

$$\begin{pmatrix} \varepsilon_1 \\ \varepsilon_2 \\ \gamma_{12} \end{pmatrix}_{-45°} = \begin{pmatrix} 0.5 & 0.5 & -0.5 \\ 0.5 & 0.5 & 0.5 \\ 1 & -1 & 0 \end{pmatrix} \begin{pmatrix} 2.193 \\ -1.43 \\ 0.391 \end{pmatrix} \times 10^{-3} = \begin{pmatrix} 0.186 \\ 0.577 \\ 3.623 \end{pmatrix} \times 10^{-3}$$

铺层下表面处的应变：

$$\begin{pmatrix} \varepsilon_x \\ \varepsilon_y \\ \gamma_{xy} \end{pmatrix}_{-45°} = \left[\begin{pmatrix} 2.193 \\ -1.43 \\ 0 \end{pmatrix} + (-0.25) \times \begin{pmatrix} 0 \\ 0 \\ -1.042 \end{pmatrix} \right] \times 10^{-3} = \begin{pmatrix} 2.193 \\ -1.43 \\ 0.261 \end{pmatrix} \times 10^{-3}$$

$$\begin{pmatrix} \varepsilon_1 \\ \varepsilon_2 \\ \gamma_{12} \end{pmatrix}_{-45°} = \begin{pmatrix} 0.5 & 0.5 & -0.5 \\ 0.5 & 0.5 & 0.5 \\ 1 & -1 & 0 \end{pmatrix} \begin{pmatrix} 2.193 \\ -1.43 \\ 0.261 \end{pmatrix} \times 10^{-3} = \begin{pmatrix} 0.251 \\ 0.512 \\ 3.623 \end{pmatrix} \times 10^{-3}$$

层合板各铺层的应变值汇总于表 7-1 中。

表 7-1　层合板铺层各位置应变值

位置	$\varepsilon_1 / \times 10^{-3}$	$\varepsilon_2 / \times 10^{-3}$	$\gamma_{12} / \times 10^{-3}$
铺层 1 上表面	0.1208	0.6418	3.6232
铺层 1 中面	0.1859	0.5767	3.6232
铺层 1 下表面	0.251	0.5115	3.6232
铺层 2 上表面	0.5115	0.251	−3.6232
铺层 2 中面	0.4464	0.3162	−3.6232
铺层 2 下表面	0.3813	0.3813	−3.6232
铺层 3 上表面	0.3813	0.3813	3.6232
铺层 3 中面	0.4464	0.3162	3.6232
铺层 3 下表面	0.5115	0.251	3.6232
铺层 4 上表面	0.251	0.5115	−3.6232
铺层 4 中面	0.1859	0.5767	−3.6232
铺层 4 下表面	0.1208	0.6418	−3.6232

各铺层应变沿铺层分布状况如图 7-12 所示。

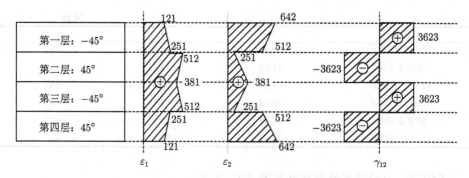

图 7-12 各铺层应变沿铺层分布示意图 ($\times 10^{-6}$)

⑦计算层合板铺层应力

以第一层 $-45°$ 为例，铺层上表面处的应力：

$$
\begin{pmatrix} \sigma_1 \\ \sigma_2 \\ \tau_{12} \end{pmatrix}_{-45°} = \begin{pmatrix} 138.8 & 2.72 & 0 \\ 2.72 & 9.05 & 0 \\ 0 & 0 & 6.9 \end{pmatrix} \times 10^3 \times \begin{pmatrix} 0.121 \\ 0.642 \\ 3.623 \end{pmatrix} \times 10^{-3} = \begin{pmatrix} 18.51 \\ 6.14 \\ 25 \end{pmatrix} \text{MPa}
$$

铺层中面处的应力：

$$
\begin{pmatrix} \sigma_1 \\ \sigma_2 \\ \tau_{12} \end{pmatrix}_{-45°} = \begin{pmatrix} 138.8 & 2.72 & 0 \\ 2.72 & 9.05 & 0 \\ 0 & 0 & 6.9 \end{pmatrix} \times 10^3 \times \begin{pmatrix} 0.186 \\ 0.577 \\ 3.623 \end{pmatrix} \times 10^{-3} = \begin{pmatrix} 27.37 \\ 5.73 \\ 25 \end{pmatrix} \text{MPa}
$$

铺层下表面处的应力：

$$
\begin{pmatrix} \sigma_1 \\ \sigma_2 \\ \tau_{12} \end{pmatrix}_{-45°} = \begin{pmatrix} 138.8 & 2.72 & 0 \\ 2.72 & 9.05 & 0 \\ 0 & 0 & 6.9 \end{pmatrix} \times 10^3 \times \begin{pmatrix} 0.251 \\ 0.512 \\ 3.623 \end{pmatrix} \times 10^{-3} = \begin{pmatrix} 36.24 \\ 5.31 \\ 25 \end{pmatrix} \text{MPa}
$$

层合板各铺层的应力值汇总于表 7-2 中。

表 7-2 层合板铺层各位置应力值 （单位：MPa）

位置	σ_1	σ_2	τ_{12}
铺层 1 上表面	18.51	6.14	25
铺层 1 中面	27.37	5.73	25
铺层 1 下表面	36.24	5.31	25
铺层 2 上表面	71.69	3.66	−25
铺层 2 中面	62.83	4.07	−25
铺层 2 下表面	53.96	4.49	−25

续表

位置	σ_1	σ_2	τ_{12}
铺层 3 上表面	53.96	4.49	25
铺层 3 中面	62.83	4.07	25
铺层 3 下表面	71.69	3.66	25
铺层 4 上表面	36.24	5.31	−25
铺层 4 中面	27.37	5.73	−25
铺层 4 下表面	18.51	6.14	−25

各铺层应力沿铺层分布状况如图 7-13 所示。

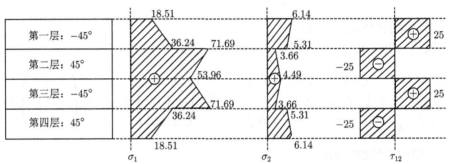

图 7-13　各铺层应力沿铺层分布示意图 (单位：MPa)

(2)MATLAB 函数求解

统一单位：MPa、mm。

输入铺层材料参数：E1=138000;E2=9000;v21=0.3;G12=6900;

输入铺层角度：theta=$[-45; 45; -45; 45]$;

输入铺层厚度：tk=0.25;

输入内力和内力矩：N=[50;0;0];M=[0;0;0]。

调用函数 LaminateStrainAnalysis(E1,E2,v21,G12,tk,theta,N,M) 计算层合板的正轴与偏轴应变，调用函数 LaminateStressAnalysis(E1,E2,v21,G12,tk,theta, N,M) 计算层合板的正轴与偏轴应力，以正轴应力应变数据为基础，调用函数 StressStrainDiagram(Sigma,tk,3) 和函数 StressStrainDiagram(Epsilon,tk,4)，绘制沿铺层应力应变分布图 (结果见图 7-14 和图 7-15)。

遵循上述解题思路，编写 M 文件 Case_7_2.m 如下：

```
clc,clear,close all
format compact
E1=138000;  E2=9000;  v21=0.3;  G12=6900;
theta=[-45;45;-45;45];
tk=0.25;
```

```
N=[50;0;0];
M=[0;0;0];
[Epsilon_X,Epsilon]=LaminateStrainAnalysis(E1, E2, v21, G12, tk,
    theta, N, M)
[Sigma_X,Sigma]=LaminateStressAnalysis(E1,E2,v21,G12,tk,theta,N,M)
%作正轴应变和正轴应力沿铺层分布图。
StressStrainDiagram(Sigma,tk,3);
StressStrainDiagram(Epsilon,tk,4);
```

运行 M 文件 Case_7_2.m，可得到以下结果：

```
Epsilon_X(:,:,1) =
    0.0022      0.0022      0.0022
   -0.0014     -0.0014     -0.0014
    0.0005      0.0004      0.0003
Epsilon_X(:,:,2) =
    0.0022      0.0022      0.0022
   -0.0014     -0.0014     -0.0014
    0.0003      0.0001           0
Epsilon_X(:,:,3) =
    0.0022      0.0022      0.0022
   -0.0014     -0.0014     -0.0014
         0     -0.0001     -0.0003
Epsilon_X(:,:,4) =
    0.0022      0.0022      0.0022
   -0.0014     -0.0014     -0.0014
   -0.0003     -0.0004     -0.0005
Epsilon(:,:,1) =
    0.0001      0.0002      0.0003
    0.0006      0.0006      0.0005
    0.0036      0.0036      0.0036
Epsilon(:,:,2) =
    0.0005      0.0004      0.0004
    0.0003      0.0003      0.0004
   -0.0036     -0.0036     -0.0036
Epsilon(:,:,3) =
    0.0004      0.0004      0.0005
    0.0004      0.0003      0.0003
    0.0036      0.0036      0.0036
Epsilon(:,:,4) =
    0.0003      0.0002      0.0001
    0.0005      0.0006      0.0006
```

```
      -0.0036    -0.0036    -0.0036
Sigma_X(:,:,1) =
      37.3229    41.5486    45.7743
     -12.6771    -8.4514    -4.2257
      -6.1846   -10.8230   -15.4614
Sigma_X(:,:,2) =
      62.6771    58.4514    54.2257
      12.6771     8.4514     4.2257
      34.0151    29.3767    24.7383
Sigma_X(:,:,3) =
      54.2257    58.4514    62.6771
       4.2257     8.4514    12.6771
     -24.7383   -29.3767   -34.0151
Sigma_X(:,:,4) =
      45.7743    41.5486    37.3229
      -4.2257    -8.4514   -12.6771
      15.4614    10.8230     6.1846
Sigma(:,:,1) =
      18.5075    27.3716    36.2357
       6.1384     5.7256     5.3129
      25.0000    25.0000    25.0000
Sigma(:,:,2) =
      71.6922    62.8281    53.9640
       3.6619     4.0747     4.4874
     -25.0000   -25.0000   -25.0000
Sigma(:,:,3) =
      53.9640    62.8281    71.6922
       4.4874     4.0747     3.6619
      25.0000    25.0000    25.0000
Sigma(:,:,4) =
      36.2357    27.3716    18.5075
       5.3129     5.7256     6.1384
     -25.0000   -25.0000   -25.0000
```

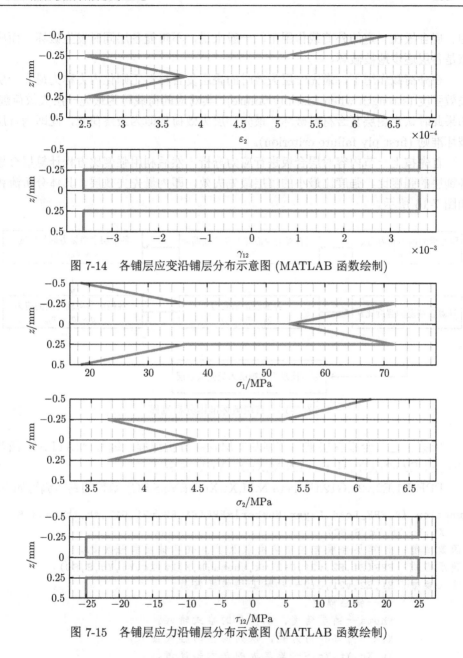

图 7-14 各铺层应变沿铺层分布示意图 (MATLAB 函数绘制)

图 7-15 各铺层应力沿铺层分布示意图 (MATLAB 函数绘制)

7.2 层合板的首层破坏理论

7.2.1 首层破坏机理

在层合板中，各个单层材料的材料性质、纤维方向、厚度等有时各不相同，至少各层的纤维方向是不同的。因此，各个单层对外应力的抵抗能力也是各不相同的。层合板在一定的外荷载作用下，一般来说，不可能各层同时发生破坏，而应该是各层逐步地被破坏。

在外荷载作用下，最先一层失效时的叠层复合材料正则化内力称为最先一层失效强度 (strength when first ply failure)，其对应的荷载称为最先一层失效荷载，如果此时认定叠层复合材料破坏，最先一层失效荷载即为最终荷载，此即为首层破坏准则 (first ply failure criterion)。

首先按上一节内容对层合板进行应力分析，然后利用强度比方程计算层合板各铺层的强度比，强度比最小的铺层最先失效，即为最先失效层。具体分析流程如图 7-16 所示。

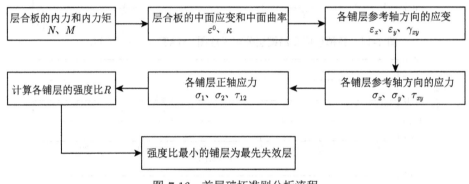

图 7-16 首层破坏准则分析流程

依据上述层合板首层破坏准则基本原理和分析流程，编写 MATLAB 函数 FPF(E1,E2,v21,G12,tk,theta,N,M,Xt,Xc,Yt,Yc,S,SC)。

FPF(E1,E2,v21,G12,tk,theta,N,M,Xt,Xc,Yt,Yc,S,SC) 函数的具体编写如下：

```
function [R,FPF_Load,Layer_Number]=FPF(E1,E2,v21,G12,tk,theta,N,M,
    Xt,Xc,Yt,Yc,S,SC)
%函数功能：计算层合板首层破坏荷载及发生破坏铺层和强度比。
%调用格式：FPF(E1,E2,v21,G12,tk,theta,N,M,Xt,Xc,Yt,Yc,S,SC)。
%输入参数：E1,E2,v21,G12—材料工程弹性常数。
%         tk—铺层厚度。
%         theta—铺层角度，以向量的格式输入。
%         N,M—内力和内力矩，以列向量的格式输入。
%         Xt,Xc,Yt,Yc,S—单层板的基本强度值。
%         SC—选择进行首层破坏分析时需要使用的破坏准则。
%         SC可选的破坏准则有：
%         SC= 'MaxStressCriterion'--------最大应力准则
%         SC= 'MaxStrainCriterion'--------最大应变准则
%         SC= 'TsaiHillCriterion'--------Tsai-Hill准则
```

```
%            SC= 'HoffmanCriterion'----------Hoffman 准则
%            SC= 'TsaiWuCriterion'----------Tsai-Wu 准则
%            SC= 'HashinCriterion'----------Hashin 准则
%运行结果:输出层合板的极限荷载、相应的强度比,以及发生首层破坏的铺
    层位置。
[~,Epsilon]=LaminateStrainAnalysis(E1,E2,v21,G12,tk,theta,N,M);
[~,Sigma]=LaminateStressAnalysis(E1,E2,v21,G12,tk,theta,N,M);
[~,~,n]=size(Sigma);
switch SC
    case 'MaxStressCriterion'
        StrengthCriterion=@MaxStressCriterion;
        %函数句柄具体含义案例末尾注解。
    case 'HoffmanCriterion'
        StrengthCriterion=@HoffmanCriterion;
    case 'MaxStrainCriterion'
        StrengthCriterion=@MaxStrainCriterion;
        Xt=Xt/E1;Xc=Xc/E1;Yt=Yt/E2;Yc=Yc/E2;S=S/G12;
        Sigma=Epsilon;
    case 'TsaiWuCriterion'
        StrengthCriterion=@TsaiWuCriterion;
    case 'HashinCriterion'
        StrengthCriterion=@HashinCriterion;
    case 'TsaiHillCriterion'
        StrengthCriterion=@TsaiHillCriterion;
end
for i=1:n
    R(:,i)=StrengthCriterion(Sigma(:,2,i),Xt,Xc,Yt,Yc,S) ;
end
R=abs(round(R,5));   %round函数具体含义见第 98 页 round 函数注解。
Layer_Number=find(R==min(R));   %find函数具体含义案例末尾注解。
R=min(R);
FPF_Load=R*[N;M];
end
```

函数句柄注解:

函数句柄是 MATLAB 的一种数据类型。引入函数句柄是为
了使 feval 及借助于它的泛函指令工作更可靠,特别在反复调用情
况下更显效率;使“函数调用”像“变量调用”一样方便灵活;提
高函数调用速度,提高软件重用性,扩大子函数和私用函数的可

调用范围；迅速获得同名重载函数的位置、类型信息。MATLAB 中函数句柄的使用使得函数也可以成为输入变量，并且能很方便地调用，提高函数的可用性和独立性。

对于函数句柄，可以将其理解成一个函数的代号，就像一个人的名字，这样在调用时可以调用函数句柄而不用调用该函数。

创建函数句柄需要用到操作符 @，创建函数句柄的语法：

fhandle = @function_filename

调用函数时就可以调用该句柄，可以实现同样的功能。

例如：

fhandle = @sin

就创建了 sin 的句柄，输入 fhandle(x) 其实就是 sin(x) 的功能。

函数句柄是一种间接调用函数的方式，相当于对一个函数取别名。

例如：如果你有一个函数为 myfunction，现在给定语句：

f=@myfunction   %f是一个句柄，可以通过f调用myfunction

可以通过函数句柄构造匿名函数或指定回调函数，也可以通过函数句柄将一个函数传递给另一个函数，或者从主函数内部调用局部函数。

下面给出通过函数句柄间接调用函数的例子：

在命令行窗口输入：

```
Handle=@sin;    %也可以自己建立函数，通过函数句柄间接调用
>> x=0:pi/4:pi;    %通过冒号创建一维数组，0是第一个数，
     每次以pi/4为单位递增，pi是最后一个数
>> y=Handle(x)
```

find 函数注解

k=find(X) 返回一个包含数组 X 中每个非零元素的线性索引的向量。如果 X 为向量，则 find 返回方向与 X 相同的向量；如果 X 为多维数组，则 find 返回由结果的线性索引组成的列向量。

k=find(X,n) 返回与 X 中的非零元素对应的前 n 个索引。

k=find(X,n,direction)（其中 direction 为 'last'）查找与 X 中的非零元素对应的最后 n 个索引。direction 的默认值为 'first'，即

查找与非零元素对应的前 n 个索引。

[row,col]=find(＿＿＿) 使用前面语法中的任何输入参数返回数组 X 中每个非零元素的行和列下标。

[row,col,v]=find(＿＿＿) 返回包含 X 的非零元素的向量 v。

find 还有其他功能用法及案例应用，在 MATLAB 命令窗口中输入 help find 或者 doc find 即可获得该函数的帮助信息。

7.2.2 首层破坏案例

例 7-3～ 例 7-5 为 $[0/90]_s$ 正交对称层合板受平面力作用；例 7-6 为 $[0/90]_s$ 正交对称层合板受弯矩作用；例 7-7 为非对称正交层合板受平面拉力作用，以期读者能够全面系统地了解首层破坏的机理。

例 7-3[26]　铺层为 [0/90/90/0] 正交对称层合板 (图 7-17)，铺层材料参数为：E_1=140GPa、E_2=10GPa、ν_{21}=0.3、G_{12}=5GPa，X_t=1500MPa、X_c=1200MPa、Y_t=50MPa、Y_c=250MPa、S=70MPa，铺层厚度 t_k=0.125mm。受 N_x=100N/mm 作用，利用最大应力准则计算首层破坏极限荷载。

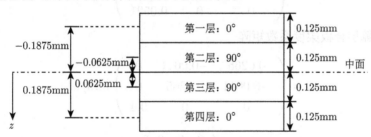

图 7-17　[0/90/90/0] 正交对称层合板

解　(1) 理论求解

①计算铺层正轴刚度矩阵

$$Q = \begin{pmatrix} 140.9 & 3.0 & 0 \\ 3.0 & 10.1 & 0 \\ 0 & 0 & 5.0 \end{pmatrix} \text{GPa}$$

②计算铺层偏轴刚度矩阵

$$\bar{Q}_{0°} = \begin{pmatrix} 140.9 & 3.0 & 0 \\ 3.0 & 10.1 & 0 \\ 0 & 0 & 5.0 \end{pmatrix} \text{GPa}$$

$$\bar{Q}_{90°} = \begin{pmatrix} 10.1 & 3.0 & 0 \\ 3.0 & 140.9 & 0 \\ 0 & 0 & 5 \end{pmatrix} \text{GPa}$$

③计算铺层的几何坐标参数：$z_1 = -0.25\text{mm}$、$z_2 = -0.125\text{mm}$、$z_3=0\text{mm}$、$z_4=0.125\text{mm}$、$z_5=0.25\text{mm}$

④计算层合板刚度系数矩阵

$$A = \begin{pmatrix} 37.8 & 1.5 & 0 \\ 1.5 & 37.8 & 0 \\ 0 & 0 & 2.5 \end{pmatrix} \text{kN/mm}$$

$$B = \begin{pmatrix} 0 & 0 & 0 \\ 0 & 0 & 0 \\ 0 & 0 & 0 \end{pmatrix} \text{kN}$$

$$D = \begin{pmatrix} 1.2974 & 0.0315 & 0 \\ 0.0315 & 0.2752 & 0 \\ 0 & 0 & 0.0521 \end{pmatrix} \text{kN} \cdot \text{mm}$$

⑤计算层合板柔度系数矩阵

$$a = \begin{pmatrix} 0.0265 & -0.0011 & 0 \\ -0.0011 & 0.0265 & 0 \\ 0 & 0 & 0.4 \end{pmatrix} \text{mm/kN}$$

$$b = c = \begin{pmatrix} 0 & 0 & 0 \\ 0 & 0 & 0 \\ 0 & 0 & 0 \end{pmatrix} \text{kN}^{-1}$$

$$d = \begin{pmatrix} 0.7729 & -0.0883 & 0 \\ -0.0883 & 3.6437 & 0 \\ 0 & 0 & 19.2 \end{pmatrix} (\text{kN} \cdot \text{mm})^{-1}$$

⑥层合板的各铺层应变

应变计算公式参考 7.1 节层合板的应变分析中的相关步骤，在 $N_x=100\text{N/mm}$ 作用下各铺层应变沿铺层分布状况如图 7-18 所示。

⑦层合板的各铺层应力及强度比

应力计算公式参考 7.1 节层合板的应力分析中的相关步骤，在 $N_x=100\text{N/mm}$ 作用下各铺层应力沿铺层分布状况如图 7-19 所示。

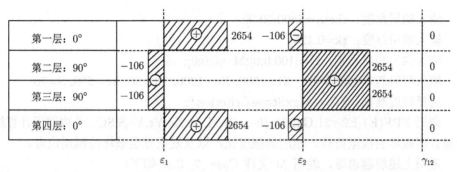

图 7-18 在 $N_x=100\text{N/mm}$ 作用下的各铺层应变沿铺层分布示意图 ($\times 10^{-6}$)

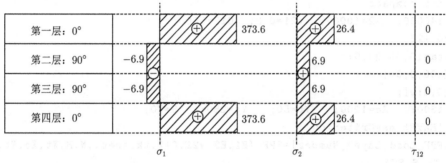

图 7-19 在 $N_x=100\text{N/mm}$ 作用下的各铺层应力沿铺层分布示意图 (单位：MPa)

层合板的各铺层应力及强度比汇总于表 7-3。

表 7-3 $N_x=100\text{N/mm}$ 作用下各单层应力和强度比

层号	$\theta/(°)$	σ_1/MPa	σ_2/MPa	τ_{12}	强度比 R
1	0	373.6	26.4	0	4.0
2	90	−6.9	6.9	0	1.9
3	90	−6.9	6.9	0	1.9
4	0	373.6	26.4	0	4.0

从计算结果看出，90° 铺层的强度比最小 $R=1.9$。所以在 $N_x=100\text{N/mm}$ 作用下，没有哪一层会发生破坏，层合板可以承担更大的载荷。由最大应力准则求得的强度比与载荷成比例，根据强度比定义可求得首层破坏的临界载荷为 $N_{xc}=100\times 1.9=190\text{N/mm}$。

整个层合板厚度为 $t = 0.125 \times 4 = 0.5\text{mm}$，所以破坏强度为$\sigma_{xc} = N_{xc}/t = 380\text{MPa}$。

(2)MATLAB 函数求解

统一单位：MPa、mm。

输入铺层材料参数：E1=140000;E2=10000;v21=0.3;G12=5000;

输入铺层角度：theta=[0;90;90;0];
输入铺层厚度：tk=0.125;
输入内力和内力矩：N=[100;0;0];M=[0;0;0];
输入材料基本强度参数：Xt=1500; Xc=1200; Yt=50; Yc=250; S=70;
选择强度准则：SC='MaxStressCriterion';

调用 FPF(E1,E2,v21,G12,tk,theta,N,M,Xt,Xc,Yt,Yc,S,SC) 函数即可计算层合板首层破坏的极限荷载、相应的强度比，以及发生首层破坏的铺层位置。

遵循上述解题思路，编写 M 文件 Case_7_3.m 如下：

```
clc,clear,close all
format compact
E1=140000;  E2=10000;  v21=0.3;  G12=5000;
tk=0.125;
theta=[0;90;90;0];
N=[100;0;0];
M=[0;0;0];
Xt=1500;   Xc=1200;   Yt=50;   Yc=250;   S=70;
SC='MaxStressCriterion';
[R,FPF_Load,Layer_Number]=FPF (E1,E2,v21,G12,tk,theta,N,M,Xt,Xc,Yt,
    Yc,S,SC)
```

运行 M 文件 Case_7_3.m，可得到以下结果：

```
R =
    1.8947
FPF_Load =
  189.4740
        0
        0
        0
        0
        0
Layer_Number =
    2    3
```

运行结果 FPF_Load 即为首层破坏荷载，其列向量各元素的含义如图 7-20所示。

Case_7_3.m 运行结果含义是：N_{xc}=189.4740N/mm，其他荷载量皆为 0；首层破坏时铺层位置为第二层和第三层，即为本案例的 90° 铺层。

例 7-4　对例 7-3 进一步深入研究，选择不同的强度准则，计算其对首层破坏极限荷载的影响。

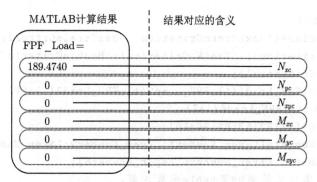

图 7-20 MATLAB 计算结果的含义

结合 FPF(E1,E2,v21,G12,tk,theta,N,M,Xt,Xc,Yt,Yc,S,SC) 函数选择 6 种不同的强度准则分别计算该层合板首层破坏极限荷载。编写 M 文件 Case_7_4.m 如下：

```
clc,clear,close all
format compact
E1=140000;  E2=10000;   v21=0.3;   G12=5000;
tk=0.125;
theta=[0;90;90;0];
N=[100;0;0];
M=[0;0;0];
Xt=1500;Xc=1200;Yt=50;Yc=250;S=70;
SC='MaxStressCriterion';
[R1,FPF_Load1,Layer_Number1]=FPF(E1,E2,v21,G12,tk,theta,N,M,Xt,Xc,
    Yt,Yc,S,SC);
SC='MaxStrainCriterion';
[R2,FPF_Load2,Layer_Number2]=FPF(E1,E2,v21,G12,tk,theta,N,M,Xt,Xc,
    Yt,Yc,S,SC);
SC='HoffmanCriterion';
[R3,FPF_Load3,Layer_Number3]=FPF(E1,E2,v21,G12,tk,theta,N,M,Xt,Xc,
    Yt,Yc,S,SC);
SC='TsaiWuCriterion';
[R4,FPF_Load4,Layer_Number4]=FPF(E1,E2,v21,G12,tk,theta,N,M,Xt,Xc,
    Yt,Yc,S,SC);
SC='HashinCriterion';
[R5,FPF_Load5,Layer_Number5]=FPF(E1,E2,v21,G12,tk,theta,N,M,Xt,Xc,
    Yt,Yc,S,SC);
SC='TsaiHillCriterion';
[R6,FPF_Load6,Layer_Number6]=FPF(E1,E2,v21,G12,tk,theta,N,M,Xt,Xc,
```

```
    Yt,Yc,S,SC);
FailureCriterion={'MaxStressCriterion';'MaxStrainCriterion';
    'HoffmanCriterion'; 'TsaiWuCriterion';'HashinCriterion';
    'TsaiHillCriterion'};
CriticalLoad=[FPF_Load1(1);FPF_Load2(1);FPF_Load3(1);FPF_Load4(1);
    FPF_Load5(1);FPF_Load6(1)];
StrengthRatio=[R1;R2;R3;R4;R5;R6];
FailureLayerNumber=[Layer_Number1;Layer_Number2;Layer_Number3;
    Layer_Number4; Layer_Number5;Layer_Number6];
%table函数具体含义见第98页table函数注解。
S=table(FailureCriterion,StrengthRatio,CriticalLoad,
    FailureLayerNumber);
disp(S)
```

运行 M 文件 Case_7_4.m，可得到以下结果：

FailureCriterion	StrengthRatio	CriticalLoad	FailureLayerNumber	
{'MaxStressCriterion'}	1.8947	189.47	2	3
{'MaxStrainCriterion'}	1.8841	188.41	2	3
{'HoffmanCriterion' }	1.8905	189.06	2	3
{'TsaiWuCriterion' }	1.8843	188.43	2	3
{'HashinCriterion' }	1.8947	189.47	2	3
{'TsaiHillCriterion' }	1.8942	189.42	2	3

由计算结果发现极限荷载基本一致，发生首层破坏的铺层位置完全一致。

例 7-5[26]   将例 7-3 中 N_x 改为压缩作用，即 $N_x = -100\text{N/mm}$，计算首层破坏极限荷载。

解   (1) 理论求解

省略①~⑤步骤，计算参数同例 7-3。

⑥层合板的各铺层应变

应变计算公式参考 7.1 节层合板的应变分析中的相关步骤，在 $N_x = -100\text{N/mm}$ 作用下各铺层应变沿铺层分布状况如图 7-21 所示。

⑦层合板的各铺层应力及强度比

应力计算公式参考 7.1 节层合板的应力分析中的相关步骤，在 $N_x = -100\text{N/mm}$ 作用下各铺层应力沿铺层分布状况如图 7-22 所示。

层合板的各铺层应力及强度比汇总于表 7-4。

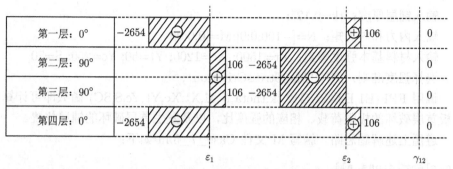

图 7-21 在 $N_x = -100\text{N/mm}$ 作用下的各铺层应变沿铺层分布示意图 ($\times 10^{-6}$)

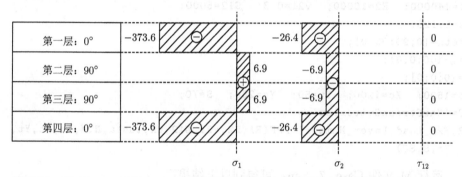

图 7-22 在 $N_x = -100\text{N/mm}$ 作用下的各铺层应力沿铺层分布示意图 (单位：MPa)

表 7-4 $N_x = -100\text{N/mm}$ 作用下各单层应力和强度比

层号	$\theta/(^\circ)$	σ_1/MPa	σ_2/MPa	τ_{12}	强度比 R
1	0	−373.6	−26.4	0	3.2
2	90	6.9	−6.9	0	9.4
3	90	6.9	−6.9	0	9.4
4	0	−373.6	−26.4	0	3.2

从计算结果看出，0° 铺层的强度比最小 $R=3.2$。所以在 $N_x = -100\text{N/mm}$ 作用下，没有哪一层会发生破坏，层合板可以承担更大的载荷。由最大应力准则求得的强度比与载荷成比例，根据强度比定义可求得首层破坏的临界载荷为 $N_{xc} = -100\times 3.2 = -320\text{N/mm}$。

整个层合板厚度为 $t=0.125\times 4=0.5\text{mm}$，所以破坏强度为 $\sigma_{xc} = N_{xc}/t = -640\text{MPa}$。

(2)MATLAB 函数求解

统一单位：MPa、mm。

输入铺层材料参数：E1=140000; E2=10000; v21=0.3; G12=5000;

输入铺层角度：theta=[0;90;90;0];

输入铺层厚度：tk=0.125;

输入内力和内力矩：N=[−100;0;0];M=[0;0;0];

输入材料基本强度参数：Xt=1500; Xc=1200; Yt=50; Yc=250; S=70;

选择强度准则：SC='MaxStressCriterion';

调用 FPF(E1,E2,v21,G12,tk,theta,N,M,Xt,Xc,Yt,Yc,S,SC) 函数即可计算层合板首层破坏的极限荷载、相应的强度比，以及发生首层破坏的铺层位置。

遵循上述解题思路，编写 M 文件 Case_7_5.m 如下：

```
clc,clear,close all
format compact
E1=140000;   E2=10000;   v21=0.3;   G12=5000;
tk=0.125;
theta=[0;90;90;0];
N=[-100;0;0];
M=[0;0;0];
Xt=1500;   Xc=1200;   Yt=50;   Yc=250;   S=70;
SC='MaxStressCriterion';
[R,FPF_Load,Layer_Number]=FPF(E1,E2,v21,G12,tk,theta,N,M,Xt,Xc,Yt,
   Yc,S,SC)
```

运行 M 文件 Case_7_5.m，可得到以下结果：

```
R =
    3.2119
FPF_Load =
 -321.1900
        0
        0
        0
        0
        0
Layer_Number =
    1    4
```

Case_7_5.m 运行结果含义是：$N_{xc} = -321.19\text{N/mm}$，其他荷载量皆为 0；首层破坏时铺层位置为第一层和第四层，即为本案例的 0° 铺层。

例 7-6[26]　例 7-3 中 N_x 改为弯矩作用 M_x，即 $M_x=10\text{N·mm/mm}$，规定向下弯时 M_x 为正，计算首层破坏强度。

解　(1) 理论求解

省略①～⑤步骤，计算参数同例 7-3。

⑥层合板的各铺层应变

应变计算公式参考 7.1 节层合板的应变分析中的相关步骤，在 $M_x=$ 10N·mm/mm 作用下各铺层应变沿铺层分布状况如图 7-23 和图 7-24 所示。

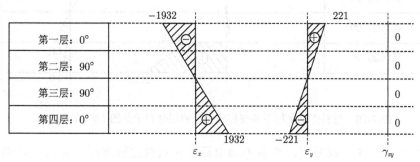

图 7-23 参考轴坐标下各铺层应变沿铺层分布示意图 ($\times 10^{-6}$)

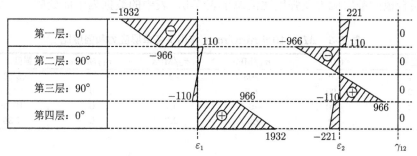

图 7-24 材料主轴坐标下各铺层应变沿铺层分布示意图 ($\times 10^{-6}$)

由上述两图可以发现，在参考轴坐标下应变是连续的 (图 7-23)，在材料主轴坐标下应变是不连续的 (图 7-24)。

⑦层合板的各铺层应力及强度比

应力计算公式参考 7.1 节层合板的应力分析中的相关步骤，在 $M_x=$ 10N·mm/mm 作用下各铺层应力沿铺层分布状况如图 7-25 和图 7-26 所示。

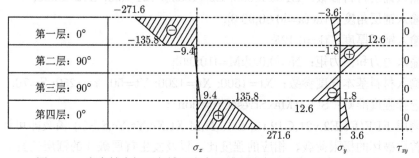

图 7-25 参考轴坐标下各铺层应力沿铺层分布示意图 (单位：MPa)

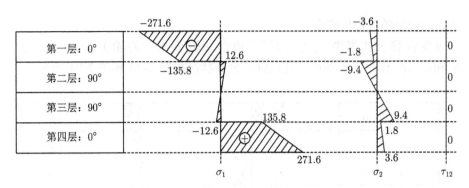

图 7-26 材料主轴坐标下各铺层应力沿铺层分布示意图 (单位：MPa)

由上述两图可以发现，在参考轴坐标下和材料主轴坐标下应力一般都是突变的。

层合板的铺层应力及强度比汇总于表 7-5，表中的数据为中面处的应力值。

表 7-5 $M_x=10\text{N}\cdot\text{mm/mm}$ 作用下各单层应力和强度比

层号	$\theta/(°)$	σ_1/MPa	σ_2/MPa	τ_{12}/MPa	强度比 R
1	0	−203.7	−2.7	0	5.89
2	90	6.3	−4.7	0	53.25
3	90	−6.3	4.7	0	10.65
4	0	203.7	2.7	0	7.36

从计算结果看出，第一层 0° 层的强度比最小 $R=5.89$。所以在 $M_x=10\text{N}\cdot\text{mm/mm}$ 作用下，没有哪一层会发生破坏，层合板可以承担更大的载荷。由最大应力准则求得的强度比与载荷成比例，根据强度比定义可求得首层破坏的临界载荷为 $M_{xc}=10\times5.89=58.9\text{N}\cdot\text{mm/mm}$。

(2)MATLAB 函数求解

统一单位：MPa、mm。

输入铺层材料参数：E1=140000; E2=10000; v21=0.3; G12=5000;

输入铺层角度：theta=[0;90;90;0];

输入铺层厚度：tk=0.125;

输入内力和内力矩：N=[0;0;0];M=[10;0;0];

输入材料基本强度参数：Xt=1500; Xc=1200; Yt=50; Yc=250; S=70;

选择强度准则：SC='MaxStressCriterion';

调用 FPF(E1,E2,v21,G12,tk,theta,N,M,Xt,Xc,Yt,Yc,S,SC) 函数即可计算层合板首层破坏的极限荷载、相应的强度比，以及发生首层破坏的铺层位置。

遵循上述解题思路，编写 M 文件 Case_7_6.m 如下：

```
clc,clear,close all
format compact
E1=140000;  E2=10000;  v21=0.3;  G12=5000;
tk=0.125;
theta=[0;90;90;0];
N=[0;0;0];
M=[10;0;0];
Xt=1500;  Xc=1200;  Yt=50;  Yc=250;  S=70;
SC='MaxStressCriterion';
[R,FPF_Load,Layer_Number]=FPF(E1,E2,v21,G12,tk,theta,N,M,Xt,Xc,Yt,
   Yc,S,SC)
```

运行 M 文件 Case_7_6.m，可得到以下结果:

```
R =
    5.8910
FPF_Load =
         0
         0
         0
   58.9096
         0
         0
Layer_Number =
    1
```

Case_7_6.m 运行结果含义是: $M_{xc}=58.9$N·mm/mm，其他荷载量皆为 0; 首层破坏时铺层位置为第一层，即为本案例的 0° 铺层。

例 7-7[17]　铺层为 [0/90] 层合板,铺层材料参数为: $E_1=140$GPa、$E_2=10$GPa、$\nu_{21}=0.3$、$G_{12}=5$GPa，$X_t=1500$MPa、$X_c=1200$MPa、$Y_t=50$MPa、$Y_c=250$MPa、$S=70$MPa，铺层厚度 $t_k=0.125$mm。受 $N_x=100$N/mm 作用,计算首层破坏强度。

解　(1) 理论求解

省略①~②步骤，正轴刚度与偏轴刚度的计算同例 7-3。

③计算铺层的几何坐标参数: $z_1 = -0.25$mm、$z_2 = -0.125$mm、$z_3=0$mm、$z_4=0.125$mm、$z_5=0.25$mm

④计算层合板刚度系数矩阵

$$\boldsymbol{A} = \begin{pmatrix} 18.9 & 0.8 & 0 \\ 0.8 & 18.9 & 0 \\ 0 & 0 & 1.3 \end{pmatrix} \text{kN/mm}$$

$$\boldsymbol{B} = \begin{pmatrix} 1 & 0 & 0 \\ 0 & -1 & 0 \\ 0 & 0 & 0 \end{pmatrix} \text{kN}$$

$$\boldsymbol{D} = \begin{pmatrix} 0.0982 & 0.0039 & 0 \\ 0.0039 & 0.0982 & 0 \\ 0 & 0 & 0.0065 \end{pmatrix} \text{kN} \cdot \text{mm}$$

⑤计算层合板柔度系数矩阵

$$\boldsymbol{a} = \begin{pmatrix} 0.1218 & -0.0049 & 0 \\ -0.0049 & 0.1218 & 0 \\ 0 & 0 & 0.8 \end{pmatrix} \text{mm/kN}$$

$$\boldsymbol{b} = \boldsymbol{c} = \begin{pmatrix} 1.3 & 0 & 0 \\ 0 & -1.3 & 0 \\ 0 & 0 & 0 \end{pmatrix} \text{kN}^{-1}$$

$$\boldsymbol{d} = \begin{pmatrix} 23.4 & -0.94 & 0 \\ -0.94 & 23.4 & 0 \\ 0 & 0 & 153.6 \end{pmatrix} (\text{kN} \cdot \text{mm})^{-1}$$

⑥层合板的各铺层应变

应变计算公式参考 7.1 节层合板的应变分析中的相关步骤, 在 $N_x=100\text{N/mm}$ 作用下各铺层应变沿铺层分布状况如图 7-27 和图 7-28 所示。

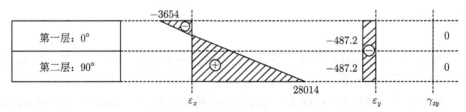

图 7-27 参考轴坐标下各铺层应变沿铺层分布示意图 ($\times 10^{-6}$)

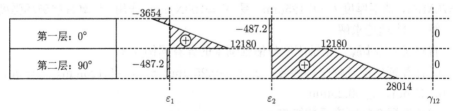

图 7-28 材料主轴坐标下各铺层应变沿铺层分布示意图 ($\times 10^{-6}$)

由上述两图可以发现, 在参考轴坐标下应变是连续的 (图 7-27), 在材料主轴坐标下应变是不连续的 (图 7-28)。从图 7-27 可知层合板受到轴向荷载, 由于层合板的不对称铺层, 产生了弯曲应变。

⑦层合板的各铺层应力及强度比

应力计算公式参考上一节层合板的应力分析中的相关步骤,在 $N_x=100\text{N/mm}$ 作用下各铺层应力沿铺层分布状况如图 7-29 和图 7-30 所示。

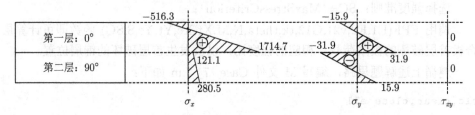

图 7-29 参考轴坐标下各铺层应力沿铺层分布示意图 (单位:MPa)

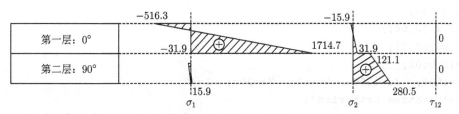

图 7-30 材料主轴坐标下各铺层应力沿铺层分布示意图 (单位:MPa)

由上述两图可以发现,不对称层合板应力分布极其复杂,应力集中等问题致使层合板整体极限荷载不是很高,不能充分发挥材料优势,因此在铺层设计时,不建议使用。

层合板的各铺层应力及强度比汇总于表 7-6,表中的数据为中面处的应力值。

表 7-6 $N_x=100\text{N/mm}$ 作用下各单层应力和强度比

层号	$\theta/(°)$	σ_1/MPa	σ_2/MPa	τ_{12}/MPa	强度比 R
1	0	599.2	8	0	2.5
2	90	−8	200.8	0	0.249

从计算结果看出,90° 铺层的强度比最小 $R=0.249$。所以在 $N_x=100\text{N/mm}$ 作用下,90° 层会发生破坏,而 0° 层没有。由最大应力准则求得的强度比与载荷成比例,根据强度比定义可求得首层破坏的临界载荷为 $N_{xc}=100×0.249=24.9\text{N/mm}$。整个层合板厚度为 $t=0.125×2=0.25\text{mm}$,所以破坏强度为 $\sigma_{xc}=N_{xc}/t=99.6\text{MPa}$。

(2)MATLAB 函数求解

统一单位:MPa、mm。

输入铺层材料参数:E1=140000; E2=10000; v21=0.3; G12=5000;

输入铺层角度:theta=[0;90];

　　　　输入铺层厚度：tk=0.125;

　　　　输入内力和内力矩：N=[100;0;0];M=[0;0;0];

　　　　输入材料基本强度参数：Xt=1500; Xc=1200; Yt=50; Yc=250; S=70;

　　　　选择强度准则：SC='MaxStressCriterion';

　　　　调用 FPF(E1,E2,v21,G12,tk,theta,N,M,Xt,Xc,Yt,Yc,S,SC) 函数即可计算层合板首层破坏的极限荷载、相应的强度比，以及发生首层破坏的铺层位置。

　　　　遵循上述解题思路，编写 M 文件 Case_7_7.m 如下：

```
clc,clear,close all
format compact
E1=140000;  E2=10000;  v21=0.3;  G12=5000;
tk=0.125;
theta=[0;90];
N=[100;0;0];
M=[0;0;0];
Xt=1500;  Xc=1200;  Yt=50;  Yc=250;  S=70;
SC='MaxStressCriterion';
[R,FPF_Load,Layer_Number]=FPF(E1,E2,v21,G12,tk,theta,N,M,Xt,Xc,Yt,
  Yc,S,SC)
```

　　　　运行 M 文件 Case_7_7.m，可得到以下结果：

```
R =
    0.2490
FPF_Load =
   24.9010
         0
         0
         0
         0
         0
Layer_Number =
    2
```

　　　　Case_7_7.m 运行结果含义是：N_{xc}=24.9N/mm，其他荷载量皆为 0；首层破坏时首层铺层位置为第二层，即为本案例的 90° 铺层。

　　　　例 7-8[1,2]　　图 7-31 所示为复合材料传动轴,平均半径 R=50mm,壁厚 t=1mm。材料为纤维缠绕 AS/3501 碳纤维/环氧树脂，对称角铺设 [45/−45/−45/45] (铺层材料参数为：E_1=138GPa、E_2=9GPa、ν_{21}=0.3、G_{12}=6.9GPa，X_t=1448MPa、X_c=1172MPa、Y_t=48.3MPa、Y_c=248MPa、S=62.1MPa，铺层厚度 t_k=0.25mm)

以得到最大扭转刚度。请按照最大应力准则，确定不发生破坏情况下的最大扭矩 T。

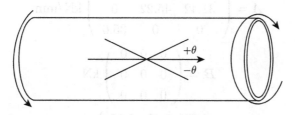

图 7-31 复合材料传动轴

解 (1) 理论求解

薄壁管上扭转剪应力为

$$\tau_{xy} = \frac{T}{2\pi R^2 t}$$

式中，扭矩 T 的单位为 N·m。

对于层合板分析，作用在单位宽度上的载荷为

$$N_{xy} = \tau_{xy} t = \frac{T}{2\pi R^2} = \frac{T}{2\pi \times 0.05^2} = 63.66 T \text{N/m} = 63.66 \times 10^{-6} T \text{ GPa} \cdot \text{mm}$$

$$N_x = N_y = M_x = M_y = M_{xy} = 0$$

①计算铺层正轴刚度矩阵

$$\boldsymbol{Q} = \begin{pmatrix} 138.8 & 2.72 & 0 \\ 2.72 & 9.05 & 0 \\ 0 & 0 & 6.9 \end{pmatrix} \text{GPa}$$

②计算铺层偏轴刚度矩阵

$$\bar{\boldsymbol{Q}}_{45°} = \begin{pmatrix} 45.22 & 31.42 & 32.44 \\ 31.42 & 45.22 & 32.44 \\ 32.44 & 32.44 & 35.60 \end{pmatrix} \text{GPa}$$

$$\bar{\boldsymbol{Q}}_{-45°} = \begin{pmatrix} 45.22 & 31.42 & -32.44 \\ 31.42 & 45.22 & -32.44 \\ -32.44 & -32.44 & 35.60 \end{pmatrix} \text{GPa}$$

③计算铺层的几何坐标参数：$z_1 = -0.5\text{mm}$、$z_2 = -0.25\text{mm}$、$z_3 = 0\text{mm}$、$z_4 = 0.25\text{mm}$、$z_5 = 0.5\text{mm}$。

④计算层合板刚度系数矩阵

$$A = \begin{pmatrix} 45.22 & 31.42 & 0 \\ 31.42 & 45.22 & 0 \\ 0 & 0 & 35.6 \end{pmatrix} \text{kN/mm}$$

$$B = \begin{pmatrix} 0 & 0 & 0 \\ 0 & 0 & 0 \\ 0 & 0 & 0 \end{pmatrix} \text{kN}$$

$$D = \begin{pmatrix} 3.77 & 2.62 & 2.03 \\ 2.62 & 3.77 & 2.03 \\ 2.03 & 2.03 & 2.97 \end{pmatrix} \text{kN} \cdot \text{mm}$$

⑤计算层合板柔度系数矩阵

$$a = \begin{pmatrix} 0.0428 & -0.0297 & 0 \\ -0.0297 & 0.0428 & 0 \\ 0 & 0 & 0.0281 \end{pmatrix} \text{mm/kN}$$

$$b = c = \begin{pmatrix} 0 & 0 & 0 \\ 0 & 0 & 0 \\ 0 & 0 & 0 \end{pmatrix} \text{kN}^{-1}$$

$$d = \begin{pmatrix} 0.573 & -0.297 & -0.189 \\ -0.297 & 0.573 & -0.189 \\ -0.189 & -0.189 & 0.595 \end{pmatrix} (\text{kN} \cdot \text{mm})^{-1}$$

⑥计算层合板铺层应变

由于是对称层合板，中面应变计算就很简洁，中面应变：

$$\begin{pmatrix} \varepsilon_x^0 \\ \varepsilon_y^0 \\ \gamma_{xy}^0 \end{pmatrix} = aN = \begin{pmatrix} 0.0428 & -0.0297 & 0 \\ -0.0297 & 0.0428 & 0 \\ 0 & 0 & 0.0281 \end{pmatrix} \begin{pmatrix} 0 \\ 0 \\ 63.66 \times 10^{-6}T \end{pmatrix} = \begin{pmatrix} 0 \\ 0 \\ 1.788 \times 10^{-6}T \end{pmatrix}$$

中面弯曲率：

$$\begin{pmatrix} \kappa_x \\ \kappa_y \\ \kappa_{xy} \end{pmatrix} = \begin{pmatrix} 0 \\ 0 \\ 0 \end{pmatrix}$$

层合板的总应变为

$$\begin{pmatrix} \varepsilon_x \\ \varepsilon_y \\ \gamma_{xy} \end{pmatrix} = \begin{pmatrix} \varepsilon_x^0 \\ \varepsilon_y^0 \\ \gamma_{xy}^0 \end{pmatrix} + z \begin{pmatrix} \kappa_x \\ \kappa_y \\ \kappa_{xy} \end{pmatrix} = \begin{pmatrix} 0 \\ 0 \\ 1.788 \times 10^{-6}T \end{pmatrix}$$

⑦计算层合板铺层应力

对于 45° 铺层其应力为

$$
\begin{pmatrix} \sigma_1 \\ \sigma_2 \\ \tau_{12} \end{pmatrix}_{45°} = (\boldsymbol{T}_\sigma^+)_{45°} \bar{\boldsymbol{Q}}_{45°} \begin{pmatrix} \varepsilon_x \\ \varepsilon_y \\ \gamma_{xy} \end{pmatrix}
$$

$$
= \begin{pmatrix} 0.5 & 0.5 & 1.0 \\ 0.5 & 0.5 & -1.0 \\ -0.5 & 0.5 & 0 \end{pmatrix} \begin{pmatrix} 45.22 & 31.42 & 32.44 \\ 31.42 & 45.22 & 32.44 \\ 32.44 & 32.44 & 35.60 \end{pmatrix} \begin{pmatrix} 0 \\ 0 \\ 1.788 \times 10^{-6}T \end{pmatrix}
$$

$$
= \begin{pmatrix} 0.12165T \\ -0.00565T \\ 0 \end{pmatrix} \text{MPa}
$$

对于 −45° 铺层其应力为

$$
\begin{pmatrix} \sigma_1 \\ \sigma_2 \\ \tau_{12} \end{pmatrix}_{-45°} = (\boldsymbol{T}_\sigma^+)_{-45°} \bar{\boldsymbol{Q}}_{-45°} \begin{pmatrix} \varepsilon_x \\ \varepsilon_y \\ \gamma_{xy} \end{pmatrix}
$$

$$
= \begin{pmatrix} 0.5 & 0.5 & -1.0 \\ 0.5 & 0.5 & 1.0 \\ 0.5 & -0.5 & 0 \end{pmatrix} \begin{pmatrix} 45.22 & 31.42 & -32.44 \\ 31.42 & 45.22 & -32.44 \\ -32.44 & -32.44 & 35.60 \end{pmatrix} \begin{pmatrix} 0 \\ 0 \\ 1.788 \times 10^{-6}T \end{pmatrix}
$$

$$
= \begin{pmatrix} -0.12165T \\ 0.00565T \\ 0 \end{pmatrix} \text{MPa}
$$

各铺层应力沿铺层分布状况如图 7-32 所示。

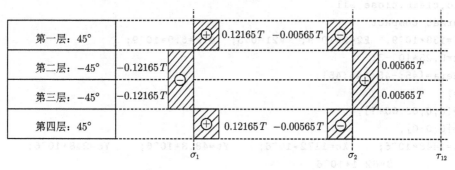

图 7-32 各铺层应力沿铺层分布示意图 (单位：MPa)

对 45° 铺层应用最大应力准则 ($T \geqslant 0$)，计算强度比：

$\sigma_1 > 0 \Rightarrow R_1 = X_t/\sigma_1 = 1448/0.12165T = 11903 \times (1/T)$

$\sigma_2 < 0 \Rightarrow R_2 = Y_c/\sigma_2 = 248/0.00565T = 43894 \times (1/T)$

$R_{45°} = \min(R_1, R_2) = 11903 \times (1/T)$

对 $-45°$ 铺层应用最大应力准则 ($T \geqslant 0$)，计算强度比：

$\sigma_1 < 0 \Rightarrow R_1 = X_c/\sigma_1 = 1172/0.12165T = 9634 \times (1/T)$

$\sigma_2 > 0 \Rightarrow R_2 = Y_t/\sigma_2 = 48.3/0.00565T = 8549 \times (1/T)$

$R_{-45°} = \min(R_1, R_2) = 8549 \times (1/T)$

对于层合板取铺层强度比最小值，同时根据强度比的定义有

$R = \min(R_{45°}, R_{-45°}) = 8549 \times (1/T) = 1$

$T = 8549 \text{N·m}$

最大扭矩不大于 8549N·m 就不会发生破坏。

(2)MATLAB 函数求解

统一单位：N、m、Pa。

输入铺层材料参数：E1=138*10^9; E2=9*10^9; v21=0.3; G12=6.9*10^9;

输入铺层角度：theta=[45; −45; −45; 45];

输入铺层厚度：tk=0.25*10^−3;

为了方便程序的计算 (避免符号运算)，令 $T = 1 \times 10^6 \text{kN·mm}$。

输入内力和内力矩：N=[0;0; 63.66*T];M=[0;0; 0];

输入材料基本强度参数：Xt=1448*10^6; Xc=1172*10^6; Yt=48.3*10^6;

Yc=248*10^6; S=62.1*10^6;

选择强度准则：SC='MaxStressCriterion';

调用 FPF(E1,E2,v21,G12,tk,theta,N,M,Xt,Xc,Yt,Yc,S,SC) 函数即可计算层合板首层破坏相应的强度比。

遵循上述解题思路，编写 M 文件 Case_7_8.m 如下：

```
clc,clear,close all
format compact
E1=138*10^9;  E2=9*10^9;  v21=0.3;  G12=6.9*10^9;
tk=0.25*10^-3;
theta=[45;-45;-45;45];
T=1;
N=[0;0;63.66*T];
M=[0;0;0];
Xt=1448*10^6;    Xc=1172*10^6;    Yt=48.3*10^6;    Yc=248*10^6;
          S=62.1*10^6;
SC='MaxStressCriterion';
```

```
[R]=FPF(E1,E2,v21,G12,tk,theta,N,M,Xt,Xc,Yt,Yc,S,SC);
T_cr=R*T
```

运行 M 文件 Case_7_8.m，可得到以下结果：

```
T_cr =
   8.5265e+03
```

7.3　层合板的末层破坏理论

7.3.1　末层破坏机理

材料发生某单层的破坏后，剩余的部分有可能可以继续承担较大的载荷。为计算层合板的极限载荷，需要对首层破坏发生之后的结构进行分析。

一旦发生首层破坏，层合板整体刚度会下降，同时载荷将重新分布，各单层板的应力也将重新分布。因此，在发生首层破坏之后，需要计算层合板的剩余刚度，从而确定载荷重新分布后的各单层板的应力。继续增加外荷载，当层合板内的另一单层达到相应的极限应力时，就发生第二层破坏，层合板刚度再次下降，载荷又一次重新分布……直至发生最后一个单层的破坏。由此确定层合板的极限载荷，或最终层破坏强度。

层合板各单层全部失效时层合板内力称为层合板的极限强度 (ultimate strength)，其对应的荷载称为极限荷载 (ultimate load)。

对发生破坏的单层板，有两种刚度修正的方法：

第一种方法称为完全破坏刚度退化准则：只要发生单层板破坏，不管是何种破坏模式，该层所有刚度均消失，即 $E_1=0$、$E_2=0$、$G_{12}=0$。但该层的厚度以及在层合板中的位置保持不变，即单层发生破坏后，其应变仍然与层合板保持协调。因为刚度为零，所以其应力必为零。层合板中任何一层的刚度修正最多只进行一次。

第二种方法称为部分破坏刚度退化准则：当发生基体拉压破坏或剪切破坏时，令 $E_2=0$、$G_{12}=0$，但 E_1 保持不变；当发生纤维断裂时，所有刚度都为零，即 $E_1=0$、$E_2=0$、$G_{12}=0$。其材料的刚度系数变化见式 (7-6)，也就是说，当纤维尚能承载时，纤维方向的刚度 Q_{11} 仍保留。当纤维断裂后，则全部刚度为零。

$$\begin{aligned} &\text{如果} |\sigma_1| < X, \quad \text{则取} Q_{12}=Q_{22}=Q_{66}=0 \\ &\text{如果} |\sigma_1| \geqslant X, \quad \text{则取} Q_{11}=Q_{22}=Q_{12}=Q_{66}=0 \end{aligned} \tag{7-6}$$

需要指出的是，由于复合材料内各种破坏模式相互影响，并且很难定量描述这种影响，作为一种保守估计，应该首选第一种刚度修正的方法，即按照完全破坏假定来计算。

若已知单层材料的性能参数 (包括工程弹性常数及基本强度) 和层合板的铺设情况, 则利用以前介绍过的方法即能求得给定载荷情况下各单层的强度比。强度比最小的单层最先失效。将最先失效的单层按前述的两种刚度退化的方法进行刚度退化。然后计算失效单层降级后的层合板刚度 (即一次降级后的层合板刚度) 以及各单层的应力, 再求得一次降级后各层的强度比, 强度比最小的单层继之失效, 层合板进行刚度的二次降级。如此重复上述过程, 直至最后一个单层失效即可得到各单层失效时的各个强度比。这些单层失效时的强度比的最大值所对应的层合板内力即为层合板极限强度。确定极限强度的流程如图 7-33 所示。

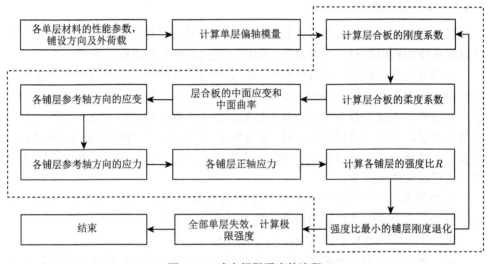

图 7-33　确定极限强度的流程

由于末层破坏过程可依据不同的刚度退化准则, 因此将分类编译相关函数。

第一个函数依据完全破坏刚度退化准则, 编译 MATLAB 函数 CompletePLy-Failure(E1,E2,v21,G12,tk,theta,N,M,Xt,Xc,Yt,Yc,S,SC)。

函数的具体编写如下:

```
function Critical_Load=CompletePLyFailure(E1,E2,v21,G12,tk,theta, N,
    M,Xt,Xc,Yt,Yc,S,SC)
%函数功能: 基于完全破坏刚度退化准则计算层合板发生末层破坏时的极限荷
    载。
%调用格式: CompletePLyFailure (E1,E2,v21,G12,tk,theta,N,M,Xt,Xc,Yt,
    Yc,S,SC)。
%输入参数: E1,E2,v21,G12—材料工程弹性常数。
%          tk—铺层厚度。
%          theta—铺层角度, 以向量的格式输入。
```

```
%           N,M—内力和内力矩，以列向量的格式输入。
%           Xt,Xc,Yt,Yc,S—单层板的基本强度值。
%           SC—选择进行首层破坏分析时需要使用的破坏准则。
%           SC可选的破坏准则有：
%           SC= 'MaxStressCriterion'--------最大应力准则
%           SC= 'TsaiHillCriterion'---------Tsai-Hill准则
%           SC= 'HoffmanCriterion '---------Hoffman准则
%           SC= 'TsaiWuCriterion'-----------Tsai-Wu准则
%           SC= 'HashinCriterion'-----------Hashin准则
%运行结果：发生末层破坏时的极限荷载。
switch SC
    case 'MaxStressCriterion'
        StrengthCriterion=@MaxStressCriterion;
    case 'HoffmanCriterion'
        StrengthCriterion=@HoffmanCriterion;
    case 'TsaiWuCriterion'
        StrengthCriterion=@TsaiWuCriterion;
    case 'HashinCriterion'
        StrengthCriterion=@HashinCriterion;
    case 'TsaiHillCriterion'
        StrengthCriterion=@TsaiHillCriterion;
end
n=length(theta);
z=-n*tk/2:tk:n*tk/2;
for i=1:n
    Q(:,:,i)=ReducedStiffness(E1,E2,v21,G12);
    Ts(:,:,i)=StressTransformation(theta(i),2);
    Te(:,:,i)=StrainTransformation(theta(i),2);
end
[~,FPF_Load,~]=FPF(E1,E2,v21,G12,tk,theta,N,M,Xt,Xc,Yt,Yc,S,SC);
if FPF_Load <= [N;M]
    N=FPF_Load(1:3);
    M=FPF_Load(4:6);
end
nx=0;
for k=1:n
    A=zeros(3);B=zeros(3);D=zeros(3);
    for i=1:n
        Q_off(:,:,i)=inv(Ts(:,:,i))*Q(:,:,i)*Te(:,:,i);
        A=Q_off(:,:,i)*(z(i+1)-z(i))+A;
```

```
    B=0.5*Q_off(:,:,i)*(z(i+1)^2-z(i)^2)+B;
    D=(1/3)*Q_off(:,:,i)*(z(i+1)^3-z(i)^3)+D;
end
e_mid=inv([A,B;B,D])*[N;M];
for i=1:n
    zm=(z(i)+z(i+1))/2;
    Epsilon(:,i)=Te(:,:,i)*(e_mid(1:3)+zm*e_mid(4:6));
    Sigma(:,i)=Q(:,:,i)*Epsilon(:,i);
    R(:,i)=StrengthCriterion(Sigma(:,i),Xt,Xc,Yt,Yc,S);
end
R=abs(round(R,5));
%round函数具体含义见第98页round函数注解。
ply_num=find(R==min(R));
Strength_Ratio=min(R);
if Strength_Ratio < 1
    N=N;
    M=M;
else
    N=Strength_Ratio*N;
    M=Strength_Ratio*M;
end
Critical_Load=[N;M];
Q(:,:,ply_num)=0;
if M==0
    Q_up=ones(3);
    Q_down=ones(3);
else
    Q_up=zeros(3);Q_down=zeros(3);
    for i=1:floor(n/2)
        Q_up=Q(:,:,i) +Q_up;
        Q_down=Q(:,:,i+floor(n/2)) +Q_down;
    end
end
if Q_up==0
    break;
end
if Q_down==0
    break;
end
nx=length(ply_num)+nx;
```

```
    if nx>=n
        break;
    end
end
end
```

第二个函数依据部分破坏刚度退化准则，编译 MATLAB 函数 PartialPLy-Failure(E1,E2,v21,G12,tk,theta,N,M,Xt,Xc,Yt,Yc,S,SC)。

函数的具体编写如下：

```
function Critical_Load=PartialPLyFailure(E1,E2,v21,G12,tk,theta,N,M,
    Xt,Xc,Yt,Yc,S,SC)
%函数功能：基于部分破坏刚度退化准则计算层合板发生末层破坏时的极限荷载。
%调用格式：PartialPLyFailure(E1,E2,v21,G12,tk,theta,N,M,Xt,Xc,Yt,Yc,
    S,SC)。
%输入参数：theta一铺层角度，以向量的格式输入。
%           tk一铺层厚度。
%           E1,E2,v21,G12一工程弹性常数。
%           N,M一内力和内力矩，以列向量的格式输入。
%           Xt,Xc,Yt,Yc,S一单层板的基本强度值。
%           SC可选的破坏准则有：
%           SC= 'MaxStressCriterion'--------最大应力准则
%           SC= 'TsaiHillCriterion'---------Tsai-Hill准则
%           SC= 'HoffmanCriterion '---------Hoffman准则
%           SC= 'TsaiWuCriterion'-----------Tsai-Wu准则
%           SC= 'HashinCriterion'-----------Hashin准则
%运行结果：发生末层破坏时的极限荷载。
switch SC
    case 'MaxStressCriterion'
        StrengthCriterion=@MaxStressCriterion;
    case 'HoffmanCriterion'
        StrengthCriterion=@HoffmanCriterion;
    case 'TsaiWuCriterion'
        StrengthCriterion=@TsaiWuCriterion;
    case 'HashinCriterion'
        StrengthCriterion=@HashinCriterion;
    case 'TsaiHillCriterion'
        StrengthCriterion=@TsaiHillCriterion;
end
n=length(theta);
z=-n*tk/2:tk:n*tk/2;
```

```
for i=1:n
    Q(:,:,i)=ReducedStiffness(E1,E2,v21,G12);
    Ts(:,:,i)=PlaneStressTransformation(theta(i));
    Te(:,:,i)=PlaneStrainTransformation(theta(i));
end
FPF_Load=FPF(E1,E2,v21,G12,tk,theta,N,M,Xt,Xc,Yt,Yc,S,SC);
if FPF_Load <= [N;M]
    N=FPF_Load(1:3);
    M=FPF_Load(4:6);
end
nx=0;Critical_Load=[N;M];
for k=1:n
    A=zeros(3);B=zeros(3);D=zeros(3);
    for i=1:n
        Q_off(:,:,i)=inv(Ts(:,:,i))*Q(:,:,i)*Te(:,:,i);
        A=Q_off(:,:,i)*(z(i+1)-z(i))+A;
        B=0.5*Q_off(:,:,i)*(z(i+1)^2-z(i)^2)+B;
        D=(1/3)*Q_off(:,:,i)*(z(i+1)^3-z(i)^3)+D;
    end
    e_mid=inv([A,B;B,D])*Critical_Load;
    for i=1:n
        zm=(z(i)+z(i+1))/2;
        Epsilon=Te(:,:,i)*(e_mid(1:3)+zm*e_mid(4:6));
        Sigma(:,i)=Q(:,:,i)*Epsilon;
        R(1,i)=StrengthCriterion(Sigma(:,i),Xt,Xc,Yt,Yc,S);
    end
    R=abs(round(R,5));
    %round函数具体含义见第98页round函数注解。
    ply_num=find(R==min(R));
    R=min(R);
    if R < 1
        N=N;
        M=M;
    else
        N=R*N;
        M=R*M;
    end
    Critical_Load=[N;M];
    FF=round(Sigma(1,ply_num)*R);
    %round函数具体含义见第98页round函数注解。
```

```
if FF >= 0
    if FF  >= Xt
        Q(1,2,ply_num)=0;
        Q(2,1,ply_num)=0;
        Q(1,1,ply_num)=0;
        Q(2,2,ply_num)=0;
        Q(3,3,ply_num)=0;
    else
        Q(1,2,ply_num)=0;
        Q(2,1,ply_num)=0;
        Q(3,3,ply_num)=0;
        Q(2,2,ply_num)=0;
    end
else
    if FF  >= Xc
        Q(1,2,ply_num)=0;
        Q(2,1,ply_num)=0;
        Q(1,1,ply_num)=0;
        Q(2,2,ply_num)=0;
        Q(3,3,ply_num)=0;
    else
        Q(1,2,ply_num)=0;
        Q(2,1,ply_num)=0;
        Q(3,3,ply_num)=0;
        Q(2,2,ply_num)=0;
    end
end

if M==0
    Q_up=ones(3);
    Q_down=ones(3);

else
    Q_up=zeros(3);Q_down=zeros(3);
    for i=1:floor(n/2)
        Q_up=Q(:,:,i) +Q_up;
        Q_down=Q(:,:,i+floor(n/2)) +Q_down;
    end
end
```

```
if Q_up==0
    break;
end

if Q_down==0
    break;
end
nx=length(ply_num)+nx;
if nx>=n
    break;
end
end
end
```

7.3.2　末层破坏案例

例 7-9[3,26]　铺层为 $[0/\pm45/90]_s$ 准各向同性层合板，铺层材料参数为：$E_1=$140GPa、$E_2=$10GPa、$\nu_{21}=$0.3、$G_{12}=$5GPa，$X_t=$1500MPa、$X_c=$1200MPa、$Y_t=$50MPa、$Y_c=$250MPa、$S=$70MPa，铺层厚度 $t_k=$0.125mm，如图 7-34 所示。受 $N_x=$100N/mm 作用，应用最大应力准则和完全破坏刚度退化准则，计算层合板的极限荷载。

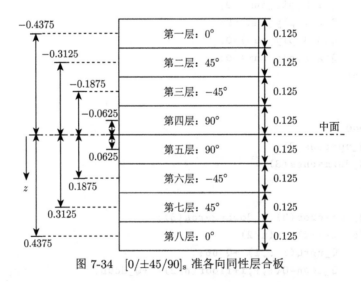

图 7-34　$[0/\pm45/90]_s$ 准各向同性层合板

解　(1) 理论求解

①计算首层破坏荷载

计算铺层正轴刚度矩阵：

$$Q = \begin{pmatrix} 140.9 & 3.0 & 0 \\ 3.0 & 10.1 & 0 \\ 0 & 0 & 5.0 \end{pmatrix} \text{GPa}$$

计算铺层偏轴刚度矩阵:

$$\bar{Q}_{0°} = \begin{pmatrix} 140.9 & 3.0 & 0 \\ 3.0 & 10.1 & 0 \\ 0 & 0 & 5.0 \end{pmatrix} \text{GPa}$$

$$\bar{Q}_{45°} = \begin{pmatrix} 44.3 & 34.3 & 32.7 \\ 34.3 & 44.3 & 32.7 \\ 32.7 & 32.7 & 36.3 \end{pmatrix} \text{GPa}$$

$$\bar{Q}_{-45°} = \begin{pmatrix} 44.3 & 34.3 & -32.7 \\ 34.3 & 44.3 & -32.7 \\ -32.7 & -32.7 & 36.3 \end{pmatrix} \text{GPa}$$

$$\bar{Q}_{90°} = \begin{pmatrix} 10.1 & 3.0 & 0 \\ 3.0 & 140.9 & 0 \\ 0 & 0 & 5 \end{pmatrix} \text{GPa}$$

计算层合板刚度系数矩阵:

$$A = \begin{pmatrix} 59.9 & 18.7 & 0 \\ 18.7 & 59.9 & 0 \\ 0 & 0 & 20.7 \end{pmatrix} \text{kN/mm}$$

$$B = \begin{pmatrix} 0 & 0 & 0 \\ 0 & 0 & 0 \\ 0 & 0 & 0 \end{pmatrix} \text{kN}$$

$$D = \begin{pmatrix} 8.3 & 1.3 & 0.5 \\ 1.3 & 2.2 & 0.5 \\ 0.5 & 0.5 & 1.5 \end{pmatrix} \text{kN} \cdot \text{mm}$$

计算层合板柔度系数矩阵:

$$a = \begin{pmatrix} 0.0185 & -0.0058 & 0 \\ -0.0058 & 0.0185 & 0 \\ 0 & 0 & 0.0485 \end{pmatrix} \text{mm/kN}$$

$$b = c = \begin{pmatrix} 0 & 0 & 0 \\ 0 & 0 & 0 \\ 0 & 0 & 0 \end{pmatrix} \text{kN}^{-1}$$

$$d = \begin{pmatrix} 0.1337 & -0.0761 & -0.02 \\ -0.0883 & 0.5460 & -0.1629 \\ -0.02 & -0.1629 & 0.7418 \end{pmatrix} (\text{kN} \cdot \text{mm})^{-1}$$

整个层合板厚度为 $8 \times 0.125 = 1\text{mm}$，所以初始弹性模量为

$$E_x = 1/(ta_{11}) = 54.1\text{GPa}$$

层合板的各铺层应力及强度比汇总于表 7-7。

表 7-7　$N_x = 100\text{N/mm}$ 作用下各单层应力和强度比

层号	$\theta/(°)$	σ_1/MPa	σ_2/MPa	τ_{12}/MPa	强度比 R
1	0	258.9	-0.2	0	5.79
2	45	91.7	8.3	-12.1	5.77
3	-45	91.7	8.3	12.1	5.77
4	90	-75.5	16.9	0	2.96
5	90	-75.5	16.9	0	2.96
6	-45	91.7	8.3	12.1	5.77
7	45	91.7	8.3	-12.1	5.77
8	0	258.9	-0.2	0	5.79

从计算结果看出，90° 铺层的强度比最小 $R = 2.96$。所以在 $N_x = 100\text{N/mm}$ 作用下，没有哪一层会发生破坏，层合板可以承担更大的载荷。由最大应力准则求得的强度比与载荷成比例，根据强度比定义可求得首层破坏的临界载荷为 $N_{xc} = 100 \times 2.96 = 296\text{N/mm}$。

②求第二层破坏极限

当首层 (90°) 破坏发生后，按完全破坏假定，令该层刚度为 0。重新计算层合板的刚度和柔度。

$$A_{1\searrow} = \begin{pmatrix} 57.4 & 17.9 & 0 \\ 17.9 & 24.7 & 0 \\ 0 & 0 & 19.4 \end{pmatrix} \text{kN/mm}$$

$$B_{1\searrow} = \begin{pmatrix} 0 & 0 & 0 \\ 0 & 0 & 0 \\ 0 & 0 & 0 \end{pmatrix} \text{kN}$$

$$D_{1\searrow} = \begin{pmatrix} 8.3 & 1.3 & 0.5 \\ 1.3 & 2.0 & 0.5 \\ 0.5 & 0.5 & 1.5 \end{pmatrix} \text{kN} \cdot \text{mm}$$

计算层合板柔度系数矩阵:

$$\boldsymbol{a}_{1\searrow} = \begin{pmatrix} 0.0225 & -0.0164 & 0 \\ -0.0164 & 0.0524 & 0 \\ 0 & 0 & 0.0516 \end{pmatrix} \text{mm/kN}$$

$$\boldsymbol{b}_{1\searrow} = \boldsymbol{c}_{1\searrow} = \begin{pmatrix} 0 & 0 & 0 \\ 0 & 0 & 0 \\ 0 & 0 & 0 \end{pmatrix} \text{kN}^{-1}$$

$$\boldsymbol{d}_{1\searrow} = \begin{pmatrix} 0.1350 & -0.0843 & -0.0177 \\ -0.0843 & 0.6067 & -0.1819 \\ -0.0177 & -0.1819 & 0.7509 \end{pmatrix} (\text{kN}\cdot\text{mm})^{-1}$$

$$E_x = 1/(ta_{11}) = 44.4\text{GPa}$$

发生首层破坏后,层合板的整体刚度降低,且荷载发生重新分布,破坏发生前后瞬间,层合板中面应变分别为

$$\begin{pmatrix} \varepsilon_x^0 \\ \varepsilon_y^0 \\ \gamma_{xy}^0 \end{pmatrix}_{前} = \boldsymbol{a} \begin{pmatrix} 296 \\ 0 \\ 0 \end{pmatrix} = \begin{pmatrix} 5476 \\ -1716 \\ 0 \end{pmatrix} \times 10^{-6}$$

$$\begin{pmatrix} \varepsilon_x^0 \\ \varepsilon_y^0 \\ \gamma_{xy}^0 \end{pmatrix}_{后} = \boldsymbol{a}_{1\searrow} \begin{pmatrix} 296 \\ 0 \\ 0 \end{pmatrix} = \begin{pmatrix} 6660 \\ -4825 \\ 0 \end{pmatrix} \times 10^{-6}$$

与前一步骤类似,在 N_x=296N/mm 的荷载作用下,求出各单层的应力应变及强度比。层合板的各铺层应力及强度比汇总于表 7-8。

表 7-8 N_x=296N/mm,90° 铺层已破坏时各单层应力和强度比

层号	$\theta/(°)$	σ_1/MPa	σ_2/MPa	τ_{12}/MPa	强度比 R
1	0	926	-28.6	0	1.62
2	45	131.8	12.0	-57.6	1.22
3	-45	131.8	12.0	57.6	1.22
4	90	—	—	—	—
5	90	—	—	—	—
6	-45	131.8	12.0	57.6	1.22
7	45	131.8	12.0	-57.6	1.22
8	0	926	-28.6	0	1.62

从计算结果看出,±45° 铺层的强度比最小 R=1.22。根据强度比定义可求得第二层破坏的临界载荷为 N_{xc}=296×1.22=361N/mm。

③求第三层破坏极限

当第二层 (±45°) 破坏发生后，按完全破坏刚度退化准则，令该层刚度为 0。重新计算层合板的刚度和柔度：

$$
\boldsymbol{A}_{2\searrow} = \begin{pmatrix} 35.2 & 0.75 & 0 \\ 0.75 & 2.52 & 0 \\ 0 & 0 & 1.25 \end{pmatrix} \text{kN/mm}
$$

$$
\boldsymbol{B}_{2\searrow} = \begin{pmatrix} 0 & 0 & 0 \\ 0 & 0 & 0 \\ 0 & 0 & 0 \end{pmatrix} \text{kN}
$$

$$
\boldsymbol{D}_{2\searrow} = \begin{pmatrix} 6.8 & 0.15 & 0 \\ 0.15 & 0.48 & 0 \\ 0 & 0 & 0.24 \end{pmatrix} \text{kN} \cdot \text{mm}
$$

计算层合板柔度系数矩阵：

$$
\boldsymbol{a}_{2\searrow} = \begin{pmatrix} 0.0286 & -0.0086 & 0 \\ -0.0086 & 0.4 & 0 \\ 0 & 0 & 0.8 \end{pmatrix} \text{mm/kN}
$$

$$
\boldsymbol{b}_{2\searrow} = \boldsymbol{c}_{2\searrow} = \begin{pmatrix} 0 & 0 & 0 \\ 0 & 0 & 0 \\ 0 & 0 & 0 \end{pmatrix} \text{kN}^{-1}
$$

$$
\boldsymbol{d}_{2\searrow} = \begin{pmatrix} 0.1483 & -0.0445 & 0 \\ 0 & -0.0445 & 2.08 & 0 \\ -0.0177 & 0 & 4.2 \end{pmatrix} (\text{kN} \cdot \text{mm})^{-1}
$$

$$
E_x = 1/(t a_{11}) = 35.0 \text{GPa}
$$

发生第二层破坏后，层合板的整体刚度降低，且荷载重新分布，破坏发生前后瞬间，层合板中面应变分别为

$$
\begin{pmatrix} \varepsilon_x^0 \\ \varepsilon_y^0 \\ \gamma_{xy}^0 \end{pmatrix}_{\text{前}} = \boldsymbol{a}_{1\searrow} \begin{pmatrix} 361 \\ 0 \\ 0 \end{pmatrix} = \begin{pmatrix} 8168 \\ -5917 \\ 0 \end{pmatrix} \times 10^{-6}
$$

$$
\begin{pmatrix} \varepsilon_x^0 \\ \varepsilon_y^0 \\ \gamma_{xy}^0 \end{pmatrix}_{\text{后}} = \boldsymbol{a}_{2\searrow} \begin{pmatrix} 361 \\ 0 \\ 0 \end{pmatrix} = \begin{pmatrix} 10382 \\ -3340 \\ 0 \end{pmatrix} \times 10^{-6}
$$

与前一步骤类似，在 $N_x=361\text{N/mm}$ 的荷载作用下，求出各单层的应力应变及强度比，如表 7-9 所示。

表 7-9 $N_x=361\text{N/mm}$，$\pm45°$ 铺层已破坏时各单层应力和强度比

层号	$\theta/(°)$	σ_1/MPa	σ_2/MPa	τ_{12}/MPa	强度比 R
1	0	1440.1	0	0	1.04
2	45	—	—	—	—
3	−45	—	—	—	—
4	90	—	—	—	—
5	90	—	—	—	—
6	−45	—	—	—	—
7	45	—	—	—	—
8	0	1440.1	0	0	1.04

从计算结果看出，0° 铺层的强度比最小 $R=1.04$。所以在 $N_x=361\text{N/mm}$ 作用下，没有哪一层会发生破坏，层合板可以承担更大的载荷。由最大应力准则求得的强度比与载荷成比例，根据强度比定义可求得第三层破坏的临界载荷为 $N_{xc}=361\times1.04=375\text{N/mm}$。

因此，层合板最终的极限荷载为 375N/mm。

层合板直到末层被破坏的应力–应变关系曲线如图 7-35 所示。

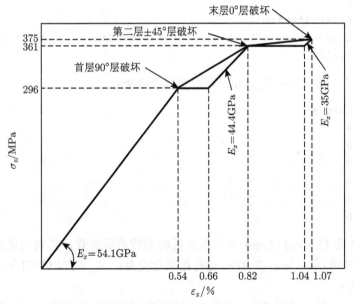

图 7-35 层合板末层破坏的应力–应变关系曲线

(2)MATLAB 函数求解

统一单位：MPa、mm。

输入铺层材料参数：E1=140000; E2=10000; v21=0.3; G12=5000;

输入材料基本强度参数：Xt=1500; Xc=1200; Yt=50; Yc=250; S=70;

输入铺层角度：theta=[0;45;−45;90;90;−45;45;0];

输入铺层厚度：tk=0.125;

输入内力和内力矩：N=[100;0;0];M=[0;0;0];

选择强度准则：SC='MaxStressCriterion';

调用 CompletePLyFailure(E1,E2,v21,G12,tk,theta,N,M,Xt,Xc,Yt,Yc,S,SC) 函数即可按照完全破坏刚度退化准则计算层合板末层破坏时的破坏强度。

遵循上述解题思路，编写 M 文件 Case_7_9.m 如下：

```
clc,clear,close all
format compact
E1=140000;   E2=10000;   v21=0.3;   G12=5000;
Xt=1500;     Xc=1200;    Yt=50;     Yc=250;     S=70;
theta=[0;45;-45;90;90;-45;45;0];
tk=0.125;
N=[100;0;0];
M=[0;0;0];
SC='MaxStressCriterion';
Critical_Load=CompletePLyFailure(E1,E2,v21,G12,tk,theta,N,M,Xt,Xc,
    Yt,Yc,S,SC)
```

运行 M 文件 Case_7_9.m，可得到以下结果：

```
Critical_Load =
  374.9999
        0
        0
        0
        0
        0
```

运行结果 Critical_Load 即为层合板的承载极限荷载，其列向量各元素的含义如图 7-20 所示。Case_7_9.m 运行结果含义是：N_{xc}=374.999N/mm，其他荷载分量皆为 0。

例 7-10[3,26] 同例 7-9，应用最大应力准则和部分破坏刚度退化准则，计算层合板的极限荷载。

解 (1) 理论求解

①由例 7-9 可知层合板首层破坏荷载为 $N_{xc}=296\mathrm{N/mm}$

②求第二层破坏极限

当首层 (90°) 破坏发生后, 按部分破坏刚度退化准则式 (7-6) 计算 90° 铺层刚度退化后的刚度矩阵。

$$\bar{Q}_{90°\searrow} = \begin{pmatrix} 0 & 0 & 0 \\ 0 & 140.9 & 0 \\ 0 & 0 & 0 \end{pmatrix} \mathrm{GPa}$$

重新计算层合板的刚度和柔度:

$$\boldsymbol{A}_{1\searrow} = \begin{pmatrix} 57.4 & 17.9 & 0 \\ 17.9 & 59.9 & 0 \\ 0 & 0 & 19.4 \end{pmatrix} \mathrm{kN/mm}$$

$$\boldsymbol{B}_{1\searrow} = \begin{pmatrix} 0 & 0 & 0 \\ 0 & 0 & 0 \\ 0 & 0 & 0 \end{pmatrix} \mathrm{kN}$$

$$\boldsymbol{D}_{1\searrow} = \begin{pmatrix} 8.3 & 1.3 & 0.5 \\ 1.3 & 2.2 & 0.5 \\ 0.5 & 0.5 & 1.5 \end{pmatrix} \mathrm{kN\cdot mm}$$

计算层合板柔度系数矩阵:

$$\boldsymbol{a}_{1\searrow} = \begin{pmatrix} 0.0192 & -0.057 & 0 \\ -0.057 & 0.0184 & 0 \\ 0 & 0 & 0.0516 \end{pmatrix} \mathrm{mm/kN}$$

$$\boldsymbol{b}_{1\searrow} = \boldsymbol{c}_{1\searrow} = \begin{pmatrix} 0 & 0 & 0 \\ 0 & 0 & 0 \\ 0 & 0 & 0 \end{pmatrix} \mathrm{kN}^{-1}$$

$$\boldsymbol{d}_{1\searrow} = \begin{pmatrix} 0.1339 & -0.0759 & -0.0202 \\ -0.0759 & 0.5459 & -0.1637 \\ -0.0202 & -0.1637 & 0.7455 \end{pmatrix} (\mathrm{kN\cdot mm})^{-1}$$

$$E_x = 1/(ta_{11}) = 52.1\mathrm{GPa}$$

发生首层破坏后, 层合板的整体刚度降低, 且荷载发生重新分布, 破坏发生前后瞬间, 层合板中面应变分别为

$$\begin{pmatrix} \varepsilon_x^0 \\ \varepsilon_y^0 \\ \gamma_{xy}^0 \end{pmatrix}_{\text{前}} = \boldsymbol{a} \begin{pmatrix} 296 \\ 0 \\ 0 \end{pmatrix} = \begin{pmatrix} 5476 \\ -1716 \\ 0 \end{pmatrix} \times 10^{-6}$$

$$\begin{pmatrix} \varepsilon_x^0 \\ \varepsilon_y^0 \\ \gamma_{xy}^0 \end{pmatrix}_{\text{后}} = \boldsymbol{a}_{1\searrow} \begin{pmatrix} 296 \\ 0 \\ 0 \end{pmatrix} = \begin{pmatrix} 5683 \\ -16872 \\ 0 \end{pmatrix} \times 10^{-6}$$

与前一步骤类似，在 $N_x=296\text{N/mm}$ 的荷载作用下，求出各单层的应力应变及强度比，如表 7-10 所示。

表 7-10 $N_x=296\text{N/mm}$，90° 铺层已破坏时各单层应力和强度比

层号	$\theta/(°)$	σ_1/MPa	σ_2/MPa	τ_{12}/MPa	强度比 R
1	0	797.5	0.08	0	1.88
2	45	287.48	26.13	−36.99	1.89
3	−45	287.48	26.13	36.99	1.89
4	90	−239.72	0	0	5
5	90	−239.72	0	0	5
6	−45	287.48	26.13	36.99	1.89
7	45	287.48	26.13	−36.99	1.89
8	0	797.5	0.08	0	1.88

从计算结果看出，0° 铺层的强度比最小 $R=1.88$。根据强度比定义可求得第二层破坏的临界载荷为 $N_{xc}=296\times1.88=556\text{N/mm}$。

③求第三层破坏极限

当第二层 (0°) 破坏发生后，按部分破坏刚度退化准则式 (7-6) 计算 0° 铺层刚度退化后的刚度矩阵：

$$\bar{\boldsymbol{Q}}_{0°\searrow} = \begin{pmatrix} 140.9 & 0 & 0 \\ 0 & 0 & 0 \\ 0 & 0 & 0 \end{pmatrix} \text{GPa}$$

重新计算层合板的刚度和柔度：

$$\boldsymbol{A}_{2\searrow} = \begin{pmatrix} 22.1 & 17.1 & 0 \\ 17.1 & 57.4 & 0 \\ 0 & 0 & 18.1 \end{pmatrix} \text{kN/mm}$$

$$\boldsymbol{B}_{2\searrow} = \begin{pmatrix} 0 & 0 & 0 \\ 0 & 0 & 0 \\ 0 & 0 & 0 \end{pmatrix} \text{kN}$$

$$\boldsymbol{D}_{2\searrow} = \begin{pmatrix} 1.5 & 1.2 & 0.5 \\ 1.2 & 1.7 & 0.5 \\ 0.5 & 0.5 & 1.2 \end{pmatrix} \text{kN} \cdot \text{mm}$$

计算层合板柔度系数矩阵：

$$\boldsymbol{a}_{2\searrow} = \begin{pmatrix} 0.0588 & -0.0176 & 0 \\ -0.0176 & 0.0227 & 0 \\ 0 & 0 & 0.0552 \end{pmatrix} \text{mm/kN}$$

$$\boldsymbol{b}_{2\searrow} = \boldsymbol{c}_{2\searrow} = \begin{pmatrix} 0 & 0 & 0 \\ 0 & 0 & 0 \\ 0 & 0 & 0 \end{pmatrix} \text{kN}^{-1}$$

$$\boldsymbol{d}_{2\searrow} = \begin{pmatrix} 1.48 & -0.95 & -0.22 \\ -0.95 & 1.30 & -0.14 \\ -0.22 & -0.14 & 0.97 \end{pmatrix} (\text{kN} \cdot \text{mm})^{-1}$$

发生第二层破坏后，层合板的整体刚度降低，且荷载重新分布，破坏发生前后瞬间，层合板中面应变分别为

$$\begin{pmatrix} \varepsilon_x^0 \\ \varepsilon_y^0 \\ \gamma_{xy}^0 \end{pmatrix}_{\text{前}} = \boldsymbol{a}_{1\searrow} \begin{pmatrix} 556 \\ 0 \\ 0 \end{pmatrix} = \begin{pmatrix} 10675 \\ 31692 \\ 0 \end{pmatrix} \times 10^{-6}$$

$$\begin{pmatrix} \varepsilon_x^0 \\ \varepsilon_y^0 \\ \gamma_{xy}^0 \end{pmatrix}_{\text{后}} = \boldsymbol{a}_{2\searrow} \begin{pmatrix} 556 \\ 0 \\ 0 \end{pmatrix} = \begin{pmatrix} 32693 \\ -9786 \\ 0 \end{pmatrix} \times 10^{-6}$$

与前一步骤类似，在 $N_x=556\text{N/mm}$ 的荷载作用下，求出各单层的应力应变及强度比，如表 7-11 所示。

表 7-11　$N_x=556\text{N/mm}$，$0°$ 铺层已破坏时各单层应力和强度比

层号	$\theta/(°)$	σ_1/MPa	σ_2/MPa	τ_{12}/MPa	强度比 R
1	0	—	—	—	—
2	45	1653.3	150.3	-212.7	0.33
3	-45	1653.3	150.3	212.7	0.33
4	90	-1378.3	0	0	0.87
5	90	-1378.3	0	0	0.87
6	-45	1653.3	150.3	212.7	0.33
7	45	1653.3	150.3	-212.7	0.33
8	0	—	—	—	—

从计算结果看出，在 $N_x = 556\text{N/mm}$ 作用下，所有铺层均已经发生破坏，层合板不可承担更大的载荷。因此第二层破坏荷载就是层合板的极限破坏荷载：$N_{xc} = 556\text{N/mm}$ 即为层合板最终的极限荷载。

层合板直到末层被破坏的应力–应变关系曲线如图 7-36 所示。

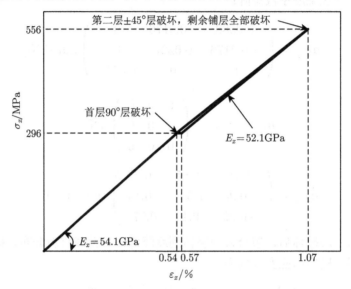

图 7-36　层合板末层破坏的应力–应变关系曲线

(2)MATLAB 函数求解

统一单位：MPa、mm。

输入铺层材料参数：E1=140000; E2=10000; v21=0.3; G12=5000;

输入材料基本强度参数：Xt=1500; Xc=1200; Yt=50; Yc=250; S=70;

输入铺层角度：theta=[0; 45; −45; 90; 90; −45; 45; 0];

输入铺层厚度：tk=0.125;

输入内力和内力矩：N=[100;0;0];M=[0;0;0];

选择强度准则：SC='MaxStressCriterion';

调用 PartialPLyFailure(E1,E2,v21,G12,tk,theta,N,M,Xt,Xc,Yt,Yc,S,SC) 函数即可按照部分破坏刚度退化准则计算层合板末层破坏时的破坏强度。

遵循上述解题思路，编写 M 文件 Case_7_10.m 如下：

```
clc,clear,close all
format compact
E1=140000;   E2=10000;   v21=0.3;    G12=5000;
Xt=1500;     Xc=1200;    Yt=50;      Yc=250;        S=70;
theta=[0;45;-45;90;90;-45;45;0];
```

```
tk=0.125;
N=[100;0;0];
M=[0;0;0];
SC='MaxStressCriterion';
Critical_Load=PartialPLyFailure(E1,E2,v21,G12,tk,theta,N,M,Xt,Xc,
   Yt,Yc,S,SC)
```

运行 M 文件 Case_7_10.m，可得到以下结果：

```
Critical_Load=
  557.2564
         0
         0
         0
         0
         0
```

例 7-11[3,26]　铺层为 $[90/0]_s$ 正交对称层合板，铺层材料参数为：$E_1=140\text{GPa}$、$E_2=10\text{GPa}$、$\nu_{21}=0.3$、$G_{12}=5\text{GPa}$，$X_t=1500\text{MPa}$、$X_c=1200\text{MPa}$、$Y_t=50\text{MPa}$、$Y_c=250\text{MPa}$、$S=70\text{MPa}$，铺层厚度 $t_k=0.125\text{mm}$，如图 7-37 所示。在 $M_x=10\text{N·mm/mm}$ 作用下，应用最大应力准则和完全破坏刚度退化准则，计算层合板的极限荷载。

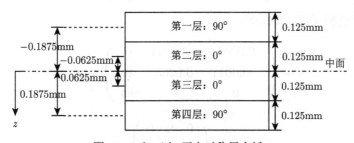

图 7-37　$[90/0]_s$ 正交对称层合板

解　(1) 理论求解

①计算首层破坏荷载

计算铺层正轴刚度矩阵：

$$\boldsymbol{Q} = \begin{pmatrix} 140.9 & 3.0 & 0 \\ 3.0 & 10.1 & 0 \\ 0 & 0 & 5.0 \end{pmatrix} \text{GPa}$$

计算铺层偏轴刚度矩阵：

$$\bar{Q}_{0^\circ} = \begin{pmatrix} 140.9 & 3.0 & 0 \\ 3.0 & 10.1 & 0 \\ 0 & 0 & 5.0 \end{pmatrix} \text{GPa}$$

$$\bar{Q}_{90^\circ} = \begin{pmatrix} 10.1 & 3.0 & 0 \\ 3.0 & 140.9 & 0 \\ 0 & 0 & 5.0 \end{pmatrix} \text{GPa}$$

计算层合板刚度矩阵：

$$A = \begin{pmatrix} 37.7 & 1.5 & 0 \\ 1.5 & 37.7 & 0 \\ 0 & 0 & 2.5 \end{pmatrix} \text{kN/mm}$$

$$B = \begin{pmatrix} 0 & 0 & 0 \\ 0 & 0 & 0 \\ 0 & 0 & 0 \end{pmatrix} \text{kN}$$

$$D = \begin{pmatrix} 0.2752 & 0.0315 & 0 \\ 0.0315 & 1.2974 & 0 \\ 0 & 0 & 0.0521 \end{pmatrix} \text{kN} \cdot \text{mm}$$

计算层合板柔度系数矩阵：

$$a = \begin{pmatrix} 0.0265 & -0.0011 & 0 \\ -0.0011 & 0.0265 & 0 \\ 0 & 0 & 0.4 \end{pmatrix} \text{mm/kN}$$

$$b = c = \begin{pmatrix} 0 & 0 & 0 \\ 0 & 0 & 0 \\ 0 & 0 & 0 \end{pmatrix} \text{kN}^{-1}$$

$$d = \begin{pmatrix} 3.6437 & -0.0883 & 0 \\ -0.0883 & 0.7729 & 0 \\ 0 & 0 & 19.2 \end{pmatrix} (\text{kN} \cdot \text{mm})^{-1}$$

各单层的应力应变及强度比汇总于表 7-12。

从计算结果看出，第四铺层 90° 的强度比最小 $R=0.73$。所以在 $M_x=$ 10N·mm/mm 作用下，第四铺层发生破坏，但其他铺层还可以承担载荷。因此首层破坏荷载为 $M_x=10\times0.73=7.3$N·mm/mm。

表 7-12 $M_x = 10 \text{N·mm/mm}$ 作用下各单层应力和强度比

层号	$\theta/(°)$	σ_1/MPa	σ_2/MPa	τ_{12}/MPa	强度比 R
1	90	2.7	−68.3	0	3.66
2	0	−320.7	−6.3	0	3.74
3	0	320.7	6.3	0	4.68
4	90	−2.7	68.3	0	0.73

②求第二层破坏极限

当首层 (90°) 破坏发生后，按完全破坏刚度退化准则，令该层刚度为 0。重新计算层合板的刚度和柔度：

$$\boldsymbol{A}_{1\searrow} = \begin{pmatrix} 36.4845 & 1.1323 & 0 \\ 1.1323 & 20.1294 & 0 \\ 0 & 0 & 1.8750 \end{pmatrix} \text{kN/mm}$$

$$\boldsymbol{B}_{1\searrow} = \begin{pmatrix} -0.23559 & -0.0708 & 0 \\ -0.0708 & -3.3025 & 0 \\ 0 & 0 & -01172 \end{pmatrix} \text{kN}$$

$$\boldsymbol{D}_{1\searrow} = \begin{pmatrix} 0.2293 & 0.0177 & 0 \\ 0.0177 & 0.6553 & 0 \\ 0 & 0 & 0.0293 \end{pmatrix} \text{kN·mm}$$

计算层合板柔度系数矩阵：

$$\boldsymbol{a}_{1\searrow} = \begin{pmatrix} 0.0277 & -0.0063 & 0 \\ -0.0063 & 0.2885 & 0 \\ 0 & 0 & 0.7111 \end{pmatrix} \text{mm/kN}$$

$$\boldsymbol{b}_{1\searrow} = \boldsymbol{c}_{1\searrow} = \begin{pmatrix} 0.0289 & -0.0297 & 0 \\ -0.0297 & 1.4542 & 0 \\ 0 & 0 & 2.8444 \end{pmatrix} \text{kN}^{-1}$$

$$\boldsymbol{d}_{1\searrow} = \begin{pmatrix} 4.4014 & -0.2652 & 0 \\ -0.2652 & 8.8595 & 0 \\ 0 & 0 & 45.5111 \end{pmatrix} (\text{kN·mm})^{-1}$$

与前一步骤类似，在 $M_x = 7.3 \text{N·mm/mm}$ 的荷载作用下，求出各单层的应力应变及强度比，如表 7-13 所示。

表 7-13 M_x=7.3N·mm/mm，90° 铺层已破坏时各单层应力和强度比

层号	$\theta/(°)$	σ_1/MPa	σ_2/MPa	τ_{12}/MPa	强度比 R
1	90	3.1	−58.3	0	4.29
2	0	−254.4	−6.4	0	4.71
3	0	312.7	3.3	0	4.80
4	90	—	—	—	—

从计算结果看出，第一铺层 (90° 铺层) 的强度比最小 R=4.29。根据强度比定义可求得第二层破坏的临界载荷为 M_x=7.3×4.29=31N·mm/mm。

③求第三层破坏极限

当第二层 (90°) 破坏发生后，按完全破坏刚度退化准则，令该层刚度为 0。重新计算层合板的刚度和柔度：

$$A_{2\searrow} = \begin{pmatrix} 35.2265 & 0.7549 & 0 \\ 0.7549 & 2.5162 & 0 \\ 0 & 0 & 1.2500 \end{pmatrix} \text{kN/mm}$$

$$B_{2\searrow} = \begin{pmatrix} 0 & 0 & 0 \\ 0 & 0 & 0 \\ 0 & 0 & 0 \end{pmatrix} \text{kN}$$

$$D_{2\searrow} = \begin{pmatrix} 0.1835 & 0.0039 & 0 \\ 0.0039 & 0.0131 & 0 \\ 0 & 0 & 0.0065 \end{pmatrix} \text{kN·mm}$$

计算层合板柔度系数矩阵：

$$a_{2\searrow} = \begin{pmatrix} 0.0286 & -0.0086 & 0 \\ -0.0086 & 0.4 & 0 \\ 0 & 0 & 0.8 \end{pmatrix} \text{mm/kN}$$

$$b_{2\searrow} = c_{2\searrow} = \begin{pmatrix} 0 & 0 & 0 \\ 0 & 0 & 0 \\ 0 & 0 & 0 \end{pmatrix} \text{kN}^{-1}$$

$$d_{2\searrow} = \begin{pmatrix} 5.4857 & -1.6457 & 0 \\ -1.6457 & 76.8 & 0 \\ 0 & 0 & 153.6 \end{pmatrix} \text{(kN·mm)}^{-1}$$

与前一步骤类似，在 $M_x=31\text{N·mm/mm}$ 的荷载作用下，求出各单层的应力应变及强度比，如表 7-14 所示。

表 7-14 $M_x=31\text{N·mm/mm}$，$90°$ 铺层已破坏时各单层应力和强度比

层号	$\theta/(°)$	σ_1/MPa	σ_2/MPa	τ_{12}/MPa	强度比 R
1	90	—	—	—	—
2	0	-1508.5	0	0	0.80
3	0	1508.5	0	0	0.99
4	90	—	—	—	—

从计算结果看出，$0°$ 铺层的强度比均小于 1。所以在 $M_x=31\text{N·mm/mm}$ 作用下，所有铺层均已经破坏，因此，层合板最终的极限荷载为 31N·mm/mm。

此处需要说明，当层合板中面层以上 (或者以下) 刚度完全退化为零，此时理论上层合板没有办法抵抗弯矩了，通过理论计算的应力分量都为零。所以在编译 MATLAB 函数时，要对此问题及时判断并终止程序。

(2)MATLAB 函数求解

统一单位：MPa、mm。

输入铺层材料参数：E1=140000; E2=10000; v21=0.3; G12=5000;

输入材料基本强度参数：Xt=1500; Xc=1200; Yt=50; Yc=250; S=70;

输入铺层角度：theta=[90;0;0;90];

输入铺层厚度：tk=0.125;

输入内力和内力矩：N=[0;0;0];M=[10;0;0];

选择强度准则：SC='MaxStressCriterion';

调用 CompletePLyFailure(E1,E2,v21,G12,tk,theta,N,M,Xt,Xc,Yt,Yc,S,SC) 函数即可按照完全破坏刚度退化准则计算层合板末层破坏时的破坏强度。

遵循上述解题思路，编写 M 文件 Case_7_11 如下：

```
clc,clear,close all
format compact
E1=140000;   E2=10000;   v21=0.3;   G12=5000;
Xt=1500;     Xc=1200;    Yt=50;     Yc=250;     S=70;
theta=[90;0;0;90];
tk=0.125;
N=[0;0;0];
M=[10;0;0];
SC='MaxStressCriterion';
Critical_Load=CompletePLyFailure(E1,E2,v21,G12,tk,theta,N,M,Xt,Xc,
    Yt,Yc,S,SC)
```

运行 M 文件 Case_7_11.m，可得到以下结果：

```
Critical_Load =
        0
        0
        0
  31.4274
        0
        0
```

第 8 章 层合板的湿热效应

由于层合板中各单层是由纤维和基体组成的，树脂基体的膨胀系数和吸湿能力均比纤维大得多。故基体会产生较大的湿热变形。因此，在单向复合材料中，横向的湿热变形要比纵向大得多，从而表现出湿热性能的各向异性。对于多向层合板，各层的湿热变形不同，而各层紧密黏结在一起阻止了彼此自由的湿热变形。这不但引起整个层合板的湿热变形，还将导致各层产生残余应变和残余应力，残余应力的存在将严重影响层合板的强度。本章结合 MATLAB 编写考虑湿热应力的层合板应力分析函数、湿热残余应力计算函数、考虑残余应力的强度计算函数等。主要涉及的相关概念及相互之间的关系如图 8-1 所示。

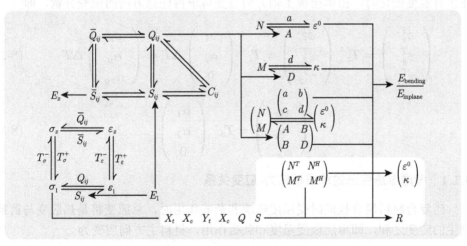

图 8-1　层合板的湿热效应导学

8.1　单层板的自由热变形

单层板的热变形是分析层合板热变形的基础。正交各向异性复合材料单层板在不受荷载作用情况下，单层板正轴向的热应变一般可由如下线性关系式表示：

$$\begin{pmatrix} \varepsilon_1^T \\ \varepsilon_2^T \\ \gamma_{12}^T \end{pmatrix} = \begin{pmatrix} \alpha_1 \\ \alpha_2 \\ 0 \end{pmatrix} \Delta T \tag{8-1}$$

式中，ε_1^T、ε_2^T 和 γ_{12}^T 分别为 1、2 方向的热线应变及 1-2 平面内的剪应变，见图 8-2；α_1、α_2 分别为单层板纵向、横向的热膨胀系数；ΔT 为温度变化值。

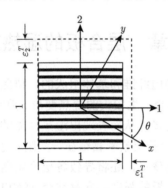

图 8-2　单层板的热膨胀变形

多向层合板中的每一铺层往往是处于偏轴方向的，根据应变的坐标变换关系，在仅有温度变化时，由单层板主轴方向应变可求得任意方向的应变分量，即

$$
\begin{pmatrix} \varepsilon_x^T \\ \varepsilon_y^T \\ \gamma_{xy}^T \end{pmatrix} = \boldsymbol{T}_\varepsilon^- \begin{pmatrix} \varepsilon_1^T \\ \varepsilon_2^T \\ \gamma_{12}^T \end{pmatrix} = \boldsymbol{T}_\varepsilon^- \begin{pmatrix} \alpha_1 \\ \alpha_2 \\ 0 \end{pmatrix} \Delta T = \begin{pmatrix} \alpha_x \\ \alpha_y \\ \alpha_{xy} \end{pmatrix} \Delta T \tag{8-2}
$$

$$
\begin{pmatrix} \alpha_x \\ \alpha_y \\ \alpha_{xy} \end{pmatrix} = \boldsymbol{T}_\varepsilon^- \begin{pmatrix} \alpha_1 \\ \alpha_2 \\ 0 \end{pmatrix} \tag{8-3}
$$

8.1.1　考虑湿热变形的单层板应力-应变关系

当复合材料层合板同时受温度影响和荷载作用时，总应变将是热应变与荷载产生的应变之和，即单层板受温度和载荷作用，材料主方向应变为

$$
\begin{pmatrix} \varepsilon_1 \\ \varepsilon_2 \\ \gamma_{12} \end{pmatrix} = \boldsymbol{S} \begin{pmatrix} \sigma_1 \\ \sigma_2 \\ \tau_{12} \end{pmatrix} + \begin{pmatrix} \alpha_1 \\ \alpha_2 \\ 0 \end{pmatrix} \Delta T \tag{8-4}
$$

将上式改写成应力表达式为

$$
\begin{pmatrix} \sigma_1 \\ \sigma_2 \\ \tau_{12} \end{pmatrix} = \boldsymbol{Q} \left(\begin{pmatrix} \varepsilon_1 \\ \varepsilon_2 \\ \gamma_{12} \end{pmatrix} - \begin{pmatrix} \alpha_1 \\ \alpha_2 \\ 0 \end{pmatrix} \Delta T \right) \tag{8-5}
$$

单层板偏轴方向的应力，可由应力转轴公式求得

$$\begin{pmatrix} \sigma_x \\ \sigma_y \\ \tau_{xy} \end{pmatrix} = \begin{pmatrix} \bar{Q}_{11} & \bar{Q}_{12} & \bar{Q}_{16} \\ \bar{Q}_{21} & \bar{Q}_{22} & \bar{Q}_{26} \\ \bar{Q}_{61} & \bar{Q}_{62} & \bar{Q}_{66} \end{pmatrix} \times \left(\begin{pmatrix} \varepsilon_x \\ \varepsilon_y \\ \gamma_{xy} \end{pmatrix} - \begin{pmatrix} \alpha_x \\ \alpha_y \\ \alpha_{xy} \end{pmatrix} \Delta T \right) \qquad (8\text{-}6)$$

例 8-1[36] 如图 8-3 所示，确定铺层角度为 45° 的单向板在 x 方向上受光滑无摩擦的壁面之间约束，并受温度变化影响 $\Delta T = 180^\circ\mathrm{F}$ 的应力和应变。

材料的工程常数为：$E_1 = 19.2\mathrm{Msi}$、$E_2 = 1.56\mathrm{Msi}$、$G_{12} = 0.82\mathrm{Msi}$、$\nu_{21} = 0.24$。

热膨胀系数为：$\alpha_1 = -0.43 \times 10^{-6}\,{}^\circ\mathrm{F}^{-1}$、$\alpha_2 = 13.6 \times 10^{-6}\,{}^\circ\mathrm{F}^{-1}$。

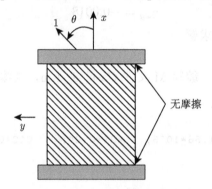

图 8-3 45° 单向板约束示意图

解 (1) 理论求解

由题意可知边界条件为

$$\varepsilon_x = 0, \quad \sigma_y = 0, \quad \tau_{xy} = 0$$

单层板的刚度为

$$\bar{Q}_{45^\circ} = \begin{pmatrix} \bar{Q}_{11} & \bar{Q}_{12} & \bar{Q}_{16} \\ \bar{Q}_{21} & \bar{Q}_{22} & \bar{Q}_{26} \\ \bar{Q}_{61} & \bar{Q}_{62} & \bar{Q}_{66} \end{pmatrix} = \begin{pmatrix} 6.222 & 4.582 & 4.431 \\ 4.582 & 6.222 & 4.431 \\ 4.431 & 4.431 & 5.026 \end{pmatrix} \times 10^6\mathrm{psi}$$

偏轴热膨胀系数为

$$\begin{pmatrix} \alpha_x \\ \alpha_y \\ \alpha_{xy} \end{pmatrix} = \boldsymbol{T}_\varepsilon^{-} \begin{pmatrix} \alpha_1 \\ \alpha_2 \\ 0 \end{pmatrix} = \begin{pmatrix} 0.50 & 0.50 & -0.50 \\ 0.50 & 0.50 & 0.50 \\ 1.00 & -1.00 & 0 \end{pmatrix} \begin{pmatrix} -0.43 \\ 13.6 \\ 0 \end{pmatrix} \times 10^{-6} = \begin{pmatrix} 6.585 \\ 6.585 \\ -14.030 \end{pmatrix} \times 10^{-6}$$

受温度变化影响 $\Delta T = 180^\circ\mathrm{F}$，由式 (8-6) 可知单层板偏轴方向的应力：

$$\begin{pmatrix} \sigma_x \\ 0 \\ 0 \end{pmatrix} = \begin{pmatrix} 6.222 & 4.582 & 4.431 \\ 4.582 & 6.222 & 4.431 \\ 4.431 & 4.431 & 5.026 \end{pmatrix} \times 10^6 \times \left[\begin{pmatrix} 0 \\ \varepsilon_y \\ \gamma_{xy} \end{pmatrix} - \begin{pmatrix} 6.585 \\ 6.585 \\ -14.030 \end{pmatrix} \times 10^{-6} \times 180 \right]$$

由此可得到 3 个方程:

$$\sigma_x = -1615.9 + 4.582 \times 10^6 \varepsilon_y + 4.431 \times 10^6 \gamma_{xy}$$
$$0 = -1615.9 + 6.222 \times 10^6 \varepsilon_y + 4.431 \times 10^6 \gamma_{xy}$$
$$0 = 2188.5 + 4.431 \times 10^6 \varepsilon_y + 5.026 \times 10^6 \gamma_{xy}$$

解方程可得

$$\sigma_x = -2511.7\mathrm{psi}$$
$$\varepsilon_y = 0.0015$$
$$\gamma_{xy} = -0.0018$$

(2)MATLAB 函数求解

统一单位: psi。

遵循上述解题思路, 编写 M 文件 Case_8_1.m, 具体如下:

```
clear;clc;close all;
format compact
E1=19.2*10^6;    E2=1.56*10^6;    v21=0.24;      G12=0.82*10^6;
theta=45;
deltaT=180;
alpha=[-0.43*10^-6;13.6*10^-6;0];
Q=PlaneStiffness(E1,E2,v21,G12,theta);
alpha_x=inv(StrainTransformation(theta,2))*alpha;
syms sigma_x epsilon_y gamma_xy;
eq=[[sigma_x;0;0]==Q*([0;epsilon_y;gamma_xy]-alpha_x*deltaT)];
[sigma_x,epsilon_y,gamma_xy]=solve(eq,sigma_x,epsilon_y,gamma_xy);
sigma_x=double(sigma_x)
epsilon_y=double(epsilon_y)
gamma_xy=double(gamma_xy)
```

运行 M 文件 Case_8_1.m, 可得到以下结果:

```
sigma_x =
  -2.5117e+03
epsilon_y =
   0.0015
gamma_xy =
  -0.0018
```

8.1.2　考虑湿热变形的层合板内力及内力矩

设层合板由 n 层单层板组成, 考虑温度变化, 第 k 层的应力-应变关系为 (一般为偏轴方向)

$$\left(\begin{array}{c} \sigma_x \\ \sigma_y \\ \tau_{xy} \end{array}\right)_k = \left(\begin{array}{ccc} \bar{Q}_{11} & \bar{Q}_{12} & \bar{Q}_{16} \\ \bar{Q}_{21} & \bar{Q}_{22} & \bar{Q}_{26} \\ \bar{Q}_{61} & \bar{Q}_{62} & \bar{Q}_{66} \end{array}\right)_k \times \left(\left(\begin{array}{c} \varepsilon_x \\ \varepsilon_y \\ \gamma_{xy} \end{array}\right) - \left(\begin{array}{c} \alpha_x \\ \alpha_y \\ \alpha_{xy} \end{array}\right) \Delta T\right)_k \tag{8-7}$$

当层合板符合直法线假设，沿厚度积分得

$$\left\{\begin{array}{c} N_x \\ N_y \\ N_{xy} \end{array}\right\} = \int_{-\frac{t}{2}}^{\frac{t}{2}} \left\{\begin{array}{c} \sigma_x \\ \sigma_y \\ \tau_{xy} \end{array}\right\} \mathrm{d}z = \left(\begin{array}{ccc} A_{11} & A_{12} & A_{16} \\ A_{12} & A_{22} & A_{26} \\ A_{16} & A_{26} & A_{66} \end{array}\right) \left(\begin{array}{c} \varepsilon_x^0 \\ \varepsilon_y^0 \\ \gamma_{xy}^0 \end{array}\right)$$

$$+ \left(\begin{array}{ccc} B_{11} & B_{12} & B_{16} \\ B_{12} & B_{22} & B_{26} \\ B_{16} & B_{26} & B_{66} \end{array}\right) \left(\begin{array}{c} \kappa_x \\ \kappa_y \\ \kappa_{xy} \end{array}\right) - \sum_{k=1}^{n} \bar{Q}_k \left(\begin{array}{c} \alpha_x \\ \alpha_y \\ \alpha_{xy} \end{array}\right)_k \Delta T \left(z_{k+1} - z_k\right)$$

$$\tag{8-8}$$

$$\left\{\begin{array}{c} M_x \\ M_y \\ M_{xy} \end{array}\right\} = \int_{-\frac{t}{2}}^{\frac{t}{2}} \left\{\begin{array}{c} \sigma_x \\ \sigma_y \\ \tau_{xy} \end{array}\right\} z\mathrm{d}z = \left(\begin{array}{ccc} B_{11} & B_{12} & B_{16} \\ B_{12} & B_{22} & B_{26} \\ B_{16} & B_{26} & B_{66} \end{array}\right) \left(\begin{array}{c} \varepsilon_x^0 \\ \varepsilon_y^0 \\ \gamma_{xy}^0 \end{array}\right)$$

$$+ \left(\begin{array}{ccc} D_{11} & D_{12} & D_{16} \\ D_{12} & D_{22} & D_{26} \\ D_{16} & D_{26} & D_{66} \end{array}\right) \left(\begin{array}{c} \kappa_x \\ \kappa_y \\ \kappa_{xy} \end{array}\right) - \frac{1}{2} \sum_{k=1}^{n} \bar{Q}_k \left(\begin{array}{c} \alpha_x \\ \alpha_y \\ \alpha_{xy} \end{array}\right)_k \Delta T \left(z_{k+1}^2 - z_k^2\right)$$

$$\tag{8-9}$$

令

$$\left(\begin{array}{c} N_x^T \\ N_y^T \\ N_{xy}^T \end{array}\right) = \sum_{k=1}^{n} \bar{Q}_k \left(\begin{array}{c} \alpha_x \\ \alpha_y \\ \alpha_{xy} \end{array}\right)_k \Delta T \left(z_{k+1} - z_k\right)$$

$$\left(\begin{array}{c} M_x^T \\ M_y^T \\ M_{xy}^T \end{array}\right) = \frac{1}{2} \sum_{k=1}^{n} \bar{Q}_k \left(\begin{array}{c} \alpha_x \\ \alpha_y \\ \alpha_{xy} \end{array}\right)_k \Delta T \left(z_{k+1}^2 - z_k^2\right)$$

综合式 (8-8) 和式 (8-9) 可得

$$\left(\begin{array}{c} N_x \\ N_y \\ N_{xy} \\ \hline M_x \\ M_y \\ M_{xy} \end{array}\right) = \left(\begin{array}{ccc|ccc} A_{11} & A_{12} & A_{16} & B_{11} & B_{12} & B_{16} \\ A_{12} & A_{22} & A_{26} & B_{12} & B_{22} & B_{26} \\ A_{16} & A_{26} & A_{66} & B_{16} & B_{26} & B_{66} \\ \hline B_{11} & B_{12} & B_{16} & D_{11} & D_{12} & D_{16} \\ B_{12} & B_{22} & B_{26} & D_{12} & D_{22} & D_{26} \\ B_{16} & B_{26} & B_{66} & D_{16} & D_{26} & D_{66} \end{array}\right) \left(\begin{array}{c} \varepsilon_x^0 \\ \varepsilon_y^0 \\ \gamma_{xy}^0 \\ \hline \kappa_x \\ \kappa_y \\ \kappa_{xy} \end{array}\right) - \left(\begin{array}{c} N_x^T \\ N_y^T \\ N_{xy}^T \\ \hline M_x^T \\ M_y^T \\ M_{xy}^T \end{array}\right)$$

$$\tag{8-10}$$

式中，$\boldsymbol{N}^T$、$\boldsymbol{M}^T$ 称为热内力和热力矩，它们由温度变化引起，只有在完全约束的条件下才会产生。

式 (8-10) 也可以写成：

$$
\begin{pmatrix} \bar{N}_x \\ \bar{N}_y \\ N_{xy} \\ \hline \bar{M}_x \\ \bar{M}_y \\ \bar{M}_{xy} \end{pmatrix} = \begin{pmatrix} N_x \\ N_y \\ N_{xy} \\ \hline M_x \\ M_y \\ M_{xy} \end{pmatrix} + \begin{pmatrix} N_x^T \\ N_y^T \\ N_{xy}^T \\ \hline M_x^T \\ M_y^T \\ M_{xy}^T \end{pmatrix}
$$

$$
= \left(\begin{array}{ccc|ccc} A_{11} & A_{12} & A_{16} & B_{11} & B_{12} & B_{16} \\ A_{12} & A_{22} & A_{26} & B_{12} & B_{22} & B_{26} \\ A_{16} & A_{26} & A_{66} & B_{16} & B_{26} & B_{66} \\ \hline B_{11} & B_{12} & B_{16} & D_{11} & D_{12} & D_{16} \\ B_{12} & B_{22} & B_{26} & D_{12} & D_{22} & D_{26} \\ B_{16} & B_{26} & B_{66} & D_{16} & D_{26} & D_{66} \end{array} \right) \begin{pmatrix} \varepsilon_x^0 \\ \varepsilon_y^0 \\ \gamma_{xy}^0 \\ \hline \kappa_x \\ \kappa_y \\ \kappa_{xy} \end{pmatrix} \tag{8-11}
$$

式中，$\bar{N}_x, \bar{N}_y, \bar{N}_{xy}, \bar{M}_x, \bar{M}_y, \bar{M}_{xy}$ 为外荷载和温度变化共同作用产生的内力和力矩。

对其求逆可得

$$
\begin{pmatrix} \varepsilon_x^0 \\ \varepsilon_y^0 \\ \gamma_{xy}^0 \\ \hline \kappa_x \\ \kappa_y \\ \kappa_{xy} \end{pmatrix} = \left(\begin{array}{ccc|ccc} a_{11} & a_{12} & a_{16} & b_{11} & b_{12} & b_{16} \\ a_{12} & a_{22} & a_{26} & b_{21} & b_{22} & b_{26} \\ a_{16} & a_{26} & a_{66} & b_{61} & b_{62} & b_{66} \\ \hline c_{11} & c_{12} & c_{16} & d_{11} & d_{12} & d_{16} \\ c_{21} & c_{22} & c_{26} & d_{12} & d_{22} & d_{26} \\ c_{61} & c_{62} & c_{66} & d_{16} & d_{26} & d_{66} \end{array} \right) \times \begin{pmatrix} \bar{N}_x \\ \bar{N}_y \\ \bar{N}_{xy} \\ \hline \bar{M}_x \\ \bar{M}_y \\ \bar{M}_{xy} \end{pmatrix} \tag{8-12}
$$

上式为外荷载和温度变化共同作用下层合板产生的中面应变和曲率。

$$
\begin{pmatrix} \varepsilon_x^{0T} \\ \varepsilon_y^{0T} \\ \gamma_{xy}^{0T} \\ \hline \kappa_x^T \\ \kappa_y^T \\ \kappa_{xy}^T \end{pmatrix} = \left(\begin{array}{ccc|ccc} a_{11} & a_{12} & a_{16} & b_{11} & b_{12} & b_{16} \\ a_{12} & a_{22} & a_{26} & b_{21} & b_{22} & b_{26} \\ a_{16} & a_{26} & a_{66} & b_{61} & b_{62} & b_{66} \\ \hline c_{11} & c_{12} & c_{16} & d_{11} & d_{12} & d_{16} \\ c_{21} & c_{22} & c_{26} & d_{12} & d_{22} & d_{26} \\ c_{61} & c_{62} & c_{66} & d_{16} & d_{26} & d_{66} \end{array} \right) \times \begin{pmatrix} N_x^T \\ N_y^T \\ N_{xy}^T \\ \hline M_x^T \\ M_y^T \\ M_{xy}^T \end{pmatrix} \tag{8-13}
$$

得到单独温度作用下层合板中面应变和曲率后，后续步骤就和层合板的应力分析是一致的，流程如图 8-4 所示。

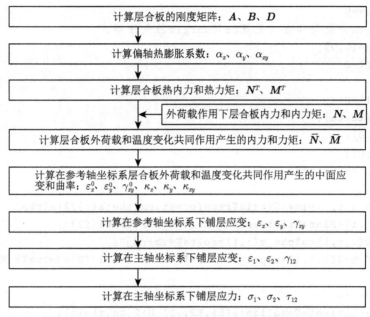

图 8-4　外荷载与温度变化共同作用下应力分析计算流程

依据上述层合板的热应力分析基本理论，编写层合板铺层应力的 MATLAB 函数 HygrothermalStress(E1,E2,v21,G12,tk,theta,N,M,alpha,deltaT)。

函数的具体编写如下：

```
function Sigma=HygrothermalStress(E1,E2,v21,G12,tk,theta,N,M,alpha,
    deltaT)
% 函数功能：计算层合板各铺层热（湿）应力。
% 调用格式：HygrothermalStress(E1,E2,v21,G12,tk,theta,N,M,alpha,
    deltaT)。
% 输入参数：E1,E2,v21,G12—材料工程弹性常数。
%          theta—铺层角度，以向量的格式输入。
%          tk—铺层厚度。
%          N,M—内力和内力矩，以列向量的格式输入。
%          alpha—热膨胀系数（或者湿膨胀系数），以列向量的形式输
    入。
%          deltaT—温差数值（或吸水量）。
% 运行结果：以三维矩阵的形式输出正轴热（湿）应力。
%          每一页矩阵表示一个铺层的应力数据。
```

```
%            每一页矩阵的第一列表示此铺层的上表面的正应力。
%            每一页矩阵的第二列表示此铺层的中面的正应力。
%            每一页矩阵的第三列表示此铺层的下表面的正应力。
if nargin==8
    %nargin函数具体含义见第53页nargin函数注解。
    alpha=[0;0];
    deltaT=0;
end
alpha(3,1)=0;
n=length(theta);
N_T=[0;0;0];
M_T=[0;0;0];
z=-n*tk/2:tk:n*tk/2;
for i=1:n
    alpha_x(:,i)=inv(StrainTransformation(theta(i)))*alpha;
    Q(:,:,i)=PlaneStiffness(E1,E2,v21,G12,theta(i));
    N_T=Q(:,:,i)*alpha_x(:,i)*deltaT*tk+ N_T;
    M_T=0.5*Q(:,:,i)*alpha_x(:,i)*(z(i+1)^2-z(i)^2)*deltaT+ M_T;
end
N=N+N_T;M=M+M_T;
[a,b,c,d]=LaminateCompliance(E1,E2,v21,G12,tk,theta);
epsilon_midplane=[a,b;c,d]*[N;M];
clear z
for i=1:n
    z=-n*tk/2+(i-1)*tk:tk:tk/2:-n*tk/2+i*tk;
    Epsilon_f(:,i)=alpha_x(:,i)*deltaT;
    for j=1:3
        Epsilon_X(:,j,i)=epsilon_midplane(1:3)+z(j)*epsilon_midplane
            (4:6)-Epsilon_f(:,i);
        Epsilon(:,j,i)=StrainTransformation(theta(i),2)*Epsilon_X(:,
            j,i);
        Sigma(:,j,i)=ReducedStiffness(E1,E2,v21,G12)*Epsilon(:,j,i);
    end
end
end
```

例 8-2[3,26]　求正交对称层合板 $[0/90_{10}/0]$(图 8-5) 在 N_x=100kN/m 作用下各铺层的应力。已知材料的工程常数：$E_1 = 38.6$GPa、E_2=8.27GPa、G_{12} = 4.14GPa、ν_{21}=0.26，热膨胀系数：α_1=8.6×10^{-6}℃$^{-1}$、α_2=22×10^{-6}℃$^{-1}$。材料固化温度为 125℃，使用温度为 25℃，铺层厚度：0.1mm。

解 (1) 理论求解

①计算铺层正轴刚度矩阵

$$\boldsymbol{Q} = \begin{pmatrix} 39.17 & 2.18 & 0 \\ 2.18 & 8.37 & 0 \\ 0 & 0 & 4.14 \end{pmatrix} \text{GPa}$$

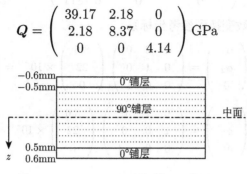

图 8-5 $[0/90_{10}/0]$ 层合板铺层示意图

②计算铺层偏轴刚度矩阵

$$\bar{\boldsymbol{Q}}_{0^\circ} = \begin{pmatrix} 39.17 & 2.18 & 0 \\ 2.18 & 8.37 & 0 \\ 0 & 0 & 4.14 \end{pmatrix} \text{GPa}$$

$$\bar{\boldsymbol{Q}}_{90^\circ} = \begin{pmatrix} 8.37 & 2.18 & 0 \\ 2.18 & 39.17 & 0 \\ 0 & 0 & 4.14 \end{pmatrix} \text{GPa}$$

③计算层合板刚度矩阵

$$\boldsymbol{A} = \begin{pmatrix} 16.23 & 2.618 & 0 \\ 2.618 & 40.85 & 0 \\ 0 & 0 & 4.97 \end{pmatrix} \text{kN/mm}$$

$$\boldsymbol{B} = \begin{pmatrix} 0 & 0 & 0 \\ 0 & 0 & 0 \\ 0 & 0 & 0 \end{pmatrix} \text{kN}$$

$$\boldsymbol{D} = \begin{pmatrix} 3.077 & 0.314 & 0 \\ 0.314 & 3.77 & 0 \\ 0 & 0 & 0.596 \end{pmatrix} \text{kN} \cdot \text{mm}$$

④计算层合板柔度系数矩阵

$$\boldsymbol{a} = \begin{pmatrix} 0.0623 & -0.0040 & 0 \\ -0.0040 & 0.0247 & 0 \\ 0 & 0 & 0.2013 \end{pmatrix} \text{mm/kN}$$

$$\boldsymbol{b} = \boldsymbol{c} = \begin{pmatrix} 0 & 0 & 0 \\ 0 & 0 & 0 \\ 0 & 0 & 0 \end{pmatrix} \text{kN}^{-1}$$

$$\boldsymbol{d} = \begin{pmatrix} 0.3279 & -0.0273 & 0 \\ -0.0273 & 0.2673 & 0 \\ 0 & 0 & 0.2811 \end{pmatrix} (\text{kN} \cdot \text{mm})^{-1}$$

⑤将热膨胀系数变换到参考坐标系

$$\begin{pmatrix} \alpha_x \\ \alpha_y \\ \alpha_{xy} \end{pmatrix}_{0°} = \boldsymbol{T}_{\varepsilon}^{-} \begin{pmatrix} \alpha_1 \\ \alpha_2 \\ 0 \end{pmatrix} = \begin{pmatrix} 1 & 0 & 0 \\ 0 & 1 & 0 \\ 0 & 0 & 1 \end{pmatrix} \begin{pmatrix} 8.6 \\ 22 \\ 0 \end{pmatrix} \times 10^{-6} = \begin{pmatrix} 8.6 \\ 22 \\ 0 \end{pmatrix} \times 10^{-6}°\text{C}^{-1}$$

$$\begin{pmatrix} \alpha_x \\ \alpha_y \\ \alpha_{xy} \end{pmatrix}_{90°} = \boldsymbol{T}_{\varepsilon}^{-} \begin{pmatrix} \alpha_1 \\ \alpha_2 \\ 0 \end{pmatrix} = \begin{pmatrix} 0 & 1 & 0 \\ 1 & 0 & 0 \\ 0 & 0 & -1 \end{pmatrix} \begin{pmatrix} 8.6 \\ 22 \\ 0 \end{pmatrix} \times 10^{-6} = \begin{pmatrix} 22 \\ 8.6 \\ 0 \end{pmatrix} \times 10^{-6}°\text{C}^{-1}$$

⑥计算热应力合力和热合力矩

$$\begin{pmatrix} N_x^T \\ N_y^T \\ N_{xy}^T \end{pmatrix} = \sum_{k=1}^{n} \bar{Q}_k \begin{pmatrix} \alpha_x \\ \alpha_y \\ \alpha_{xy} \end{pmatrix}_k \Delta T \left(z_{k+1} - z_k \right) = \begin{pmatrix} -28 \\ -42.6 \\ 0 \end{pmatrix} \text{kN/m}$$

$$\begin{pmatrix} M_x^T \\ M_y^T \\ M_{xy}^T \end{pmatrix} = \frac{1}{2} \sum_{k=1}^{n} \bar{Q}_k \begin{pmatrix} \alpha_x \\ \alpha_y \\ \alpha_{xy} \end{pmatrix}_k \Delta T \left(z_{k+1}^2 - z_k^2 \right) = \begin{pmatrix} 0 \\ 0 \\ 0 \end{pmatrix}$$

⑦计算层合板各铺层应变

$$\begin{pmatrix} \bar{N}_x \\ \bar{N}_y \\ \bar{N}_{xy} \\ \hline \bar{M}_x \\ \bar{M}_y \\ \bar{M}_{xy} \end{pmatrix} = \begin{pmatrix} N_x \\ N_y \\ N_{xy} \\ \hline M_x \\ M_y \\ M_{xy} \end{pmatrix} + \begin{pmatrix} N_x^T \\ N_y^T \\ N_{xy}^T \\ \hline M_x^T \\ M_y^T \\ M_{xy}^T \end{pmatrix} = \begin{pmatrix} 100 \\ 0 \\ 0 \\ \hline 0 \\ 0 \\ 0 \end{pmatrix} + \begin{pmatrix} -28 \\ -42.6 \\ 0 \\ \hline 0 \\ 0 \\ 0 \end{pmatrix} = \begin{pmatrix} 72 \\ -42.6 \\ 0 \\ \hline 0 \\ 0 \\ 0 \end{pmatrix}$$

$$\begin{pmatrix} \varepsilon_x^0 \\ \varepsilon_y^0 \\ \gamma_{xy}^0 \\ \hline \kappa_x \\ \kappa_y \\ \kappa_{xy} \end{pmatrix} = \begin{pmatrix} a_{11} & a_{12} & a_{16} & b_{11} & b_{12} & b_{16} \\ a_{12} & a_{22} & a_{26} & b_{21} & b_{22} & b_{26} \\ a_{16} & a_{26} & a_{66} & b_{61} & b_{62} & b_{66} \\ \hline c_{11} & c_{12} & c_{16} & d_{11} & d_{12} & d_{16} \\ c_{21} & c_{22} & c_{26} & d_{12} & d_{22} & d_{26} \\ c_{61} & c_{62} & c_{66} & d_{16} & d_{26} & d_{66} \end{pmatrix} \times \begin{pmatrix} \bar{N}_x \\ \bar{N}_y \\ \bar{N}_{xy} \\ \hline \bar{M}_x \\ \bar{M}_y \\ \bar{M}_{xy} \end{pmatrix} = \begin{pmatrix} 4.65 \\ -1.34 \\ 0 \\ \hline 0 \\ 0 \\ 0 \end{pmatrix} \times 10^{-3}$$

层合板的总应变为

$$\begin{pmatrix} \varepsilon_x \\ \varepsilon_y \\ \gamma_{xy} \end{pmatrix}_k = \begin{pmatrix} \varepsilon_x^0 \\ \varepsilon_y^0 \\ \gamma_{xy}^0 \end{pmatrix} + z \begin{pmatrix} \kappa_x \\ \kappa_y \\ \kappa_{xy} \end{pmatrix} = \begin{pmatrix} 4.65 \\ -1.34 \\ 0 \end{pmatrix} \times 10^{-3}$$

由于中面曲率和扭转率为零，因此应变与坐标无关，所有铺层应变一致。

⑧计算层合板各铺层主轴应力

$$\begin{pmatrix} \sigma_x \\ \sigma_y \\ \tau_{xy} \end{pmatrix}_k = \begin{pmatrix} \bar{Q}_{11} & \bar{Q}_{12} & \bar{Q}_{16} \\ \bar{Q}_{21} & \bar{Q}_{22} & \bar{Q}_{26} \\ \bar{Q}_{61} & \bar{Q}_{62} & \bar{Q}_{66} \end{pmatrix}_k \times \left(\begin{pmatrix} \varepsilon_x \\ \varepsilon_y \\ \gamma_{xy} \end{pmatrix} - \begin{pmatrix} \alpha_x \\ \alpha_y \\ \alpha_{xy} \end{pmatrix} \Delta T \right)_k$$

对于 0° 铺层主轴应力：

$$\begin{pmatrix} \sigma_x \\ \sigma_y \\ \tau_{xy} \end{pmatrix}_{0°} = \begin{pmatrix} 39.17 & 2.18 & 0 \\ 2.18 & 8.37 & 0 \\ 0 & 0 & 4.14 \end{pmatrix}_{0°}$$

$$\times \left(\begin{pmatrix} 4.65 \\ -1.34 \\ 0 \end{pmatrix} \times 10^{-3} - \begin{pmatrix} 8.6 \\ 22 \\ 0 \end{pmatrix} \times 10^{-6} \times 100 \right)$$

$$= \begin{pmatrix} 217.8 \\ 19.2 \\ 0 \end{pmatrix} \text{MPa}$$

$$\begin{pmatrix} \sigma_1 \\ \sigma_2 \\ \tau_{12} \end{pmatrix}_{0°} = \begin{pmatrix} 217.8 \\ 19.2 \\ 0 \end{pmatrix} \text{MPa}$$

对于 90° 铺层主轴应力：

$$\begin{pmatrix} \sigma_x \\ \sigma_y \\ \tau_{xy} \end{pmatrix}_{90°} = \begin{pmatrix} 8.37 & 2.18 & 0 \\ 2.18 & 39.17 & 0 \\ 0 & 0 & 4.14 \end{pmatrix}_{90°}$$

$$\times \left(\begin{pmatrix} 4.65 \\ -1.34 \\ 0 \end{pmatrix} \times 10^{-3} - \begin{pmatrix} 22 \\ 8.6 \\ 0 \end{pmatrix} \times 10^{-6} \times 100 \right)$$

$$= \begin{pmatrix} 56.4 \\ -3.8 \\ 0 \end{pmatrix} \text{MPa}$$

$$\begin{pmatrix} \sigma_1 \\ \sigma_2 \\ \tau_{12} \end{pmatrix}_{90°} = \begin{pmatrix} -3.8 \\ 56.4 \\ 0 \end{pmatrix} \text{MPa}$$

应力沿铺层分布如图 8-6 所示。

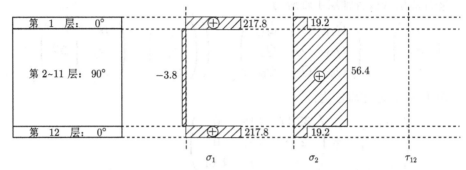

图 8-6 应力沿铺层分布图 (单位：MPa)

(2) MATLAB 函数求解

统一单位：MPa、mm。

输入铺层材料参数：E1=38600; E2=8270; v21=0.26; G12=4140。

输入铺层角度：theta=[0;90;90;90;90;90;90;90;90;90;90;0]。

输入铺层厚度：tk=0.1。

输入内力和内力矩：N=[100;0;0];M=[0;0;0]。

输入热膨胀系数：alpha=[8.6*10^-6;22*10^-6]。

输入温差：deltaT=−100。

调用 HygrothermalStress(E1,E2,v21,G12,tk,theta,N,M,alpha,deltaT) 函数即可计算层合板含热应力的铺层应力。

遵循上述解题思路，编写 M 文件 Case_8_2.m 如下：

```
clc,clear,close all
format compact
E1=38600;  E2=8270;  v21=0.26;  G12=4140;
tk=0.1;
theta=[0;90;90;90;90;90;90;90;90;90;90;0];
alpha=[8.6*10^-6;22*10^-6];
deltaT=-100;
N=[100;0;0];
M=[0;0;0];
Sigma =HygrothermalStress(E1,E2,v21,G12,tk,theta,N,M,alpha,deltaT)
```

运行 M 文件 Case_8_2.m，可得到以下结果：

```
Sigma(:,:,1) =
   217.7544   217.7544   217.7544
    19.2427    19.2427    19.2427
         0          0          0
Sigma(:,:,2) =
    -3.8485    -3.8485    -3.8485
    56.4491    56.4491    56.4491
         0          0          0
Sigma(:,:,3) =
    -3.8485    -3.8485    -3.8485
    56.4491    56.4491    56.4491
         0          0          0
Sigma(:,:,4) =
    -3.8485    -3.8485    -3.8485
    56.4491    56.4491    56.4491
         0          0          0
Sigma(:,:,5) =
    -3.8485    -3.8485    -3.8485
    56.4491    56.4491    56.4491
         0          0          0
Sigma(:,:,6) =
    -3.8485    -3.8485    -3.8485
    56.4491    56.4491    56.4491
         0          0          0
Sigma(:,:,7) =
    -3.8485    -3.8485    -3.8485
    56.4491    56.4491    56.4491
         0          0          0
Sigma(:,:,8) =
    -3.8485    -3.8485    -3.8485
    56.4491    56.4491    56.4491
         0          0          0
Sigma(:,:,9) =
    -3.8485    -3.8485    -3.8485
    56.4491    56.4491    56.4491
         0          0          0
Sigma(:,:,10) =
    -3.8485    -3.8485    -3.8485
    56.4491    56.4491    56.4491
         0          0          0
```

```
Sigma(:,:,11) =
   -3.8485    -3.8485    -3.8485
   56.4491    56.4491    56.4491
        0         0         0
Sigma(:,:,12) =
  217.7544   217.7544   217.7544
   19.2427    19.2427    19.2427
        0         0         0
```

8.2 层合板的热残余应力

目前常见的复合材料均是以热固性树脂为基体，它们需要在较高温度下固化成形。因此当冷却到常温 (构件的工作温度) 时，复合材料经受了一个 ΔT 的温度变化。由于单层复合材料由热膨胀系数不同的纤维和基体材料组成，以及叠层材料的各层纤维方向排列不同，所以在复合材料内部必然会产生相应的内应力，或称为残余应力。

8.2.1 热残余应力的计算

从理论上说，残余应力是温度变化引起的内部应力，或者说是温度应力的一种特殊形式，也就是说，是在常温下存在的温度应力。因此，可以用分析温度应力的方法来分析残余应力。残余应力的分析可以分两个层次来进行。一是把单层材料看作由纤维和基体组成的不均匀材料，采用微观力学方法来分析纤维和基体内部、纤维与基体之间的残余应力。二是把单层材料看作均匀材料，采用宏观力学方法来分析叠层材料中的残余应力。前者可称为 "微观" 残余应力，后者可称为 "宏观" 残余应力。而实际的残余应力应该是这两部分应力的叠加。

对于微观残余应力，由于其分析方法的复杂性和不可靠性，目前还很难给出满意的分析结果；同时，其残余应力的大小和影响程度一般要比宏观残余应力小得多；另外，如果采用单向复合材料试验来确定材料的强度，它也自然包括了微观残余应力的影响。因此，从实用观点看，主要是需要进行宏观残余应力的分析 [5]。本书只讨论层合板的残余应力，就是所谓的宏观残余应力。

层合板的残余应力和残余应变由湿热引起，以无荷载作用的双向层合板为例，说明因温度变化产生残余应变的情形 (图 8-7)。图 8-7(a) 的双向层合板在某一 i 方向上两层的铺层角不同，且各单向层在此方向上的膨胀系数是不同的，设它们分别为 α_{θ_1} 和 α_{θ_2}。图 8-7(a) 所示为双向板的初始无应力状态，通常为高温固化状态。在固化温度下，由于树脂处于黏流态，纤维基体之间及各单层间是无约束的，层间的相互约束要等到树脂的固化反应完成后才建立起来，如固化后冷却至常温。假设单层板各自仍可按无约束情况变形,将是图 8-7(b) 所示的情形,其各自的自由热应变分别为 $\varepsilon_i^{f(\theta_1)}$ 和 $\varepsilon_i^{f(\theta_2)}$。但固化后层合板已黏结在一起,层与层之间进行变形协调,层合板的整体热变形为 ε_i^T(图 8-7(c)),于是在各层中所产生的应变为

$$
\begin{pmatrix} \varepsilon_x^T \\ \varepsilon_y^T \\ \gamma_{xy}^T \end{pmatrix} = \begin{pmatrix} \varepsilon_x^{0T} \\ \varepsilon_y^{0T} \\ \gamma_{xy}^{0T} \end{pmatrix} + z \begin{pmatrix} \kappa_x^T \\ \kappa_y^T \\ \kappa_{xy}^T \end{pmatrix} \tag{8-14}
$$

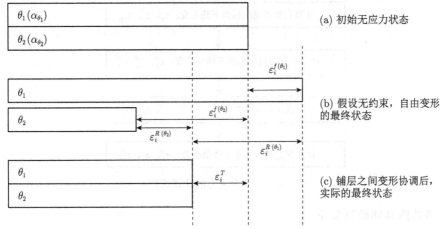

图 8-7　湿热引起残余应变的机理

如单层板无约束,自由的热变形:

$$
\begin{pmatrix} \varepsilon_x^f \\ \varepsilon_y^f \\ \gamma_{xy}^f \end{pmatrix} = \begin{pmatrix} \alpha_x \\ \alpha_y \\ \alpha_{xy} \end{pmatrix} \Delta T \tag{8-15}
$$

因此层合板中各点残余应变为

$$
\begin{pmatrix} \varepsilon_x^R \\ \varepsilon_y^R \\ \gamma_{xy}^R \end{pmatrix} = \begin{pmatrix} \varepsilon_x^T \\ \varepsilon_y^T \\ \gamma_{xy}^T \end{pmatrix} - \begin{pmatrix} \varepsilon_x^f \\ \varepsilon_y^f \\ \gamma_{xy}^f \end{pmatrix} = \begin{pmatrix} \varepsilon_x^T \\ \varepsilon_y^T \\ \gamma_{xy}^T \end{pmatrix} - \begin{pmatrix} \alpha_x \\ \alpha_y \\ \alpha_{xy} \end{pmatrix} \Delta T \tag{8-16}
$$

相应地,第 k 层各点残余应力为

$$
\begin{pmatrix} \sigma_x^R \\ \sigma_y^R \\ \tau_{xy}^R \end{pmatrix}_k = \begin{pmatrix} \bar{Q}_{11} & \bar{Q}_{12} & \bar{Q}_{16} \\ \bar{Q}_{21} & \bar{Q}_{22} & \bar{Q}_{26} \\ \bar{Q}_{61} & \bar{Q}_{62} & \bar{Q}_{66} \end{pmatrix}_k \begin{pmatrix} \varepsilon_x^R \\ \varepsilon_y^R \\ \gamma_{xy}^R \end{pmatrix}_k \tag{8-17}
$$

依据上述层合板的热残余应力分析基本理论与图 8-8 所示的热残余应力计算流程,编写层合板热残余应力的 MATLAB 函数 ResidualStress(E1,E2,v21,G12,tk,theta,alpha,deltaT)。

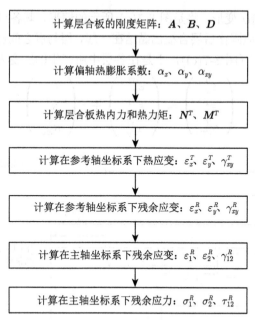

图 8-8　热残余应力的计算流程

函数的具体编写如下：

```
function Sigma=ResidualStress(E1,E2,v21,G12,tk,theta,alpha,deltaT)
% 函数功能：计算层合板的热（湿）残余应力。
% 调用格式：ResidualStress(E1,E2,v21,G12,tk,theta,alpha,deltaT)。
% 输入参数：E1,E2,v21,G12—材料工程弹性常数。
%          theta—铺层角度，以向量的格式输入。
%          tk—铺层厚度。
%          alpha—热膨胀系数（或者湿膨胀系数），以列向量的形式输入。
%          deltaT—温差数值（或吸水量）。
% 运行结果：以三维矩阵的形式输出正轴热（湿）残余应力。
%          每一页矩阵表示一个铺层的应力数据。
%          每一页矩阵的第一列表示此铺层的上表面的正应力。
%          每一页矩阵的第二列表示此铺层的中面的正应力。
%          每一页矩阵的第三列表示此铺层的下表面的正应力。
alpha(3,1)=0;
n=length(theta);
N_T=[0;0;0];
M_T=[0;0;0];
z=-n*tk/2:tk:n*tk/2;
for i=1:n
    alpha_x(:,i)=inv(StrainTransformation(theta(i),2))*alpha;
```

```
    Q(:,:,i)=PlaneStiffness(E1,E2,v21,G12,theta(i));
    N_T=Q(:,:,i)*alpha_x(:,i)*deltaT*tk+ N_T;
    M_T=0.5*Q(:,:,i)*alpha_x(:,i)*(z(i+1)^2-z(i)^2)*deltaT+ M_T;
end
[a,b,c,d]=LaminateCompliance(E1,E2,v21,G12,tk,theta);
epsilon_midplane=[a,b;c,d]*[N_T;M_T];
clear z
for i=1:n
    z=-n*tk/2+(i-1)*tk:tk/2:-n*tk/2+i*tk;
    Epsilon_f(:,i)=alpha_x(:,i)*deltaT;
    for j=1:3
        Epsilon_X(:,j,i)=epsilon_midplane(1:3)+z(j)*epsilon_midplane
            (4:6)-Epsilon_f(:,i);
        Epsilon(:,j,i)=StrainTransformation(theta(i),2)*Epsilon_X(:,
            j,i);
        Sigma(:,j,i)=ReducedStiffness(E1,E2,v21,G12)*Epsilon(:,j,i);
    end
end
end
```

例 8-3[3,26] 计算双向层合板 $[0_5/45_3]$(图 8-9) 在 125℃ 固化后冷却到室温 25℃ 时的残余应力。已知材料的工程常数: $E_1 = 19.755$GPa、$E_2=1.9755$GPa、$G_{12} = 0.7$GPa、$\nu_{21}=0.35$; 热膨胀系数: $\alpha_1=7\times10^{-6}$℃$^{-1}$、$\alpha_2=23\times10^{-6}$℃$^{-1}$。铺层厚度: 1mm。

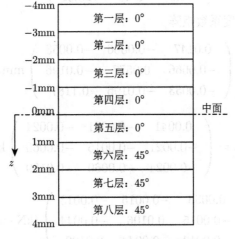

图 8-9 $[0_5/45_3]$ 层合板示意图

解 (1) 理论求解

①计算铺层正轴刚度矩阵

$$Q = \begin{pmatrix} 20 & 0.7 & 0 \\ 0.7 & 2.0 & 0 \\ 0 & 0 & 0.7 \end{pmatrix} \text{GPa}$$

②计算铺层偏轴刚度矩阵

$$\bar{Q}_{0°} = \begin{pmatrix} 20 & 0.7 & 0 \\ 0.7 & 2.0 & 0 \\ 0 & 0 & 0.7 \end{pmatrix} \text{GPa}$$

$$\bar{Q}_{45°} = \begin{pmatrix} 6.55 & 5.15 & 4.5 \\ 5.15 & 6.55 & 4.5 \\ 4.5 & 4.5 & 5.15 \end{pmatrix} \text{GPa}$$

③计算层合板刚度矩阵

$$A = \begin{pmatrix} 119.65 & 18.95 & 13.5 \\ 18.95 & 29.65 & 13.5 \\ 13.5 & 13.5 & 18.95 \end{pmatrix} \text{kN/mm}$$

$$B = \begin{pmatrix} -100.875 & 33.375 & 33.375 \\ 33.375 & 34.125 & 33.375 \\ 33.375 & 33.375 & 33.375 \end{pmatrix} \text{kN}$$

$$D = \begin{pmatrix} 570.88 & 123.32 & 94.5 \\ 123.32 & 180.88 & 94.5 \\ 94.5 & 94.5 & 123.32 \end{pmatrix} \text{kN} \cdot \text{mm}$$

④计算层合板柔度系数矩阵

$$a = \begin{pmatrix} 0.0147 & -0.0066 & -0.0053 \\ -0.0066 & 0.0577 & -0.0196 \\ -0.0053 & -0.0196 & 0.1187 \end{pmatrix} \text{mm/kN}$$

$$b = c = \begin{pmatrix} 0.0041 & -0.0021 & -0.0024 \\ -0.0021 & -0.0015 & -0.0060 \\ -0.0024 & -0.0060 & -0.0189 \end{pmatrix} \text{kN}^{-1}$$

$$d = \begin{pmatrix} 0.0033 & -0.0015 & -0.0013 \\ -0.0015 & 0.0106 & -0.0044 \\ -0.0013 & -0.0044 & 0.0199 \end{pmatrix} (\text{kN} \cdot \text{mm})^{-1}$$

⑤将热膨胀系数变换到参考坐标系

$$
\begin{pmatrix} \alpha_x \\ \alpha_y \\ \alpha_{xy} \end{pmatrix}_{0^\circ} = \boldsymbol{T}_\varepsilon^{-} \begin{pmatrix} \alpha_1 \\ \alpha_2 \\ 0 \end{pmatrix} = \begin{pmatrix} 7.0 \\ 23 \\ 0 \end{pmatrix} \times 10^{-6}{}^\circ\mathrm{C}^{-1}
$$

$$
\begin{pmatrix} \alpha_x \\ \alpha_y \\ \alpha_{xy} \end{pmatrix}_{45^\circ} = \boldsymbol{T}_\varepsilon^{-} \begin{pmatrix} \alpha_1 \\ \alpha_2 \\ 0 \end{pmatrix} = \begin{pmatrix} 15 \\ 15 \\ -16 \end{pmatrix} \times 10^{-6}{}^\circ\mathrm{C}^{-1}
$$

⑥计算热应力合力和热合力矩

$$
\begin{pmatrix} N_x^T \\ N_y^T \\ N_{xy}^T \end{pmatrix} = \sum_{k=1}^{n} \bar{Q}_k \begin{pmatrix} \alpha_x \\ \alpha_y \\ \alpha_{xy} \end{pmatrix}_k \Delta T\, (z_{k+1} - z_k) = \begin{pmatrix} -109.1 \\ -56.50 \\ -15.78 \end{pmatrix} \times 10^{-3}\mathrm{kN/mm}
$$

$$
\begin{pmatrix} M_x^T \\ M_y^T \\ M_{xy}^T \end{pmatrix} = \frac{1}{2}\sum_{k=1}^{n} \bar{Q}_k \begin{pmatrix} \alpha_x \\ \alpha_y \\ \alpha_{xy} \end{pmatrix}_k \Delta T\, (z_{k+1}^2 - z_k^2) = \begin{pmatrix} 39.45 \\ -39.45 \\ -39.45 \end{pmatrix} \times 10^{-3}\mathrm{kN \cdot mm/mm}
$$

⑦计算层合板铺层应变

$$
\begin{pmatrix} \varepsilon_x^{0T} \\ \varepsilon_y^{0T} \\ \gamma_{xy}^{0T} \\ \hline \kappa_x^{T} \\ \kappa_y^{T} \\ \kappa_{xy}^{T} \end{pmatrix} = \left(\begin{array}{ccc|ccc} a_{11} & a_{12} & a_{16} & b_{11} & b_{12} & b_{16} \\ a_{12} & a_{22} & a_{26} & b_{21} & b_{22} & b_{26} \\ a_{16} & a_{26} & a_{66} & b_{61} & b_{62} & b_{66} \\ \hline c_{11} & c_{12} & c_{16} & d_{11} & d_{12} & d_{16} \\ c_{21} & c_{22} & c_{26} & d_{12} & d_{22} & d_{26} \\ c_{61} & c_{62} & c_{66} & d_{16} & d_{26} & d_{66} \end{array} \right) \times \begin{pmatrix} N_x^T \\ N_y^T \\ N_{xy}^T \\ \hline M_x^T \\ M_y^T \\ M_{xy}^T \end{pmatrix} = \begin{pmatrix} -8.14 \\ -20.2 \\ -6.99 \\ \hline -0.58 \\ 1 \\ 2.35 \end{pmatrix} \times 10^{-4}
$$

⑧各铺层的自由热变形

对于 0° 铺层:

$$
\begin{pmatrix} \varepsilon_x^f \\ \varepsilon_y^f \\ \varepsilon_{xy}^f \end{pmatrix}_{0^\circ} = \begin{pmatrix} \alpha_x \\ \alpha_y \\ \alpha_{xy} \end{pmatrix}_{0^\circ} \Delta T = \begin{pmatrix} 7.0 \\ 23 \\ 0 \end{pmatrix} \times 10^{-6} \times 100 = \begin{pmatrix} 7.0 \\ 23 \\ 0 \end{pmatrix} \times 10^{-4}
$$

对于 45° 铺层:

$$
\begin{pmatrix} \varepsilon_x^f \\ \varepsilon_y^f \\ \varepsilon_{xy}^f \end{pmatrix}_{45^\circ} = \begin{pmatrix} \alpha_x \\ \alpha_y \\ \alpha_{xy} \end{pmatrix}_{45^\circ} \Delta T = \begin{pmatrix} 15 \\ 15 \\ -16 \end{pmatrix} \times 10^{-6} \times 100 = \begin{pmatrix} 15 \\ 15 \\ -16 \end{pmatrix} \times 10^{-4}
$$

⑨计算各铺层的残余应变
由

$$
\begin{pmatrix} \varepsilon_x^R \\ \varepsilon_y^R \\ \gamma_{xy}^R \end{pmatrix} = \begin{pmatrix} \varepsilon_x^{0T} + z\kappa_x^T - \varepsilon_x^f \\ \varepsilon_y^{0T} + z\kappa_y^T - \varepsilon_y^f \\ \gamma_{xy}^{0T} + z\kappa_{xy}^T - \gamma_{xy}^f \end{pmatrix}
$$

得到 0° 铺层的残余应变：

$$
\begin{pmatrix} \varepsilon_x^R \\ \varepsilon_y^R \\ \gamma_{xy}^R \end{pmatrix} = \begin{pmatrix} -8.14 - 0.58z + 7.0 \\ -20.2 + z + 23 \\ 6.99 + 2.35z - 0 \end{pmatrix} \times 10^{-4} = \begin{pmatrix} -1.14 - 0.58z \\ 2.80 + z \\ 6.99 + 2.35z \end{pmatrix} \times 10^{-4}
$$

得到 45° 铺层的残余应变：

$$
\begin{pmatrix} \varepsilon_x^R \\ \varepsilon_y^R \\ \gamma_{xy}^R \end{pmatrix} = \begin{pmatrix} -8.14 - 0.58z + 15 \\ -20.2 + z + 15 \\ 6.99 + 2.35z - 16 \end{pmatrix} \times 10^{-4} = \begin{pmatrix} 6.86 - 0.58z \\ -5.2 + z \\ -9.01 + 2.35z \end{pmatrix} \times 10^{-4}
$$

可以看出应变分布是线性的，因此将每点的应变汇总于表 8-1。

表 8-1　层合板各铺层残余应变值

位置	$\varepsilon_x^R / \times 10^{-3}$	$\varepsilon_y^R / \times 10^{-3}$	$\gamma_{xy}^R / \times 10^{-3}$
铺层 1 上表面	0.1196	-0.12	-0.2403
铺层 1 中面	0.0904	-0.07	-0.1229
铺层 1 下表面	0.0612	-0.02	-0.0055
铺层 2 上表面	0.0612	-0.02	-0.0055
铺层 2 中面	0.032	0.03	0.1119
铺层 2 下表面	0.0027	0.08	0.2293
铺层 3 上表面	0.0027	0.08	0.2293
铺层 3 中面	-0.0265	0.13	0.3466
铺层 3 下表面	-0.0557	0.1801	0.464
铺层 4 上表面	-0.0557	0.1801	0.464
铺层 4 中面	-0.0849	0.2301	0.5814
铺层 4 下表面	-0.1141	0.2801	0.6988
铺层 5 上表面	-0.1141	0.2801	0.6988
铺层 5 中面	-0.1434	0.3301	0.8162
铺层 5 下表面	-0.1726	0.3801	0.9335
铺层 6 上表面	-0.2295	0.437	-1.0473
铺层 6 中面	-0.1604	0.3887	-0.9681
铺层 6 下表面	-0.0913	0.3404	-0.8889
铺层 7 上表面	-0.0913	0.3404	-0.8889

续表

位置	$\varepsilon_x^R/\times10^{-3}$	$\varepsilon_y^R/\times10^{-3}$	$\gamma_{xy}^R/\times10^{-3}$
铺层 7 中面	−0.0222	0.2921	−0.8097
铺层 7 下表面	0.0468	0.2438	−0.7304
铺层 8 上表面	0.0468	0.2438	−0.7304
铺层 8 中面	0.1159	0.1955	−0.6512
铺层 8 下表面	0.185	0.1472	−0.572

⑩计算铺层残余应力

由

$$\begin{pmatrix} \sigma_x^R \\ \sigma_y^R \\ \tau_{xy}^R \end{pmatrix}_k = \begin{pmatrix} \bar{Q}_{11} & \bar{Q}_{12} & \bar{Q}_{16} \\ \bar{Q}_{21} & \bar{Q}_{22} & \bar{Q}_{26} \\ \bar{Q}_{61} & \bar{Q}_{62} & \bar{Q}_{66} \end{pmatrix}_k \begin{pmatrix} \varepsilon_x^R \\ \varepsilon_y^R \\ \gamma_{xy}^R \end{pmatrix}_k$$

得到 0° 铺层的残余应力：

$$\begin{pmatrix} \sigma_x^R \\ \sigma_y^R \\ \tau_{xy}^R \end{pmatrix}_{0°} = \begin{pmatrix} 20 & 0.7 & 0 \\ 0.7 & 2.0 & 0 \\ 0 & 0 & 0.7 \end{pmatrix} \begin{pmatrix} -1.14-0.58z \\ 2.80+z \\ 6.99+2.35z \end{pmatrix} \times 10^{-4}$$

得到 45° 铺层的残余应力：

$$\begin{pmatrix} \sigma_x^R \\ \sigma_y^R \\ \tau_{xy}^R \end{pmatrix}_{45°} = \begin{pmatrix} 20 & 0.7 & 0 \\ 0.7 & 2.0 & 0 \\ 0 & 0 & 0.7 \end{pmatrix} \begin{pmatrix} 6.86-0.58z \\ -5.2+z \\ -9.01+2.35z \end{pmatrix} \times 10^{-4}$$

代入各层各点的 z 坐标值，并将偏轴应力转换到正轴应力，其各铺层各点的应力汇总于表 8-2。

表 8-2　层合板各铺层残余应力值 （单位：MPa）

位置	σ_x	σ_y	τ_{xy}	σ_1	σ_2	τ_{12}
铺层 1 上表面	2.31	−0.15	−0.17	2.31	−0.15	−0.17
铺层 1 中面	1.76	−0.08	−0.09	1.76	−0.08	−0.09
铺层 1 下表面	1.21	0	0	1.21	0	0
铺层 2 上表面	1.21	0	0	1.21	0	0
铺层 2 中面	0.66	0.08	0.08	0.66	0.08	0.08
铺层 2 下表面	0.11	0.16	0.16	0.11	0.16	0.16
铺层 3 上表面	0.11	0.16	0.16	0.11	0.16	0.16
铺层 3 中面	−0.44	0.24	0.24	−0.44	0.24	0.24
铺层 3 下表面	−0.99	0.32	0.32	−0.99	0.32	0.32
铺层 4 上表面	−0.99	0.32	0.32	−0.99	0.32	0.32
铺层 4 中面	−1.54	0.4	0.41	−1.54	0.4	0.41

续表

位置	σ_x	σ_y	τ_{xy}	σ_1	σ_2	τ_{12}
铺层 4 下表面	−2.09	0.48	0.49	−2.09	0.48	0.49
铺层 5 上表面	−2.09	0.48	0.49	−2.09	0.48	0.49
铺层 5 中面	−2.64	0.56	0.57	−2.64	0.56	0.57
铺层 5 下表面	−3.19	0.64	0.65	−3.19	0.64	0.65
铺层 6 上表面	−1.05	−2.52	−2.5	−4.28	0.71	−0.73
铺层 6 中面	−0.46	−1.81	−1.8	−2.94	0.67	−0.68
铺层 6 下表面	0.14	−1.11	−1.11	−1.59	0.62	−0.62
铺层 7 上表面	0.14	−1.11	−1.11	−1.59	0.62	−0.62
铺层 7 中面	0.73	−0.4	−0.4	−0.24	0.57	−0.57
铺层 7 下表面	1.33	0.3	0.29	1.11	0.52	−0.51
铺层 8 上表面	1.33	0.3	0.29	1.11	0.52	−0.51
铺层 8 中面	1.92	1.01	0.99	2.46	0.47	−0.46
铺层 8 下表面	2.51	1.71	1.69	3.8	0.42	−0.4

　　在参考轴坐标下，此层合板因固化冷却引起的残余应力分布示意见图 8-10。可以验证应力满足自平衡条件。

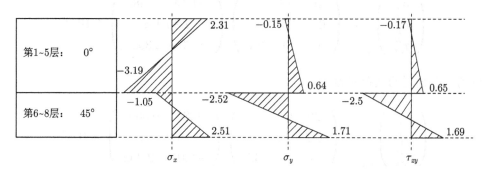

图 8-10　$[0_5/45_3]$ 层合板的残余应力分布示意图 ($\Delta T = -100℃$，单位：MPa)

(2)MATLAB 函数求解

统一单位：MPa、mm。

输入铺层材料参数：E1=19755; E2=1975.5; v21=0.35; G12=700。

输入铺层角度：theta=[0;0;0;0;0;45;45;45]。

输入铺层厚度：tk=1。

输入内力和内力矩：N=[100;0;0];M=[0;0;0]。

输入热膨胀系数：alpha=[7*10^−6;23*10^−6]。

输入温差：deltaT=−100。

　　调用 ResidualStress(E1,E2,v21,G12,tk,theta,alpha,deltaT) 函数即可计算层合板热残余应力。

遵循上述解题思路，编写 M 文件 Case_8_3.m 如下：

```
clc,clear,close all
format compact
E1=19755;  E2=1975.5;  v21=0.35;  G12=700;
tk=1;
theta=[0;0;0;0;0;45;45;45];
alpha=[7*10^-6;23*10^-6];
deltaT=-100;
Sigma=ResidualStress(E1,E2,v21,G12,tk,theta,alpha,deltaT)
```

运行 M 文件 Case_8_3.m，可得到以下结果：

```
Sigma(:,:,1) =
    2.3085     1.7590     1.2096
   -0.1562    -0.0767     0.0029
   -0.1682    -0.0860    -0.0038
Sigma(:,:,2) =
    1.2096     0.6602     0.1108
    0.0029     0.0824     0.1620
   -0.0038     0.0783     0.1605
Sigma(:,:,3) =
    0.1108    -0.4386    -0.9880
    0.1620     0.2416     0.3211
    0.1605     0.2426     0.3248
Sigma(:,:,4) =
   -0.9880    -1.5374    -2.0868
    0.3211     0.4007     0.4802
    0.3248     0.4070     0.4891
Sigma(:,:,5) =
   -2.0868    -2.6362    -3.1856
    0.4802     0.5598     0.6393
    0.4891     0.5713     0.6535
Sigma(:,:,6) =
   -4.2838    -2.9359    -1.5881
    0.7133     0.6651     0.6168
   -0.7331    -0.6777    -0.6222
Sigma(:,:,7) =
   -1.5881    -0.2402     1.1076
    0.6168     0.5686     0.5204
   -0.6222    -0.5668    -0.5113
Sigma(:,:,8) =
```

1.1076	2.4555	3.8033
0.5204	0.4721	0.4239
-0.5113	-0.4559	-0.4004

8.2.2　考虑残余应力的层合板强度计算

　　层合板中残余应力的存在将直接影响层合板的强度。由于残余应力是一种初应力，因此，在外力作用下，层合板中任一点处的应力等于力学应力与残余应力之和。但强度比应以力学应力 σ_i^M 为基准，即

$$R = \frac{\sigma_{i(a)}^M}{\sigma_i^M} \tag{8-18}$$

　　这个比值表示单层失效之前力学应力尚能增加的倍数。而在单层中引起失效的应力是荷载作用产生的应力和残余应力之和，故考虑残余应力的强度比方程，只要在以往的强度比方程中将 R 去掉，再把 σ_i 改成 $R\sigma_i^M + \sigma_i^R$ 即可。

　　以 Tsai-Hill 强度准则为例引入强度比 R，其失效判据的强度比方程为

$$\left(\frac{R\sigma_1^M + \sigma_1^R}{X}\right)^2 - \frac{\left(R\sigma_1^M + \sigma_1^R\right)\left(R\sigma_2^M + \sigma_2^R\right)}{X^2}$$

$$+ \left(\frac{R\sigma_2^M + \sigma_2^R}{Y}\right)^2 + \left(\frac{R\tau_{12}^M + \tau_{12}^R}{S}\right)^2 - 1 = 0 \tag{8-19}$$

式中，X 当 σ_1 为拉应力时用 X_t，为压应力时用 X_c；Y 当 σ_2 为拉应力时用 Y_t，为压应力时用 Y_c。

　　将式 (8-19) 改写成：

$$AR^2 + BR + C = 0 \tag{8-20}$$

$$R = \frac{-B \pm \sqrt{B^2 - 4AC}}{2A} \tag{8-21}$$

$$A = \left(\frac{\sigma_1^M}{X}\right)^2 - \frac{\sigma_1^M \sigma_2^M}{X^2} + \left(\frac{\sigma_2^M}{Y}\right)^2 + \left(\frac{\tau_{12}^M}{S}\right)^2 \tag{8-22}$$

$$B = \frac{2\sigma_1^M \sigma_1^R - \sigma_1^M \sigma_2^R - \sigma_2^M \sigma_1^R}{X^2} + \frac{2\sigma_2^M \sigma_2^R}{Y^2} + \frac{2\tau_{12}^M \tau_{12}^R}{S^2} \tag{8-23}$$

$$C = \left(\frac{\sigma_1^R}{X}\right)^2 - \frac{\sigma_1^R \sigma_2^R}{X^2} + \left(\frac{\sigma_2^R}{Y}\right)^2 + \left(\frac{\tau_{12}^R}{S}\right)^2 - 1 \tag{8-24}$$

　　由式 (8-20) 可解得两个根，其中一个正根是对应于给定的应力分量的；另一个负根只是表明它的绝对值是对应于与给定应力分量大小相同而符号相反的应力分量的强度比。由此再利用强度比定义式即可求得极限应力各分量，即该施加应力状态下按比例增加时的单层强度。

　　由此可以编写基于 Tsai-Hill 强度理论，并考虑残余应力，计算层合板发生首

层破坏荷载的 MATLAB 函数 FPFR(Sigma,SigmaR,Xt,Xc,Yt,Yc,S)。

函数的具体编写如下：

```
function R=FPFR(Sigma,SigmaR,Xt,Xc,Yt,Yc,S)
% 函数功能：计算考虑了残余应力的层合板发生首层破坏时的强度比。
% 调用格式：FPFR(Sigma,SigmaR,Xt,Xc,Yt,Yc,S)。
% 输入参数：Sigma—正轴应力列向量；
%           SigmaR—正轴方向残余应力列向量；
%           Xt,Xc,Yt,Yc,S—材料基本强度参数。
% 运行结果：强度比R的数值。
[~,~,n]=size(Sigma);
for i=1:n
    if Sigma(1,2,i)+SigmaR(1,2,i) >= 0
        X=Xt;
    else
        X=Xc;
    end
    if Sigma(2,2,i)+SigmaR(2,2,i) >= 0
        Y=Yt;
    else
        Y=Yc;
    end
    A1=(Sigma(1,2,i)/X)^2;
    A2=-Sigma(1,2,i)*Sigma(2,2,i)/X^2;
    A3=(Sigma(2,2,i)/Y)^2;
    A4=(Sigma(3,2,i)/S)^2;
    A=A1+A2+A3+A4;
    B1=2*Sigma(1,2,i)*SigmaR(1,2,i)/X^2;
    B2=-Sigma(1,2,i)*SigmaR(2,2,i)/X^2;
    B3=-Sigma(2,2,i)*SigmaR(1,2,i)/X^2;
    B4=2*Sigma(2,2,i)*SigmaR(2,2,i)/Y^2;
    B5=2*Sigma(3,2,i)*SigmaR(3,2,i)/S^2;
    B=B1+B2+B3+B4+B5;
    C1=(SigmaR(1,2,i)/X)^2;
    C2=-SigmaR(1,2,i)*SigmaR(2,2,i)/X^2;
    C3=(SigmaR(2,2,i)/Y)^2;
    C4=(SigmaR(3,2,i)/S)^2;
    C=C1+C2+C3+C4-1;
    R(i)=(-B+sqrt(B^2-4*A*C))/(2*A);
end
R=min(R);
```

例 8-4[3,26] 求 [0/90/90/0] 层合板在 $N_x=100\text{N/mm}$ 作用和温度变化 $\Delta T=-100℃$ 条件下的极限应力。各单层板厚度是 0.25mm，如图 8-11 所示。若忽略温度变化的影响，极限应力又为多少？

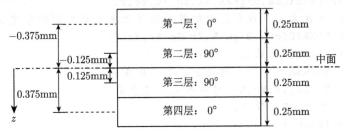

图 8-11 [0/90/90/0] 层合板示意图

材料工程弹性常数：$E_1=60\text{GPa}$、$E_2=20\text{GPa}$、$\nu_{21}=0.25$、$G_{12}=10\text{GPa}$。

材料的热膨胀系数：$\alpha_1=-6\times10^{-6}℃^{-1}$、$\alpha_2=20\times10^{-6}℃^{-1}$。

材料基本强度参数：$X_t=1000\text{MPa}$、$X_c=1000\text{MPa}$、$Y_t=50\text{MPa}$、$Y_c=150\text{MPa}$、$S=50\text{MPa}$。

解 (1) 理论求解

①计算残余应力

计算铺层正轴刚度矩阵：

$$\boldsymbol{Q}=\begin{pmatrix} 61.3 & 5.10 & 0 \\ 5.10 & 20.4 & 0 \\ 0 & 0 & 10.0 \end{pmatrix}\text{GPa}$$

计算铺层偏轴刚度矩阵：

$$\bar{\boldsymbol{Q}}_{0°}=\begin{pmatrix} 61.3 & 5.10 & 0 \\ 5.10 & 20.4 & 0 \\ 0 & 0 & 10.0 \end{pmatrix}\text{GPa}$$

$$\bar{\boldsymbol{Q}}_{90°}=\begin{pmatrix} 20.4 & 5.10 & 0 \\ 5.10 & 61.3 & 0 \\ 0 & 0 & 10.0 \end{pmatrix}\text{GPa}$$

计算层合板刚度矩阵和柔度矩阵：

$$\boldsymbol{A}=\begin{pmatrix} 40.85 & 5.10 & 0 \\ 5.10 & 40.85 & 0 \\ 0 & 0 & 10.0 \end{pmatrix}\text{kN/mm}$$

$$\boldsymbol{a} = \begin{pmatrix} 0.249 & -0.031 & 0 \\ -0.031 & 0.249 & 0 \\ 0 & 0 & 1 \end{pmatrix} \times 10^{-4} \mathrm{mm/N}$$

将热膨胀系数变换到参考轴坐标系:

$$\begin{pmatrix} \alpha_x \\ \alpha_y \\ \alpha_{xy} \end{pmatrix}_{0°} = \boldsymbol{T}_\varepsilon^- \begin{pmatrix} \alpha_1 \\ \alpha_2 \\ 0 \end{pmatrix} = \begin{pmatrix} -6 \\ 20 \\ 0 \end{pmatrix} \times 10^{-6} °\mathrm{C}^{-1}$$

$$\begin{pmatrix} \alpha_x \\ \alpha_y \\ \alpha_{xy} \end{pmatrix}_{90°} = \boldsymbol{T}_\varepsilon^- \begin{pmatrix} \alpha_1 \\ \alpha_2 \\ 0 \end{pmatrix} = \begin{pmatrix} 20 \\ -6 \\ 0 \end{pmatrix} \times 10^{-6} °\mathrm{C}^{-1}$$

计算热应力合力和热合力矩:

$$\begin{pmatrix} N_x^T \\ N_y^T \\ N_{xy}^T \end{pmatrix} = \sum_{k=1}^n \bar{Q}_k \begin{pmatrix} \alpha_x \\ \alpha_y \\ \alpha_{xy} \end{pmatrix}_k \Delta T \left(z_{k+1} - z_k \right) = \begin{pmatrix} -5.58 \\ -5.58 \\ 0 \end{pmatrix} \mathrm{N/mm}$$

计算层合板铺层热应变:

$$\begin{pmatrix} \varepsilon_x^{0T} \\ \varepsilon_y^{0T} \\ \gamma_{xy}^{0T} \end{pmatrix} = \boldsymbol{a} \begin{pmatrix} N_x^T \\ N_y^T \\ N_{xy}^T \end{pmatrix} = \begin{pmatrix} 0.249 & -0.031 & 0 \\ -0.031 & 0.249 & 0 \\ 0 & 0 & 1 \end{pmatrix} \begin{pmatrix} -5.58 \\ -5.58 \\ 0 \end{pmatrix} \times 10^{-4} = \begin{pmatrix} -1.214 \\ -1.214 \\ 0 \end{pmatrix} \times 10^{-4}$$

计算各铺层的自由热变形:

对于 0° 铺层:

$$\begin{pmatrix} \varepsilon_x^f \\ \varepsilon_y^f \\ \varepsilon_{xy}^f \end{pmatrix}_{0°} = \begin{pmatrix} \alpha_x \\ \alpha_y \\ \alpha_{xy} \end{pmatrix}_{0°} \Delta T = \begin{pmatrix} -6 \\ 20 \\ 0 \end{pmatrix} \times 10^{-6} \times (-100) = \begin{pmatrix} 6 \\ -20 \\ 0 \end{pmatrix} \times 10^{-4}$$

对于 90° 铺层:

$$\begin{pmatrix} \varepsilon_x^f \\ \varepsilon_y^f \\ \varepsilon_{xy}^f \end{pmatrix}_{90°} = \begin{pmatrix} \alpha_x \\ \alpha_y \\ \alpha_{xy} \end{pmatrix}_{90°} \Delta T = \begin{pmatrix} 20 \\ -6 \\ 0 \end{pmatrix} \times 10^{-6} \times (-100) = \begin{pmatrix} -20 \\ 6 \\ 0 \end{pmatrix} \times 10^{-4}$$

计算各铺层的残余应变:

由

$$
\begin{pmatrix} \varepsilon_x^R \\ \varepsilon_y^R \\ \gamma_{xy}^R \end{pmatrix} = \begin{pmatrix} \varepsilon_x^{0T} + z\kappa_x^T - \varepsilon_x^f \\ \varepsilon_y^{0T} + z\kappa_y^T - \varepsilon_y^f \\ \gamma_{xy}^{0T} + z\kappa_{xy}^T - \gamma_{xy}^f \end{pmatrix}
$$

得到 0° 铺层的残余应变:

$$
\begin{pmatrix} \varepsilon_1^R \\ \varepsilon_2^R \\ \gamma_{12}^R \end{pmatrix}_{0°} = \begin{pmatrix} \varepsilon_x^R \\ \varepsilon_y^R \\ \gamma_{xy}^R \end{pmatrix}_{0°} = \left[\begin{pmatrix} -1.214 \\ -1.214 \\ 0 \end{pmatrix} - \begin{pmatrix} 6 \\ -20 \\ 0 \end{pmatrix} \right] \times 10^{-4} = \begin{pmatrix} -7.214 \\ 18.786 \\ 0 \end{pmatrix} \times 10^{-4}
$$

90° 铺层的残余应变:

$$
\begin{pmatrix} \varepsilon_2^R \\ \varepsilon_1^R \\ \gamma_{12}^R \end{pmatrix}_{90°} = \begin{pmatrix} \varepsilon_x^R \\ \varepsilon_y^R \\ \gamma_{xy}^R \end{pmatrix}_{90°} = \left[\begin{pmatrix} -1.214 \\ -1.214 \\ 0 \end{pmatrix} - \begin{pmatrix} -20 \\ 6 \\ 0 \end{pmatrix} \right] \times 10^{-4} = \begin{pmatrix} 18.786 \\ -7.214 \\ 0 \end{pmatrix} \times 10^{-4}
$$

计算铺层残余应力:

由

$$
\begin{pmatrix} \sigma_x^R \\ \sigma_y^R \\ \tau_{xy}^R \end{pmatrix}_k = \begin{pmatrix} \bar{Q}_{11} & \bar{Q}_{12} & \bar{Q}_{16} \\ \bar{Q}_{21} & \bar{Q}_{22} & \bar{Q}_{26} \\ \bar{Q}_{61} & \bar{Q}_{62} & \bar{Q}_{66} \end{pmatrix}_k \begin{pmatrix} \varepsilon_x^R \\ \varepsilon_y^R \\ \gamma_{xy}^R \end{pmatrix}_k
$$

得到 0° 铺层的残余应力:

$$
\begin{pmatrix} \sigma_1^R \\ \sigma_2^R \\ \tau_{12}^R \end{pmatrix}_{0°} = \begin{pmatrix} \sigma_x^R \\ \sigma_y^R \\ \tau_{xy}^R \end{pmatrix}_{0°} = \begin{pmatrix} 61.3 & 5.10 & 0 \\ 5.10 & 20.4 & 0 \\ 0 & 0 & 10.0 \end{pmatrix} \begin{pmatrix} -7.214 \\ 18.786 \\ 0 \end{pmatrix} \times 10^{-1} = \begin{pmatrix} -34.67 \\ 34.67 \\ 0 \end{pmatrix} \text{MPa}
$$

90° 铺层的残余应力:

$$
\begin{pmatrix} \sigma_2^R \\ \sigma_1^R \\ \tau_{12}^R \end{pmatrix}_{90°} = \begin{pmatrix} \sigma_x^R \\ \sigma_y^R \\ \tau_{xy}^R \end{pmatrix}_{90°} = \begin{pmatrix} 20.4 & 5.10 & 0 \\ 5.10 & 61.3 & 0 \\ 0 & 0 & 10.0 \end{pmatrix} \begin{pmatrix} 18.786 \\ -7.214 \\ 0 \end{pmatrix} \times 10^{-1} = \begin{pmatrix} 34.67 \\ -34.67 \\ 0 \end{pmatrix} \text{MPa}
$$

在参考轴坐标下, 此层合板因固化冷却引起的残余应力分布示意见图 8-12。可以验证应力满足自平衡条件。

②这里不再赘述荷载作用产生的应力的求解方法, 在 $N_x=100\text{N/mm}$ 作用下 0° 铺层的应力为

$$
\begin{pmatrix} \sigma_1^M \\ \sigma_2^M \\ \tau_{12}^M \end{pmatrix}_{0°} = \begin{pmatrix} 150.79 \\ 6.35 \\ 0 \end{pmatrix} \text{MPa}
$$

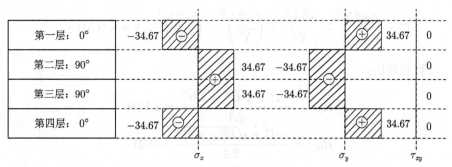

图 8-12 [0/90/90/0] 层合板的残余应力分布示意图 ($\Delta T = -100°C$, 单位: MPa)

90° 铺层的应力为

$$\begin{pmatrix} \sigma_1^M \\ \sigma_2^M \\ \tau_{12}^M \end{pmatrix}_{90°} = \begin{pmatrix} -6.35 \\ 49.21 \\ 0 \end{pmatrix} \text{MPa}$$

③计算强度比

$$\begin{pmatrix} \sigma_1 \\ \sigma_2 \\ \tau_{12} \end{pmatrix}_{0°} = \begin{pmatrix} \sigma_2^R \\ \sigma_1^R \\ \tau_{12}^R \end{pmatrix}_{0°} + \begin{pmatrix} \sigma_1^M \\ \sigma_2^M \\ \tau_{12}^M \end{pmatrix}_{0°} = \begin{pmatrix} -34.67 \\ 34.67 \\ 0 \end{pmatrix} + \begin{pmatrix} 150.79 \\ 6.35 \\ 0 \end{pmatrix} = \begin{pmatrix} 116.12 \\ 41.02 \\ 0 \end{pmatrix} \text{MPa}$$

$$\begin{pmatrix} \sigma_1 \\ \sigma_2 \\ \tau_{12} \end{pmatrix}_{90°} = \begin{pmatrix} \sigma_1^R \\ \sigma_2^R \\ \tau_{12}^R \end{pmatrix}_{90°} + \begin{pmatrix} \sigma_1^M \\ \sigma_2^M \\ \tau_{12}^M \end{pmatrix}_{90°} = \begin{pmatrix} -34.67 \\ 34.67 \\ 0 \end{pmatrix} + \begin{pmatrix} -6.35 \\ 49.21 \\ 0 \end{pmatrix} = \begin{pmatrix} -41.02 \\ 83.88 \\ 0 \end{pmatrix} \text{MPa}$$

计算参数 A、B、C 的值:

对于 0° 铺层:

$$A = \left(\frac{\sigma_1^M}{X}\right)^2 - \frac{\sigma_1^M \sigma_2^M}{X^2} + \left(\frac{\sigma_2^M}{Y}\right)^2 + \left(\frac{\tau_{12}^M}{S}\right)^2 = 0.1488$$

$$B = \frac{2\sigma_1^M \sigma_1^R - \sigma_1^M \sigma_2^R - \sigma_2^M \sigma_1^R}{X^2} + \frac{2\sigma_2^M \sigma_2^R}{Y^2} + \frac{2\tau_{12}^M \tau_{12}^R}{S^2} = 0.1607$$

$$C = \left(\frac{\sigma_1^R}{X}\right)^2 - \frac{\sigma_1^R \sigma_2^R}{X^2} + \left(\frac{\sigma_2^R}{Y}\right)^2 + \left(\frac{\tau_{12}^R}{S}\right)^2 - 1 = -0.5168$$

对于 90° 铺层:

$$A = \left(\frac{\sigma_1^M}{X}\right)^2 - \frac{\sigma_1^M \sigma_2^M}{X^2} + \left(\frac{\sigma_2^M}{Y}\right)^2 + \left(\frac{\tau_{12}^M}{S}\right)^2 = 0.9846$$

$$B = \frac{2\sigma_1^M \sigma_1^R - \sigma_1^M \sigma_2^R - \sigma_2^M \sigma_1^R}{X^2} + \frac{2\sigma_2^M \sigma_2^R}{Y^2} + \frac{2\tau_{12}^M \tau_{12}^R}{S^2} = 1.3673$$

$$C = \left(\frac{\sigma_1^R}{X}\right)^2 - \frac{\sigma_1^R \sigma_2^R}{X^2} + \left(\frac{\sigma_2^R}{Y}\right)^2 + \left(\frac{\tau_{12}^R}{S}\right)^2 - 1 = -0.5168$$

计算强度比：

$$R_{0°} = \frac{-B + \sqrt{B^2 - 4AC}}{2A} = 2.1386$$

$$R_{90°} = \frac{-B + \sqrt{B^2 - 4AC}}{2A} = 0.31$$

$$R = \min\left(R_{0°}, R_{90°}\right) = 0.31$$

由强度比定义得到承载极限应力为

$$N_{xc} = N_x = 100 \times 0.31 = 31\text{N/mm}$$

④忽略温度变化影响时，有 $R=1.0159$，$N_{xc} = N_x = 100 \times 1.0159 = 101.59\text{N/mm}$，具体步骤在此不再说明，计算方法可以参考 7.2 节。

(2)MATLAB 函数求解

统一单位：MPa、mm。

输入铺层材料参数：E1=60000; E2=20000; v21=0.25; G12=10000;

输入材料基本强度参数：Xt=1000; Xc=1000; Yt=50; Yc=150; S=50;

输入铺层角度：theta=[0;90;90;0];

输入铺层厚度：tk=0.25;

输入内力和内力矩：N=[100;0;0];M=[0;0;0];

输入热膨胀系数：alpha=[−6*10^−6;20*10^−6];

输入温差：deltaT=−100;

遵循上述解题思路，编写 M 文件 Case_8_4.m 如下：

```
clc,clear,close all
format compact
E1=60000;  E2=20000;  v21=0.25;  G12=10000;
Xt=1000;  Xc=1000;  Yt=50;  Yc=150;  S=50;
tk=0.25;
theta=[0;90;90;0];
N=[100;0;0];
M=[0;0;0];
alpha=[-6*10^-6;20*10^-6];
deltaT=-100;
SigmaR=ResidualStress(E1,E2,v21,G12,tk,theta,alpha,deltaT);
[~,Sigma]=LaminateStressAnalysis(E1,E2,v21,G12,tk,theta,N,M);
disp('考虑温度变化时，基于首层破坏准则的强度比与极限荷载')
```

```
R=FPFR(Sigma,SigmaR,Xt,Xc,Yt,Yc,S)
CriticalLoad_T=R*[N;M]
disp('忽略温度变化时，基于首层破坏准则的强度比与极限荷载')
SC='TsaiHillCriterion';
[R,CriticalLoad,~]=FPF(E1,E2,v21,G12,tk,theta,N,M,Xt,Xc,Yt,Yc,S,SC)
```

运行 M 文件 Case_8_4.m，可得到以下结果：

```
考虑温度变化时，基于首层破坏准则的强度比与极限荷载
R =
    0.3100
CriticalLoad_T =
   31.0001
        0
        0
        0
        0
        0

忽略温度变化时，基于首层破坏准则的强度比与极限荷载
R =
    1.0159
CriticalLoad =
  101.5940
        0
        0
        0
        0
        0
```

8.3　吸湿变形与热变形的相似性

纤维增强复合材料吸收水分后也会产生相应的变形，称为湿膨胀变形。类比热膨胀，湿膨胀应变表达为

$$\begin{pmatrix} \varepsilon_1^H \\ \varepsilon_2^H \\ \gamma_{12}^H \end{pmatrix} = \begin{pmatrix} \beta_1 \\ \beta_2 \\ 0 \end{pmatrix} C \tag{8-25}$$

式中，ε_1^H、ε_2^H 和 γ_{12}^H 分别为 1、2 方向的湿线应变及 1-2 平面内的切应变；β_1、β_2 分别为单层板纵向、横向的湿膨胀系数；C 表示吸水量，定义为材料吸湿后增加质量与干燥状态下的质量之比。

同时考虑湿热变形，则层合板的本构关系变为

$$
\begin{pmatrix}
N_x \\
N_y \\
N_{xy} \\
\hline
M_x \\
M_y \\
M_{xy}
\end{pmatrix}
=
\left(
\begin{array}{ccc|ccc}
A_{11} & A_{12} & A_{16} & B_{11} & B_{12} & B_{16} \\
A_{12} & A_{22} & A_{26} & B_{12} & B_{22} & B_{26} \\
A_{16} & A_{26} & A_{66} & B_{16} & B_{26} & B_{66} \\
\hline
B_{11} & B_{12} & B_{16} & D_{11} & D_{12} & D_{16} \\
B_{12} & B_{22} & B_{26} & D_{12} & D_{22} & D_{26} \\
B_{16} & B_{26} & B_{66} & D_{16} & D_{26} & D_{66}
\end{array}
\right)
\begin{pmatrix}
\varepsilon_x^0 \\
\varepsilon_y^0 \\
\gamma_{xy}^0 \\
\hline
\kappa_x \\
\kappa_y \\
\kappa_{xy}
\end{pmatrix}
-
\begin{pmatrix}
N_x^T \\
N_y^T \\
N_{xy}^T \\
\hline
M_x^T \\
M_y^T \\
M_{xy}^T
\end{pmatrix}
-
\begin{pmatrix}
N_x^H \\
N_y^H \\
N_{xy}^H \\
\hline
M_x^H \\
M_y^H \\
M_{xy}^H
\end{pmatrix}
$$

$$(8\text{-}26)$$

式中，N^H、M^H 称为湿内力和湿力矩。

其他湿膨胀相关计算可以类比温度膨胀，只需将 α_x、α_y、α_{xy} 分别换成 β_x、β_y、β_{xy} 即可。

总结湿热残余应力的计算流程，如图 8-13 所示。

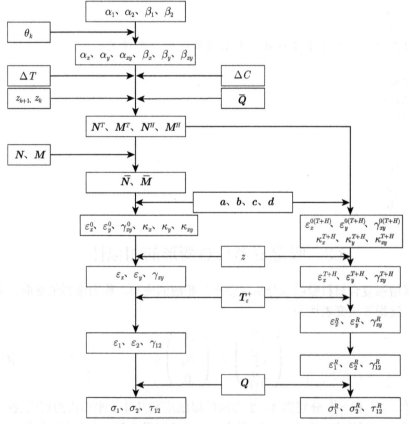

外荷载及湿热变化共同作用下的应力分析　　　　无外力作用湿热残余应力分析

图 8-13　湿热应力及残余应力的计算流程

例 8-5[3,26] 正交层合板 $[0/90/90/0]$ 受 N_x=100N/mm 作用，单层板厚 0.125mm，如图 8-14 所示。温度变化 $\Delta T = -100$℃，吸水量 ΔC=0.5%，确定该层合板是否发生破坏。在温度和吸水量不变时，发生首层破坏的荷载是多少？

材料工程弹性常数：E_1=140GPa、E_2=10GPa、ν_{21}=0.3、G_{12}=5GPa。

材料的热膨胀系数：$\alpha_1 = -0.3\times10^{-6}$℃$^{-1}$、$\alpha_2$=28×$10^{-6}$℃$^{-1}$。

材料的湿膨胀系数：β_1=0.01、β_2=0.30。

材料基本强度参数：X_t=1500MPa、X_c=1200MPa、Y_t=50MPa、Y_c=250MPa、S=70MPa。

解 (1) 理论求解

①同例 7-3 层合板的刚度矩阵、柔度矩阵，以及各单层应力，分别为

$$Q = \begin{pmatrix} 140.9 & 3.0 & 0 \\ 3.0 & 10.1 & 0 \\ 0 & 0 & 5.0 \end{pmatrix} \text{GPa}$$

$$A = \begin{pmatrix} 37.8 & 1.5 & 0 \\ 1.5 & 37.8 & 0 \\ 0 & 0 & 2.5 \end{pmatrix} \text{kN/mm}$$

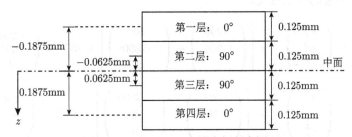

图 8-14 $[0/90/90/0]$ 层合板示意图

层合板的各铺层应力及强度比汇总于表 7-3。

$$\begin{pmatrix} \sigma_1 \\ \sigma_2 \\ \tau_{12} \end{pmatrix}_{0°}^{M} = \begin{pmatrix} 373.6 \\ 26.4 \\ 0 \end{pmatrix} \text{MPa} \qquad \begin{pmatrix} \sigma_1 \\ \sigma_2 \\ \tau_{12} \end{pmatrix}_{90°}^{M} = \begin{pmatrix} -6.9 \\ 6.9 \\ 0 \end{pmatrix} \text{MPa}$$

根据 Tsai-Hill 强度准则，发生首层破坏的强度比为 1.9。

根据强度比定义可求得首层破坏的临界载荷为 N_{xc}=100×1.9=190N/mm。

②仅有温度变化时的残余热应力

各铺层的自由热变形：

$$\begin{pmatrix} \varepsilon_x^f \\ \varepsilon_y^f \\ \varepsilon_{xy}^f \end{pmatrix}_{0°}^{T} = \begin{pmatrix} \alpha_x \\ \alpha_y \\ \alpha_{xy} \end{pmatrix}_{0°} \Delta T = \begin{pmatrix} -0.3 \\ 28 \\ 0 \end{pmatrix} \times 10^{-6} \times (-100) = \begin{pmatrix} 30 \\ -2800 \\ 0 \end{pmatrix} \times 10^{-6}$$

$$\begin{pmatrix} \varepsilon_x^f \\ \varepsilon_y^f \\ \varepsilon_{xy}^f \end{pmatrix}_{90°}^T = \begin{pmatrix} \alpha_x \\ \alpha_y \\ \alpha_{xy} \end{pmatrix}_{90°} \Delta T = \begin{pmatrix} 28 \\ -0.3 \\ 0 \end{pmatrix} \times 10^{-6} \times (-100) = \begin{pmatrix} -2800 \\ 30 \\ 0 \end{pmatrix} \times 10^{-6}$$

计算热应力合力和热合力矩：

$$\begin{pmatrix} N_x^T \\ N_y^T \\ N_{xy}^T \end{pmatrix} = \sum_{k=1}^n \bar{Q}_k \begin{pmatrix} \alpha_x \\ \alpha_y \\ \alpha_{xy} \end{pmatrix}_k \Delta T \left(z_{k+1} - z_k \right) = \begin{pmatrix} -8.092 \\ -8.092 \\ 0 \end{pmatrix} \text{N/mm}$$

计算层合板铺层热应变：

$$\begin{pmatrix} \varepsilon_x^{0T} \\ \varepsilon_y^{0T} \\ \gamma_{xy}^{0T} \end{pmatrix} = \boldsymbol{a} \begin{pmatrix} -8.092 \\ -8.092 \\ 0 \end{pmatrix} = \begin{pmatrix} -206 \\ -206 \\ 0 \end{pmatrix} \times 10^{-6}$$

计算各铺层的残余应变：

$$\begin{pmatrix} \varepsilon_1^R \\ \varepsilon_2^R \\ \gamma_{12}^R \end{pmatrix}_{0°}^T = \begin{pmatrix} \varepsilon_x^R \\ \varepsilon_y^R \\ \gamma_{xy}^R \end{pmatrix}_{0°}^T = \left[\begin{pmatrix} -206 \\ -206 \\ 0 \end{pmatrix} - \begin{pmatrix} 30 \\ -2800 \\ 0 \end{pmatrix} \right] \times 10^{-6} = \begin{pmatrix} -236 \\ 2594 \\ 0 \end{pmatrix} \times 10^{-6}$$

$$\begin{pmatrix} \varepsilon_2^R \\ \varepsilon_1^R \\ \gamma_{12}^R \end{pmatrix}_{90°}^T = \begin{pmatrix} \varepsilon_x^R \\ \varepsilon_y^R \\ \gamma_{xy}^R \end{pmatrix}_{90°}^T = \left[\begin{pmatrix} -206 \\ -206 \\ 0 \end{pmatrix} - \begin{pmatrix} -2800 \\ 30 \\ 0 \end{pmatrix} \right] \times 10^{-6} = \begin{pmatrix} 2594 \\ -236 \\ 0 \end{pmatrix} \times 10^6$$

计算铺层残余应力：

$$\begin{pmatrix} \sigma_1^R \\ \sigma_2^R \\ \tau_{12}^R \end{pmatrix}_{0°}^T = \begin{pmatrix} \sigma_x^R \\ \sigma_y^R \\ \tau_{xy}^R \end{pmatrix}_{0°}^T = \boldsymbol{Q} \begin{pmatrix} -236 \\ 2594 \\ 0 \end{pmatrix} \times 10^{-6} = \begin{pmatrix} -26 \\ 26 \\ 0 \end{pmatrix} \text{MPa}$$

$$\begin{pmatrix} \sigma_2^R \\ \sigma_1^R \\ \tau_{12}^R \end{pmatrix}_{90°}^T = \begin{pmatrix} \sigma_x^R \\ \sigma_y^R \\ \tau_{xy}^R \end{pmatrix}_{90°}^T = \bar{\boldsymbol{Q}}_{90°} \begin{pmatrix} 2594 \\ -236 \\ 0 \end{pmatrix} \times 10^{-6} = \begin{pmatrix} 26 \\ -26 \\ 0 \end{pmatrix} \text{MPa}$$

在参考轴坐标下，此层合板因固化冷却引起的残余应力分布示意见图 8-15。可以验证应力满足自平衡条件。

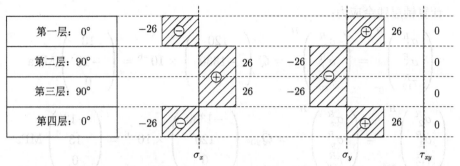

图 8-15 [0/90/90/0] 层合板的残余应力分布示意图 ($\Delta T = -100$℃，单位：MPa)

③仅有吸湿变形时的残余应力

各铺层的自由热变形：

$$
\begin{pmatrix} \varepsilon_x^f \\ \varepsilon_y^f \\ \varepsilon_{xy}^f \end{pmatrix}_{0°}^H = \begin{pmatrix} \beta_x \\ \beta_y \\ \beta_{xy} \end{pmatrix}_{0°} \Delta C = \begin{pmatrix} 0.01 \\ 0.30 \\ 0 \end{pmatrix} \times 0.005 = \begin{pmatrix} 0.05 \\ 1.50 \\ 0 \end{pmatrix} \times 10^{-3}
$$

$$
\begin{pmatrix} \varepsilon_x^f \\ \varepsilon_y^f \\ \varepsilon_{xy}^f \end{pmatrix}_{90°}^H = \begin{pmatrix} \beta_x \\ \beta_y \\ \beta_{xy} \end{pmatrix}_{90°} \Delta C = \begin{pmatrix} 0.30 \\ 0.01 \\ 0 \end{pmatrix} \times 0.005 = \begin{pmatrix} 1.50 \\ 0.05 \\ 0 \end{pmatrix} \times 10^{-3}
$$

计算热应力合力和热合力矩：

$$
\begin{pmatrix} N_x^H \\ N_y^H \\ N_{xy}^H \end{pmatrix} = \sum_{k=1}^n \bar{Q}_k \begin{pmatrix} \beta_x \\ \beta_y \\ \beta_{xy} \end{pmatrix}_k \Delta C \left(z_{k+1} - z_k \right) = \begin{pmatrix} 6.712 \\ 6.712 \\ 0 \end{pmatrix} \text{N/mm}
$$

计算层合板铺层热应变：

$$
\begin{pmatrix} \varepsilon_x^{0H} \\ \varepsilon_y^{0H} \\ \gamma_{xy}^{0H} \end{pmatrix} = \boldsymbol{a} \begin{pmatrix} 6.712 \\ 6.712 \\ 0 \end{pmatrix} = \begin{pmatrix} 170 \\ 170 \\ 0 \end{pmatrix} \times 10^{-6}
$$

计算各铺层的残余应变：

$$
\begin{pmatrix} \varepsilon_1^R \\ \varepsilon_2^R \\ \gamma_{12}^R \end{pmatrix}_{0°}^H = \begin{pmatrix} \varepsilon_x^R \\ \varepsilon_y^R \\ \gamma_{xy}^R \end{pmatrix}_{0°}^H = \left[\begin{pmatrix} 170 \\ 170 \\ 0 \end{pmatrix} - \begin{pmatrix} 50 \\ 1500 \\ 0 \end{pmatrix} \right] \times 10^{-6} = \begin{pmatrix} 120 \\ -1330 \\ 0 \end{pmatrix} \times 10^{-6}
$$

$$
\begin{pmatrix} \varepsilon_2^R \\ \varepsilon_1^R \\ \gamma_{12}^R \end{pmatrix}_{90°}^H = \begin{pmatrix} \varepsilon_x^R \\ \varepsilon_y^R \\ \gamma_{xy}^R \end{pmatrix}_{90°}^H = \left[\begin{pmatrix} 170 \\ 170 \\ 0 \end{pmatrix} - \begin{pmatrix} 1500 \\ 50 \\ 0 \end{pmatrix} \right] \times 10^{-6} = \begin{pmatrix} -1330 \\ 120 \\ 0 \end{pmatrix} \times 10^{-6}
$$

计算铺层残余应力：

$$
\begin{pmatrix} \sigma_1^R \\ \sigma_2^R \\ \tau_{12}^R \end{pmatrix}_{0^\circ}^H = \begin{pmatrix} \sigma_x^R \\ \sigma_y^R \\ \tau_{xy}^R \end{pmatrix}_{0^\circ}^H = \boldsymbol{Q} \begin{pmatrix} 120 \\ -1330 \\ 0 \end{pmatrix} \times 10^{-6} = \begin{pmatrix} 13 \\ -13 \\ 0 \end{pmatrix} \text{MPa}
$$

$$
\begin{pmatrix} \sigma_2^R \\ \sigma_1^R \\ \tau_{12}^R \end{pmatrix}_{90^\circ}^H = \begin{pmatrix} \sigma_x^R \\ \sigma_y^R \\ \tau_{xy}^R \end{pmatrix}_{90^\circ}^H = \bar{\boldsymbol{Q}}_{90^\circ} \begin{pmatrix} -1330 \\ 120 \\ 0 \end{pmatrix} \times 10^{-6} = \begin{pmatrix} -13 \\ 13 \\ 0 \end{pmatrix} \text{MPa}
$$

在参考轴坐标下，此层合板因吸湿引起的残余应力分布示意见图 8-16。可以验证应力满足自平衡条件。

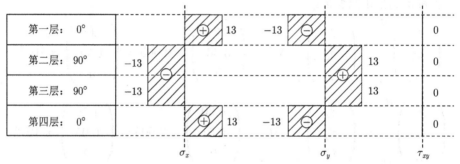

图 8-16　$[0/90/90/0]$ 层合板的残余应力分布示意图 ($\Delta C = 0.005$，单位：MPa)

④仅考虑外加荷载与温度残余应力

$$
\begin{pmatrix} \sigma_1 \\ \sigma_2 \\ \tau_{12} \end{pmatrix}_{0^\circ} = \begin{pmatrix} \sigma_1 \\ \sigma_2 \\ \tau_{12} \end{pmatrix}_{0^\circ}^M + \begin{pmatrix} \sigma_1^R \\ \sigma_2^R \\ \tau_{12}^R \end{pmatrix}_{0^\circ}^T = \begin{pmatrix} 373 \\ 7 \\ 0 \end{pmatrix} + \begin{pmatrix} -26 \\ 26 \\ 0 \end{pmatrix} = \begin{pmatrix} 347 \\ 33 \\ 0 \end{pmatrix} \text{MPa}
$$

$$
\begin{pmatrix} \sigma_1 \\ \sigma_2 \\ \tau_{12} \end{pmatrix}_{90^\circ} = \begin{pmatrix} \sigma_1 \\ \sigma_2 \\ \tau_{12} \end{pmatrix}_{90^\circ}^M + \begin{pmatrix} \sigma_1^R \\ \sigma_2^R \\ \tau_{12}^R \end{pmatrix}_{90^\circ}^T = \begin{pmatrix} -7 \\ 26 \\ 0 \end{pmatrix} + \begin{pmatrix} -26 \\ 26 \\ 0 \end{pmatrix} = \begin{pmatrix} -33 \\ 52 \\ 0 \end{pmatrix} \text{MPa}
$$

根据 Tsai-Hill 强度准则，发生首层破坏的强度比为 0.931。

根据强度比定义可求得首层破坏的临界载荷为 $N_{xc}=100\times0.931=93.1\text{N/mm}$，远小于不考虑温度应力时的临界值 (190N/mm)

⑤考虑外加荷载以及温度、湿度残余应力

$$
\begin{pmatrix} \sigma_1 \\ \sigma_2 \\ \tau_{12} \end{pmatrix}_{0^\circ} = \begin{pmatrix} \sigma_1 \\ \sigma_2 \\ \tau_{12} \end{pmatrix}_{0^\circ}^M + \begin{pmatrix} \sigma_1^R \\ \sigma_2^R \\ \tau_{12}^R \end{pmatrix}_{0^\circ}^T + \begin{pmatrix} \sigma_1^R \\ \sigma_2^R \\ \tau_{12}^R \end{pmatrix}_{0^\circ}^H
$$

$$= \begin{pmatrix} 373 \\ 7 \\ 0 \end{pmatrix} + \begin{pmatrix} -26 \\ 26 \\ 0 \end{pmatrix} + \begin{pmatrix} 13 \\ -13 \\ 0 \end{pmatrix} = \begin{pmatrix} 360 \\ 20 \\ 0 \end{pmatrix} \text{MPa}$$

$$\begin{pmatrix} \sigma_1 \\ \sigma_2 \\ \tau_{12} \end{pmatrix}_{90°} = \begin{pmatrix} \sigma_1 \\ \sigma_2 \\ \tau_{12} \end{pmatrix}_{90°}^{M} + \begin{pmatrix} \sigma_1^R \\ \sigma_2^R \\ \tau_{12}^R \end{pmatrix}_{90°}^{T} + \begin{pmatrix} \sigma_1^R \\ \sigma_2^R \\ \tau_{12}^R \end{pmatrix}_{90°}^{H}$$

$$= \begin{pmatrix} -7 \\ 26 \\ 0 \end{pmatrix} + \begin{pmatrix} -26 \\ 26 \\ 0 \end{pmatrix} + \begin{pmatrix} 13 \\ -13 \\ 0 \end{pmatrix} = \begin{pmatrix} -20 \\ 39 \\ 0 \end{pmatrix} \text{MPa}$$

根据 Tsai-Hill 强度准则，发生首层破坏的强度比为 1.424。

根据强度比定义可求得首层破坏的临界载荷为：$N_{xc}=100×1.424=142.4\text{N/mm}$。

此例中，温度应力和吸水膨胀应力有相互抵消的作用，但临界载荷仍然小于外加载荷单独作用的情形。对于首层失效强度，计入残余应力将给出较保守的结果。还要指出的是，一旦发生首层失效，层合板内的残余应力很大程度上会释放，一般可忽略其影响。

(2)MATLAB 函数求解

统一单位：MPa、mm。

输入铺层材料参数：E1=140000; E2=10000; v21=0.3; G12=5000;

输入材料基本强度参数：Xt=1500; Xc=1200; Yt=50; Yc=250; S=70;

输入铺层角度：theta=[0;90;90;0];

输入铺层厚度：tk=0.125;

输入内力和内力矩：N=[100;0;0];M=[0;0;0];

输入热膨胀系数：alpha=[−0.3*10^−6;28*10^−6];

输入温差：deltaT=−100;

输入湿膨胀系数：beta=[0.01;0.3];

输入吸水量：deltaC=0.005;

遵循上述解题思路，编写 M 文件 Case_8_5.m 如下：

```
clc,clear,close all
format compact
E1=140000;  E2=10000;  v21=0.3;  G12=5000;
tk=0.125;
theta=[0;90;90;0];
N=[100;0;0];
M=[0;0;0];
```

```
Xt=1500;    Xc=1200;    Yt=50;    Yc=250;    S=70;
SC='TsaiHillCriterion';
alpha=[-0.3*10^-6;28*10^-6];
deltaT=-100;
beta=[0.01;0.3];
deltaC=0.005;
[~,Sigma]=LaminateStressAnalysis(E1,E2,v21,G12,tk,theta,N,M);
disp('只有外荷载作用时，发生首层破坏时的强度比和极限荷载：')
[R,~,~]=FPF(E1,E2,v21,G12,tk,theta,N,M,Xt,Xc,Yt,Yc,S,SC)
CriticalLoad=R*N(1)
SigmaT=ResidualStress(E1,E2,v21,G12,tk,theta,alpha,deltaT);
SigmaH=ResidualStress(E1,E2,v21,G12,tk,theta,beta,deltaC);
disp('仅考虑外加荷载与温度残余应力，发生首层破坏时的强度比和极限荷
    载：')
R=FPFR(Sigma,SigmaT,Xt,Xc,Yt,Yc,S)
CriticalLoad=R*N(1)
disp('考虑外加荷载以及温度、湿度残余应力，发生首层破坏时的强度比和极
    限荷载：')
R=FPFR(Sigma,SigmaT+SigmaH,Xt,Xc,Yt,Yc,S)
CriticalLoad=R*N(1)
```

运行 M 文件 Case_8_5.m，可得到以下结果：

```
只有外荷载作用时，发生首层破坏时的强度比和极限荷载：
R =
    1.8942
CriticalLoad =
  189.4190
仅考虑外加荷载与温度残余应力，发生首层破坏时的强度比和极限荷载：
R =
    0.9306
CriticalLoad =
   93.0592
考虑外加荷载以及温度、湿度残余应力，发生首层破坏时的强度比和极限荷
    载：
R =
    1.4244
CriticalLoad =
  142.4366
```

参 考 文 献

[1] 罗纳德·F. 吉布森. 复合材料力学基础 [M]. 张晓晶, 余音, 吕新颖译. 上海: 上海交通大学出版社, 2019.

[2] GIBSON R F. Principles of Composite Material Mechanics[M]. 3rd ed. Boca Raton: CRC Press, 2011.

[3] 陈建桥. 复合材料力学 [M]. 武汉: 华中科技大学出版社, 2016.

[4] 叶华文, 唐诗晴, 段智超, 等. 纤维增强复合材料桥梁结构 2019 年度研究进展 [J]. 土木与环境工程学报 (中英文), 2020,42(5): 192-200.

[5] 陈烈民, 杨宝宁. 复合材料的力学分析 [M]. 北京: 中国科学技术出版社, 2006.

[6] 王兴业, 唐羽章. 复合材料力学性能 [M]. 长沙: 国防科技大学出版社, 1988.

[7] 李峰, 李若愚. 复合材料力学与圆管计算方法 [M]. 北京: 科学出版社, 2021.

[8] HASHIN Z, ROTEM A. A cumulative damage theory of fatigue failure[J]. Materials Science and Engineering, 1978, 34(2): 147-160.

[9] HASHIN Z. Cumulative damage theory for composite materials: Residual life and residual strength methods[J]. Composites Science and Technology, 1985, 23(1): 1-19.

[10] 顾怡. FRP 疲劳累积损伤理论研究进展 [J]. 力学进展, 2001, 31(2): 193-202.

[11] 宗俊达, 姚卫星. FRP 复合材料剩余刚度退化复合模型 [J]. 复合材料学报, 2016, 33(2): 280-286.

[12] REIFSNIDER K L, HENNEKE E G, STINCHCOMB W W, et al. Damage mechanics and NDE of composite laminates[J]. Mechanics of Composite Materials, 1983: 399-420.

[13] 顾怡. 复合材料拉伸剩余强度及其分布 [J]. 南京航空航天大学学报, 1999, 31(2): 164-171.

[14] WANG X, SHI J Z, WU Z S, et al. Fatigue behavior of basalt fiber-reinforced polymer tendons for prestressing applications[J]. Journal of Composites for Construction, 2016, 20(3): 04015079.

[15] 吴智深, 汪昕, 吴刚. FRP 增强工程结构体系 [M]. 北京: 科学出版社, 2017.

[16] NKURUNZIZA G, DEBAIKY A, COUSIN P, et al. Durability of GFRP bars: A critical review of the literature[J]. Progress in Structural Engineering and Materials, 2005, 7(4): 194-209.

[17] LIU T Q, LIU X, FENG P. A comprehensive review on mechanical properties of pultruded FRP composites subjected to long-term environmental effects[J]. Composites Part B: Engineering, 2020, 191: 107958.

[18] 董志强, 吴刚. FRP 筋增强混凝土结构耐久性能研究进展 [J]. 土木工程学报, 2019, 52(10): 1-19, 29.

[19] 郑宗剑. MATLAB 在高中数学中的应用——以圆周率近似计算为例 [J]. 科技资讯, 2016, 14(2): 122-123.

[20] 张少实, 庄茁. 复合材料与粘弹性力学 [M]. 2 版. 北京: 机械工业出版社, 2011.

[21] 王耀先. 复合材料力学与结构设计 [M]. 上海: 华东理工大学出版社, 2012.

[22] 黄争鸣. 复合材料破坏与强度 [M]. 北京: 科学出版社, 2018.

[23] 范钦珊. 材料力学计算机分析 [M]. 北京: 高等教育出版社, 1987.

[24] S. P. 铁摩辛柯, J. N. 古地尔. 弹性理论 [M]. 徐芝纶译. 北京: 高等教育出版社, 2013.

[25] KAW A K. Mechanics of Composite Materials[M]. 2nd ed. Boca Raton: CRC Press, 2005.

[26] DATOO M H. Mechanics of Fibrous Composites[M]. London: Elsevier, 1991.

[27] 黄争鸣. 复合材料细观力学引论 [M]. 北京: 科学出版社, 2004.

[28] KOLLÁR L P, SPRINGER G S. Mechanics of Composite Structures[M]. Cambridge: Cambridge University Press, 2003.

[29] VOYIADJIS G Z, KATTAN P I. Mechanics of Composite Materials with MATLAB[M]. Berlin: Springer, 2005.

[30] HYER M W. Stress Analysis of Fiber-Reinforced Composite Materials[M]. Lancaster: DEStech Publications, 2009.

[31] 沈观林, 胡更开. 复合材料力学 [M]. 北京: 清华大学出版社, 2006.

[32] HASHIN Z. Failure criteria for unidirectional fiber composites[J]. Journal of Applied Mechanics, Transactions ASME, 1980, 47(2): 329-334.

[33] 刘勇, 陈世健, 高鑫, 等. 基于 Hashin 准则的单层板渐进失效分析 [J]. 装备环境工程, 2010, 7(1): 34-39.

[34] 李峰. 轴心受压下 CFRP 层合管承载性能的理论分析与试验研究 [D]. 南京: 河海大学, 2016.

[35] DANIEL I M, LSHAI O. Engineering Mechanics of Composite Materials[M]. 2nd ed. New York: Oxford University Press, 2006.

[36] HERAKOVICH C T. Mechanics of Fibrous Composites [M]. New York: John Wiley & Sons, Inc., 1998.

附录 A 函数索引

函数索引以函数在书中出现的先后顺序排列，这里只列出了函数名称和函数功能，具体的函数使用方法，可以到相应的章节去查找学习，也可以在 MATLAB(已安装复合材料工具箱) 用 help 命令，查看帮助内容。

附录 B 单位换算

在计量单位使用中很多时候使用的是英美制 (U.S. customary)，其强度力学单位常使用 "英尺-磅制"，即磅力/英寸^2 或千磅力/英寸^2，其代表式分别写成 lbf/in^2 和 klbf/in^2，并规定 1 klbf/in^2=1 ksi。ksi 是 "kilopounds per square inch" 的缩写，意为每平方英寸的千磅力数。

而我国法定的强度力学单位使用国际单位制 (SI)，代表式为 Pa，规定 1 帕 =1 牛顿/米^2，其代表式为 1Pa=1N/m^2，如果把分母中的 m(米) 单位换成 mm(毫米) 单位，则得到 1N/mm^2=10^{6}Pa=1MPa(1MPa 读作 1 兆帕)。

1 磅力 =4.4482 牛顿，那么，1 千磅力 =4448.2 牛顿，代表式可写成 1 klbf= 4448.2N，由此就能得到如下算式：

1 ksi=1 klbf/in^2=4448.2N/(25.4mm)^2=6.8947N/mm^2=6.8947MPa，也就是说，1ksi 约等于 6.8947MPa。

按照上述换算方法计算其他常用计量单位，可以得到国际单位制和英美制的换算关系，如表 B-1 和图 B-1 所示。

表 B-1　常用国际单位制和英美制的换算关系

物理量	国际单位制转化为英美制	英美制转化为国际单位制
长度	1.0m=3.281ft=39.37in	1.0in=2.54cm=25.4mm
应力	1.0MPa=145.0psi=0.145ksi	1.0ksi=6.8947MPa
模量	1.0GPa=0.145Msi	1.0Msi=6.8947GPa
力	1.0N=0.225 lbf	1.0 lbf=4.448N
力/长度	1.0N/m=0.00571 lbf/in	1.0 lbf/in=175.13N/m
力矩	1.0N·m=8.858 lbf·in	1.0 lbf·in=0.113N·m
力矩/长度	1.0(N·m)/m=0.225(lbf·in)/in	1.0(lbf·in)/in=4.448(N·m)/m
热膨胀系数	1.0με/℃=0.556με/℉	1.0με/℉=1.8με/℃

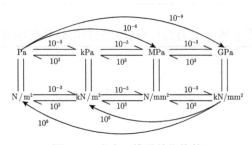

图 B-1　应力、模量单位换算

附录 C 希腊字母

表 C-1 希腊字母简表

大写	小写	字母名称	中文名称
A	α	alpha	阿尔法
B	β	beta	贝塔
Γ	γ	gamma	伽马
Δ	δ	delta	德尔塔
E	ε	epsilon	艾普西隆
Z	ζ	zeta	泽塔
H	η	eta	伊塔
Θ	θ	theta	西塔
I	ι	iota	约 (yāo) 塔
K	κ	kappa	卡帕
Λ	λ	lambda	拉姆达
M	μ	mu	谬
N	ν	nu	纽
Ξ	ξ	xi	克西
O	o	omicron	奥米克戎
Π	π	pi	派
P	ρ	rho	柔
Σ	σ, ς	sigma	西格马
T	τ	tau	陶
Υ	υ	upsilon	宇普西隆
Φ	φ	phi	斐
X	χ	chi	希
Ψ	ψ	psi	普西
Ω	ω	omega	奥米伽

注：本表格字母内容来自《现代汉语词典》(第七版)【希腊字母】词条。